裴培（互联网怪盗团团长）——————著

生成式AI的史诗与现实

電子工業出版社
Publishing House of Electronics Industry
北京 · BEIJING

图书在版编目（CIP）数据

巨浪：生成式AI的史诗与现实 / 裴培著. -- 北京：电子工业出版社，2024. 8. -- ISBN 978-7-121-48416-2

Ⅰ. TP18

中国国家版本馆CIP数据核字第2024ZN4115号

责任编辑：滕亚帆
文字编辑：刘　舫
印　　刷：固安县铭成印刷有限公司
装　　订：固安县铭成印刷有限公司
出版发行：电子工业出版社
　　　　　北京市海淀区万寿路173信箱　　邮编：100036
开　　本：720×1000　1/16　　印张：19.5　　字数：370千字
版　　次：2024年8月第1版
印　　次：2025年2月第2次印刷
定　　价：79.90元

凡所购买电子工业出版社图书有缺损问题，请向购买书店调换。若书店售缺，请与本社发行部联系，联系及邮购电话：（010）88254888，88258888。

质量投诉请发邮件至zlts@phei.com.cn，盗版侵权举报请发邮件至dbqq@phei.com.cn。

本书咨询联系方式：faq@phei.com.cn。

序
生成式 AI 的突然降临

2022 年下半年，我与多位科技投资圈的朋友喝过咖啡或下午茶，探讨一个值得深思的话题：“当前的科技行业，还有什么特别值得关注、值得投资的新东西。”这些朋友，有的就职于互联网大厂的投资或并购部门，有的就职于风险投资基金公司，也有的做二级市场的股票投资。他们的资历和背景各异，但是对上面那个问题的看法很一致：“没有什么特别引人注目的新东西了，现在是互联网高速发展结束后的沉寂期。”移动互联网时代百舸争流、人人争先的创业热潮已经画上了句号，现在的沉寂期可能会维持相当长的时间。

如果一定要找什么新东西，还是找得到的，例如 Web3.0。2022 年，新加坡成为亚洲乃至全球 Web3.0 投资和创业的中心；当年 10 月，中国香港也发表声明，鼓励基于 Web3.0 的虚拟资产业态发展。在以中心化、平台化为特色的 Web2.0 发展到极致之后，以去中心化为特色的 Web3.0 似乎注定要接过探索下一阶段的火炬。关于 Web3.0 的话题，在我的上一本书《大势：站在十字路口的互联网行业》当中，讨论得比较详细，感兴趣的读者不妨找来一读。

问题在于，Web3.0 在监管合规上存在太多灰色地带，太容易被野心家开发成庞氏骗局。很多 Web3.0 应用从一开始就不是基于“实用”目的，而是基于“金融炒作”目的的。自从 2008 年中本聪（此人的真实身份迄今还是一个谜）发表《比特币白皮书》以来，Web3.0 产业链与金融投机一直密不可分，许多 Web3.0 圈子的大佬都带有不清不楚、黑白两道通吃的“原罪”，他们奔赴新加坡的一个重要目的，就是逃避美国等发达国家的金融监管。在 2022 年下半年，和我喝过下午茶的一位互联网公司投资负责人，曾对我毫不讳言：“不要参与任何 Web3.0 创业项目，除非你非常信任其创始人——否则你大概率会遇到骗子。”

元宇宙是另一个新概念，但在 2021 年以后有些过气了。Meta（原名 Facebook）创始人扎克伯格是元宇宙最大的拥趸，但他亲自操盘的 Meta Reality Labs 一直没有拿出令消费者眼前一亮的产品或应用。以罗布乐思 (Roblox) 为代表的“早期元宇宙概念公司”已经在资本市场被“祛魅”了，现在投资者只把它们当作普通的游戏公司看待。元宇宙与 Web3.0 的结合是一个有趣的方向，但也会不可避免地涉及金融投机和监管问题。附带说一句，元宇宙到底需不需要拥抱 Web3.0，迄今还是一个争议话题，可能还要花费很长时间才能得出结论。

除此之外，还有什么呢？自动驾驶也是热门赛道，可惜其投入使用的速度慢于大部分人的预期。借新能源汽车和自动驾驶的东风，世界各地的互联网巨头都在努力进军汽车行业，把汽车变成一种消费电子产品。这种努力产生了一定的成效，可是汽车实在太复杂了，不像当年的手机行业那样可以被科技巨头轻易“颠覆”。事后看来，2022—2023 年恰好是科技大厂造车的一个“中衰期”，大家已经接受了对汽车行业的“科技改造”并非一朝一夕能够完成的现实。

“盛宴已经结束了”，这是 2022 年下半年，我与科技投资圈的朋友们的一致观点。对于热爱创新、热爱接触新生事物的人来说，目睹创新源泉的枯竭，真是一件无比悲凉的事情！我们这代人还等得到下一场盛宴开启吗？当时我们并不知道，下一个令全世界屏息凝神、热泪盈眶乃至尖叫的重大创新已经蓄势待发——2022 年 11 月 30 日，ChatGPT 的公测改变了一切。

那天晚上，我看到了新闻，也看到了一些与 ChatGPT 对话的初步演示。与大部分人一样，当时我并不觉得这是特别重要的事情，充其量是 2016 年 AlphaGo 的重演罢了。AlphaGo 击败李世石引发了媒体铺天盖地的讨论，不过事实证明，它没有开启所谓“人工智能的黄金时代”，更没有导致人工智能对人类的替代。对于人工智能专业之外的人而言，一个能够与人类流畅对话的 AI 应用，跟一个能下围棋的 AI 应用相比，好像并没有高明到哪里。何况，从社交媒体上流传的“ChatGPT 愚蠢对话集锦”看，这个 AI 应用的智能水平十分值得怀疑。

短短半个月之后，我的观点开始扭转，因为在我身边已经有人开始使用 ChatGPT 辅助工作，并取得了不错的成效。咨询公司的员工用它翻译邮件、回复邮件；券商研究所的员工用它整理会议纪要、一键生成可以发送给客户的版本；自媒体用它分析全网热门话题并辅助生成视频文案，尽管其生成的文案还显得有些稚嫩，只能作为参考而非直接使用。有人明确告诉我，ChatGPT 让他每天都能节约一小时左右的工作时间。当时 GPT-4 及其付费版本尚未开放，仅仅使用免费的 GPT-3.5 就能达到上面的效果。这不禁让我重新严肃审视 ChatGPT 及其背后的生成式 AI 热潮。我相信，绝大部分人的观点，都是被那些点滴的实用案例所慢慢扭转的。

当投资者普遍认识到生成式 AI 的巨大潜力之时，资本市场就开始反应了。在历史上，在通货膨胀率还很高、美联储还处于加息周期的情况下，美股触底反弹的概率极低；科技股的估值受到利率的影响很大，在加息周期中反弹就更不可能了。然而，2023 年的事实证明，在生成式 AI 的浪潮面前，就连美联储的威势都不值一提。作为 OpenAI 最大的投资方，微软的市值超过了 3 万亿美元；英伟达的市值在十二个月之内先后越过了 1 万亿美元和 2 万亿美元大关。美国科技股的“七巨头”(Big Seven)，即微软、苹果、谷歌、亚马逊、Meta、英伟达、特斯拉，均受到了生成式 AI 不同程度的增益。有些科技巨头，例如谷歌和亚马逊，在自然语义大模型方面的布局似乎落后一些；像苹果这样的巨头则缺乏大模型基础研发层面的布局——可这并不妨碍它们在业务层面成为生成式 AI 的潜在受益者。“科学技术是第一生产力”，这句至理名言在美国资本市场上再次得到验证。

虽然中国企业只是生成式 AI 的追赶者而非领跑者，但是中国资本市场还是围绕这一新概念开启了盛宴。从实际情况看，二级市场（A 股）的狂热程度比一级市场（风险投资和私募股权投资）更高，由此产生了大量光怪陆离的概念和说法。比如，中国企业开发的大模型与世界先进水平相比，究竟有多大差距？中国到底缺不缺乏算力，算力瓶颈又该怎么突破？中国的生成式 AI 研发人员应该追随 OpenAI 已经开辟的道路，还是另辟蹊径？上面每个问题，在市场上都存在无数种答案，有的十分乐观，有的十分悲观。如果你是一位经常阅读券商研究报告、经常找行业专家做调研的基金经理，相信你的脑海早就被各种矛盾的观点席卷过无数次了。

我既不是 AI 研发从业者，也不是 AI 创业者。虽然我在业余时间很喜欢摆弄、测试 AI 大模型，但至今我的大部分工作并不依赖生成式 AI（这或许说明我已经落后了）。作为行业分析师和观察者，我之前的关注重点在互联网、大消费和泛文娱产业，与 AI 有一定的相关性，但也仅仅是“相关”而已。由我来撰写一本关于生成式 AI 的书，真的合适吗？直到大约一个月前（2024 年 2 月），我自己的答案都是否定的。然而，我的态度终究还是改变了，因为通过与几位在互联网大厂从事 AI 研发的朋友交流，我意识到了下面的事实。

1. 国内对生成式 AI 产业的理解，在很大程度上是割裂的。技术开发者、管理者、投资人和分析师，各自看到了生成式 AI 的一部分，站在不同的“立场”之上，却缺乏足够的交流。至于圈外人士，要想看清生成式 AI 产业链的整个图景，就更是难上加难。
2. 生成式 AI 涉及相当复杂的技术细节，仅仅描述这些技术都很困难。市面上大部分关于生成式 AI 的产业研究和普及读物，要么过度“纠缠”于技术，导致非技术人员看不懂；要么基本不讨论技术，导致整个著作失去立足点。找到其中的平衡点至关重要。
3. 生成式 AI 技术进步太快了，当人们还沉浸在由文生视频大模型 Sora 带来的震撼中时，GPT-5 的公测已被提上议程，更不用说飞速进化的开源大模型了。无论是专业人士还是非专业人士，都很容易沉浸在浩如烟海的新信息当中，找不到焦点。

因此，我决定写一本与众不同的关于生成式 AI 的书。首先，它应该对 AI 产业和 AI 技术过去多年的发展脉络做一个总结，以高屋建瓴的视角分析事物的全貌。其次，它应该深入浅出地讨论 AI 尤其是生成式 AI 的关键技术问题，但不应“沉溺”于这些问题。再次，它应该既涉及欧美最先进的生成式 AI 产业，也涉及中国在追赶中的生成式 AI 产业。最后，它应该脱离资本市场的短期视角，尽量讨论一些基本的、长远的问题，例如生成式 AI 到底要如何改造传统产业。

生成式 AI 是人类科学家与工程师智慧的结晶，但它并不是四平八稳、按部就班发展的自然结果。恰恰相反，OpenAI 的重大突破来源于伊利亚 · 苏茨克维 (Ilya Sutskever) 在技术研发路线上的固执己见、不惜与主流思想背道而驰的大无畏精神，以及山姆 · 奥特曼 (Sam Altman) 多年如一日、不离不弃的支持。英伟达在 AI 算力方面的统治地位，则来源于其管理层目光长远（甚至过于长远），以及在看似不可能开花结果的土地上耐心耕耘的精神。如果有一天，OpenAI 在大模型方面的领先地位被超越，乃至英伟达的芯片帝国也被推翻，那也一定是某种更加疯狂、更加偏执、更加纯粹的理念获胜的结果。

“不疯魔，不成活”，只有固执己见的天才才能改变历史——这是研究生成式 AI 给我带来的最大启示，也促使我下定决心，以这本书作为生成式 AI 史诗的一个注脚。

“我来，我见，我征服。”

—— 盖乌斯·尤利乌斯·恺撒 (Gaius Julius Caesar)

“这是胜利的预言家在叫喊：让暴风雨来得更猛烈些吧！”

—— 马克西姆·高尔基 (Maxim Gorky)

目录

第一章

AI 之春：一部正在进行的史诗

从“深蓝”到 AlphaGo：两种截然相反理念的斗争

1997 年 5 月 11 日，由 IBM 开发的超级电脑“深蓝”击败了国际象棋世界冠军加里 · 卡斯帕罗夫。这是人工智能第一次在国际象棋这样复杂且流行的智力运动中击败最高水平的人类选手，所以理所当然地成为了全球性、爆炸性的新闻。当时还在读初中的我，不仅在报纸上读到了连篇累牍的报道，还在自己订阅的《科幻世界》杂志上看到了好几篇以“人工智能统治世界”为主题的小说——其中有一篇甚至直接提出，“深蓝”击败卡斯帕罗夫是人工智能全面崛起的标志性事件。

斗转星移，转眼间到了 2016 年 3 月 15 日，由谷歌开发的 AI 机器人 AlphaGo 击败了围棋世界冠军李世石，摘下了这颗最复杂、最考验大局观、一度被认为不可能由 AI 攻克的“智力运动皇冠上的明珠”。对于非专业人士而言，“AlphaGo 击败李世石”和当年的“深蓝击败卡斯帕罗夫”，这两件事情是一脉相承的，对应的无非是技术的自然演进、AI 应用复杂度的提升。然而，在专业人士看来，上面两件事情完全不可同日而语：“深蓝”

所代表的是上个时代的、已经被抛弃的技术路线，可以称为人工智能发展史上的“一条死胡同”；AlphaGo 所代表的则是 2012 年以来蓬勃发展的新技术路线，今天流行的大语言模型以及自动驾驶等 AI 应用，都是这条路线演进的结果。

因此，开发出“深蓝”的 IBM，未能在 21 世纪保持“人工智能王者”的地位，在当代人工智能产业中的地位已经相当薄弱。而开发出 AlphaGo 的谷歌，虽然在大语言模型方面落后于 OpenAI，让资本市场颇为不满，但仍然是人工智能产业的领军者之一，其基础研发和应用实力不容小视。如果有人要写一部生成式 AI 的技术演进史，他可以完全不提 IBM 的名字（或者只在脚注里面提一下），而谷歌是一定要占据相当大的篇幅的。

“深蓝”和 AlphaGo 的技术理念究竟有什么区别？在讨论这个问题前，我们不妨先讨论一个哲学问题：人类知识的来源是什么？或者说，人类是怎么学习知识、认识世界的？

在 17 ~ 18 世纪的欧洲哲学界，“人类知识的来源”是一个热门话题，主流观点有两种：一种是唯理论 (Rationalism)，认为人类知识源于某些“公理”，通过这些“公理”可以推导出更多的知识，直至建立一个完整的知识体系。另一种是经验论 (Empiricism)，认为人类知识是来自感性经验，一切真理都是来自对经验的总结与扬弃，所谓“公理”也是基于大量经验的。

接受过现代教育的人，大部分应该更认同经验论，毕竟我们的知识都是来自对现实的学习，无论是发生在课堂之内还是课堂之外。有谁能坐在屋子里面壁思考出整个客观世界的规律呢？然而，在数学领域，唯理论具备相当的合理性，最典型的例子就是几何学。

欧几里得的整套《几何原本》是基于5个公理，由此推导出了465个命题，从而建立了人类的第一个"公理化体系"。有趣的是，欧几里得的第五公理（平行公理）比前4个公理更复杂，在历史上一直有人质疑其"公理性"。后世的数学家果然通过推翻第五公理，建立了庞大的非欧几何体系，而爱因斯坦的广义相对论正是基于非欧几何理论的（准确地说，是基于非欧几何的一个分支——黎曼几何）。直到今天，仍然有大批数学家和哲学家认为，数学在本质上是一系列抽象的"公理化体系"，不一定与人类的感性经验相关。

人类历史上的第一个公理化体系：欧几里得平面几何 5 大公理

序号	简称	内容
第一公理	直线公理	经过相异的两点，能且仅能作一条直线
第二公理	连续性公理	线段可以在一条直线的方向上任意延长
第三公理	圆公理	以任意一点为圆心、任意长度为半径，可以作一个圆
第四公理	角公理	所有的直角彼此都相等
第五公理	平行公理	两条直线被第三条直线所截，若同一侧的两个内角的和小于两个直角，那么这两条直线会在该侧相交

在哲学史上，唯理论和经验论之间的冲突可以说已经被 18 世纪末的德国哲学家伊曼努尔·康德所基本解决了。康德认为，人类的所有知识毫无疑问都来自经验，但是人类之所以能把经验化为知识，是因为人类具备"先天综合判断"的能力，即某种先于经验、超越感官、可以从具体经验中总结出抽象真理的判断力。例如，人类看到苹果成熟之后往下落，这是经验；但是，从"苹果会往下落"的经验推断出"万有引力定律"，就要用到所谓"先天综合判断"了。当然，在康德之后的两百多年中，历代哲学家、心理学家、脑科学家又对人类知识的来源进行了更深入的研究，其深度和广度均远远超过了当年的康德，在此就不赘述了。

看到这里，有些心急的读者可能会抗议："17 ~ 18 世纪的欧洲哲学史，与本书的主题究竟有何关系？"关系很大！人工智能，是由人类创造出来的"智能"，它理所当然应该具备知识，那么它的知识是从哪里来的呢？自从 1956 年约翰 · 麦卡锡与一众科学家在达特茅斯会议上提出人工智能这个概念以来，关于上述问题的争议就没有停止过。绝大部分科研人员对这个问题的看法，均可以归结为下列两大类之一。

1. 由人类教给计算机一套理论体系，或曰"知识图谱"。计算机可以通过这套体系，按照人类设定的逻辑，自我推论出更复杂、更详细的知识。在这种情况下，人工智能所做的一切判断，都是人类可以理解和追溯的。在学术界，这种观点一般被称为"符号主义"，因为它在本质上是把知识以人类所能理解的符号（自然语言、程序等）形式灌输给了计算机。
2. 由人类提供给计算机大量知识素材，让它根据一定的统计算法去自行学习、总结出知识。在这个过程中，人类可以提供指导，也可以不提供。人类可以检验和利用计算机所总结出的知识，但是无法理解其学习的具体过程（或者只能粗略地理解）——这就是所谓的"机器学习"。在此过程中，机器可能得出人类此前不具备的知识。

我们不妨回忆一下自己学习英语的历程。对于任何一门外语，都存在两种主流的学习方法：第一种是由老师把词法、语法、习惯用法归纳为知识点并在课堂上传授，学生把这些知识点记下来，在考试中投入使用；这种方法对应着人工智能中的"符号主义"。第二种是让学生自己阅读、听写大量外文资料，产生所谓"语感"，在考试的时候根据"语感"行事即可；这种方法对应着人工智能中的"机器学习"。在实践中，称职的英语老师一般是双管齐下，一边让学生自己积累"语感"，一边不失时机地帮助学生总结规律。如果条件允许，学生接触的英语资料越多，效果当然越好，打下的基础也越稳固。但是由于时间等因素的制约，大部分学生还是高度依赖老师灌输的“知识图谱”，乃至在考前通过死记硬背谋求高分。

“深蓝”就是符号主义人工智能的一座丰碑。它起源于美国卡内基·梅隆大学开发的国际象棋电脑“深思”，那是人类历史上第一个达到特级大师棋力的国际象棋 AI。1989 年，IBM 雇用了“深思”的核心研发人员，以此为基础组建了“深蓝”团队。经过长达七年的开发，到了1996年，“深蓝”已经成长为一部具备 32 个 Power PC 处理器，以及 480 张专门为国际象棋运算定制的芯片的超级电脑，每秒能够计算 1 亿步；到了 1997 年击败卡斯帕罗夫的那一战前夕，“深蓝”的系统又得到了一次提升，每秒能够计算 2 亿步。硬件算力只是基础，关键在于软件层面：“深蓝”是如何理解棋局并做出决策的？完全是依靠人类事先设定的规则。

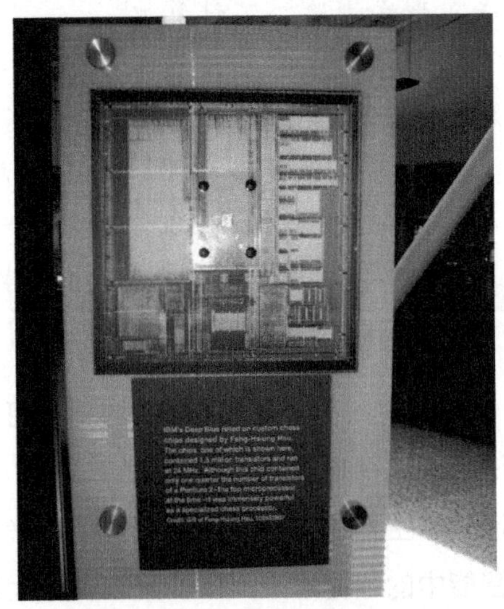

1997 年版“深蓝”使用过的一个 Power PC 处理器，
现藏于美国硅谷的电脑历史博物馆

首先，IBM 的工程师为“深蓝”编写了一个基本的评价体系，其中包含大量参数。例如，不同的棋子的价值如何比较？同样一个棋子处在棋盘中央时，与处在棋盘边缘时相比，价值有何变化？为了保护国王的安全，值得付出多大的代价？这些参数指标，都是由开发人员（其中也包括国际象棋专业人士）在分析了上万局国际象棋对局之后，人为决定的。“深蓝”的评价体系最终演化为了一个包含 8000 个部分的庞然大物，所有可能出现的特殊局面都被写进了程序里——这可能是到当时为止，人类为国际象棋所绘制的最全面的“知识图谱”。

与此同时，“深蓝”至少包含了三个对局数据库：开局数据库，包括至少 4000 种开局套路；残局数据库，包括所有可能出现的少于或等于五个棋子的残局，以及一部分六个棋子的经典残局；延伸数据库，包括一些特级大师下过的名局的全局数据。在与人类对局的时候，“深蓝”从开局起就利用自身算力在上述数据库中进行搜索，根据自己的评价体系选择在当时胜率最高的下法，如此反复，直到棋局完成。在与卡斯帕罗夫对战前，IBM 还根据他的棋风，对“深蓝”的数据库进行了特别调整。

1996 年 2 月，“深蓝”与卡斯帕罗夫在美国费城进行六局对战，结果以 2 比 4 的总比分输掉了。算上 1988 年“深蓝”的前身“深思”挑战卡斯帕罗夫失败，这已经是卡斯帕罗夫第二次击败最先进的国际象棋超级电脑了。IBM 在对“深蓝”进行全面升级和针对性调整之后，于 1997 年 5 月再次发起挑战，这一次终于以 3.5 比 2.5 的总比分取得胜利。然而，很多人都忽略了，“深蓝”的胜利带有一些严重缺陷，可以说“胜之不武”。

- 在两次比赛之前，卡斯帕罗夫均提出希望学习“深蓝”下过的棋谱，但是 IBM 两次均予以拒绝。在对对手毫无了解的情况下，卡斯帕罗夫只得与市面上流行的商用国际象棋软件对弈以熟悉电脑的棋风，这样的准备显然谈不上充分。
- “深蓝”不但在对弈开始前就针对卡斯帕罗夫调整了数据库，而且在每局对弈之前都会在人类棋手的指导之下再次调整数据库和参数。虽然人类棋手没有直接帮助“深蓝”下棋，但他们给予的帮助相当重要。与其说这是“人类 vs 电脑”，不如说是“‘人类 + 电脑’ vs 卡斯帕罗夫”。

◆ 在 1997 年 5 月的对弈中，由于一个程序 Bug，“深蓝”在第一局的第 44 步做出了一个罕见的下法。这本来是出于随机，却被卡斯帕罗夫误以为电脑已经产生了某种超越人类的创造力，从而背上了沉重的心理包袱。这个插曲很可能影响了胜负。

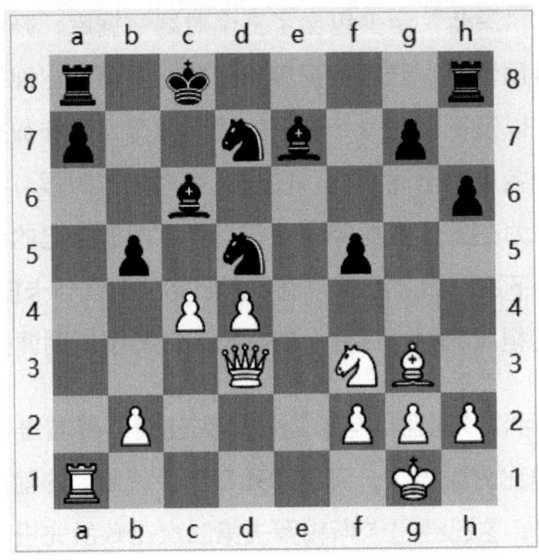

深蓝 vs 卡斯帕罗夫，1997 年 5 月第六战的最终局面：深蓝执白，卡斯帕罗夫执黑，在仅仅 19 手之后，后者就认输了，创下这一系列比赛的最短纪录

无论如何，“深蓝”击败卡斯帕罗夫还是引发了媒体和资本市场的一阵狂欢。在比赛之后的一个星期内，IBM 的市值累计上涨了 114 亿美元。投资者乐观地估计，“深蓝”将开启一个人工智能大规模商用的黄金时代——国际象棋已经被征服了，那么下一个被征服的领域又会是什么呢?

很遗憾，什么都不是，什么都没有。“深蓝”不是 AI 黄金时代的开拓者，而是符号主义 AI 发展到尾声的象征。它无法承担除了国际象棋之外的任何使命，哪怕在国际象棋领域，如果要与卡斯帕罗夫之外的特级大师对弈，它也需要重新调整数据库。“深蓝”的每一行代码都是由人类主动输入的，这就意味着它其实没有自主学习的能力。假设 IBM 想要攻克另一种智力游戏，例如中国象棋或围棋，那它就要从头开始组建一个全新的团队，再砸上几年时间和几千万美元。更可悲的是，像围棋这样的智力活动实在过于复杂，无法以“人工评价体系 + 数据库”的技术路线去征服。所以，围棋作为人类智慧的骄傲，又坚持了长达十九年，才被谷歌 AlphaGo 以机器学习的技术路线攻克了。

那么问题来了：为什么当时的 IBM 没有拥抱机器学习？其实这是一个伪命题，IBM 本身就是机器学习的先驱者，它未能在这个方向上取得突破，主要是出于时代的局限性。机器学习不是什么新概念，早在计算机诞生之初就已经被学术界提出了。1952 年，人工智能研究领域的先驱人物亚瑟·萨缪尔就在 IBM 的实验室里开发出了第一款应用了深度学习理论的跳棋程序；20 世纪 60 年代，雷神公司基于机器学习技术为美国军方开发了声呐分析程序。20 世纪 80 年代初，神经网络的概念已经被学术界比较清晰地建立起来了，它将在三十多年后引导一次史无前例的人工智能革命——但是在此之前，它还得忍受长达三十年的寂寞。

机器学习需要高效的算力和庞大的存储空间，这对于早期的计算机而言是难以实现的。哪怕到了 20 世纪 90 年代，计算机硬件的发展仍然难以支持机器学习的需求。“深蓝”配备的 32 个 Power PC 处理器、480 张定制芯片，以当时的标准已经堪称豪华，可是放到今天就只能以孱弱不堪来形容了。

而且，对海量数据进行机器学习所需要的分布式计算、虚拟化和云计算技术，直到 21 世纪才初逐渐投入使用。回头去翻阅 1980—2000 年的人工智能学科论文，我们会发现，在算力和存储能力有限的条件下，机器学习的主要技术路线是“知识驱动型”：先由人类总结出一套知识图谱，计算机以知识图谱为学习对象。这与后世基于大量原始数据的“数据驱动型”路线相比，简直大相径庭。

因此，我们可以理解，为何整个 20 世纪 90 年代以及 21 世纪的前十年，被后世学术界视为一个漫长的“AI 寒冬期”：符号主义已经达到了它的天然上限，“深蓝”就是达到上限的标志；而“知识驱动型”的机器学习，在本质上是符号主义与机器学习的调和，上限也不可能很高。世界上有的是比国际象棋更复杂的问题，而且大部分问题都不像国际象棋那样信息对称、一目了然。对这些问题绘制“知识图谱”，即便在理论上存在可能性，在现实中也不具备可操作性。在“深蓝”引发的狂热讨论结束之后，资本市场和媒体对人工智能失去了兴趣，就连学术界的热情也大幅降低。在广阔的计算机科学领域，存在太多话题、太多值得开拓的赛道，谁会热衷于在人工智能这一棵树上吊死？

作为整个 20 世纪人工智能研究的领军者，IBM 并未放弃尝试。从 2005 年开始，IBM 决定押注于自然语义识别，其初步目标是在电视问答游戏当中击败人类选手。这个研发项目被命名为 Watson，那是 IBM 第一任和第二任 CEO 的姓氏。经过四年多的研发，到了 2010 年，Watson 已经具备了在美国最热门的电视问答节目《危险边缘》(Jeopardy!) 当中击败人类选手的能力。2011 年 2 月，它在公开的电视节目当中击败了全部人类对手，获得冠军，由此再次引发了外界对人工智能的兴趣（尽管这一次享受的媒体热度远不如当年的“深蓝”）。

2010 年，IBM Watson 在《危险边缘》特别节目中击败了该节目历史上最成功的两个人类选手

IBM 试图趁热打铁，将 Watson 应用于医学、教育、烹饪等领域，甚至专门成立了一个 Watson 医疗事业部。遗憾的是，Watson 从一开始就注定了命途多舛，因为它采取的是一种拙劣的、过时的技术路线：本质上仍然是知识图谱，由人类向其数据库灌输大量的、系统的“知识”，然后根据问题在这些“知识”当中搜索结果，它也包含一些机器学习成分，但仍然是以“知识驱动型”的机器学习为主。通俗地说，Watson 是在符号主义的骨架之上披了一件机器学习的外衣，并且努力弥合外衣和骨架之间的缝隙。IBM 采取上述拼凑式技术路线是可以理解的：它在符号主义时代的历史包袱太重，不愿放弃；而在机器学习技术上，它又不是领先者，相对于冉冉升起的谷歌没有任何优势。

当然，在一开始，IBM Watson 似乎是有成功希望的。凭借自身强大的品牌号召力和销售能力，IBM 把 Watson 推销给了大批医院，用于癌症这种最复杂、最高风险的病症治疗。但是，从“事后诸葛亮”的角度看，IBM 的整个人工智能技术路线，在 2012 年 9 月 30 日就被历史判了死刑。就在那一天，由加拿大多伦多大学的三位科学家开发的 AlexNet，在著名的 ImageNet 大规模视觉识别挑战赛上，取得了历史最低的错误率，而且远远低于第二名的水平。后世的科学家和历史学家必将把这一事件视为“AI 春天”的开始，因为它至少产生了两个意义深远的结果。

1. AlexNet 证明了神经网络的重大意义，此后几乎所有的人工智能研发都是沿着以神经网络为基础的深度学习（Deep Learning）路线前进。符号主义和知识图谱的思路几乎被彻底抛弃了，“数据驱动型”路线彻底获胜，数据的数量和质量成为人工智能研发的焦点。
2. 在 AlexNet 的研发团队中，有一位名为伊利亚·苏茨克维的博士生（当时尚未毕业），日后他将成为 OpenAI 的联合创始人和首席科学家，并于 2022 年 11 月点燃 ChatGPT 之火，从而彻底改写人工智能（以及整个人类社会）的发展史。

站在使用角度，一个人工智能专业的研究者，完全可以不考虑 2012 年 9 月 30 日以前发生的一切事情，就当它们不存在。因为当代 AI 尤其是生成式AI的主流技术路线完全发源于那个时间节点，“新天新地”就此降临，此前的一切都被颠覆了。

“传说结束了，历史刚刚开始。”

李飞飞与 ImageNet：人工智能革命的最初“训练场”

按照学术界通常的看法，“人工智能寒冬”贯穿了整个 20 世纪 90 年代和 21 世纪前十年，具体的开始和结束时间略有争议，但是有一点是肯定的：在此期间，人工智能行业一直在痛苦地寻找正确的突破方向，很多研究者和企业都对此丧失信心、意兴阑珊，乃至抽身而退。然而，哪怕是在寒冬期，还是有一批学者要么出于兴趣，要么出于牢不可破的信念，延续了人工智能研究的火种。其中一位不可忽视的人物，就是美籍华裔女性科学家李飞飞。假如没有李飞飞，由神经网络技术所掀起的“AI 春天”最终还是会降临，但是可能会推迟多年，而且其主角将不会是我们今天耳熟能详的那些人。

李飞飞，1976 年出生于中国北京，在四川成都长大，16 岁移居美国。1995 年，她进入普林斯顿大学，主修物理学，同时对计算机科学、应用数学等领域颇有涉猎。从普林斯顿大学毕业后，她在加州理工学院攻读电气工程博士学位，但是其博士论文是关于视觉信息识别的——与其说是电气工程话题，倒不如说是计算机科学话题。拿到博士学位之后，李飞飞先是在伊利诺伊大学厄巴纳 – 香槟分校任教，然后又回到了自己的母校普林斯顿大学任教。在此期间，她产生了一个想法：构建一个大型互联网图像数据库，用于计算机视觉识别技术研究。历史证明，这个想法将改变整个世界。

早在 20 世纪 90 年代后期，随着符号主义和知识图谱走向穷途末路，“数据驱动型”机器学习逐渐成为人工智能学术界的主流理论：提供给计算机的学习资料，应该是海量的、只经过人类粗略处理的原始数据，而不是少量的、被人类精挑细选过的系统化知识。举个例子，传统的、“知识驱动型”的机器学习，就好像让一个学生阅读《大英百科全书》，这套书虽然卷帙浩繁，但其本身就是编辑团队反复雕琢的结果，是对无数原始资料的剪裁和升华。“数据驱动型”的机器学习，则是把一个学生直接扔到图书馆里，让他直接对各式各样、光怪陆离、千奇百怪的原始资料进行学习。不用说，由于人类的学习速度有限、脑容量太低，后一种学习方式对人类而言不现实；但是对计算机而言，只要解决了算力和存储空间的问题，后一种学习方式是现实的。

有趣的是，虽然“数据驱动型”机器学习成为主流技术路线，可大部分学者的关注重点还是在算法和模型上，而不是数据。换句话说，他们更关心“怎么处理数据”“怎么通过数据学到东西”，而不是“应该从什么数据学习”“应该如何保证数据供给及其质量”。问题是，如果没有足够庞大、质量堪用的数据库，计算机该从哪里学习呢？以视觉信息（图像、视频）识别这个在当时比较热门、应用需求比较大的领域为例，在 2004 年至 2006 年期间，缺乏可靠的、标准化的图像数据库，已经成为制约技术进步的主要瓶颈。很多人意识到了这个问题，但很少人想解决这个问题。这可能是因为数据库构建在本质上是一个工程问题，在一些科学家眼里的原创性不够，不值得倾注精力去做；也可能是因为这项任务过于烦琐，需要动员学术圈之外的资源，其性价比不是很高。

多说几句，在机器学习领域，究竟是算法更重要还是数据更重要，就像哲学领域的“是先有鸡还是先有蛋”的问题一样，是一个饱受争议、经常被外行人误解的问题。作为一个互联网行业的投资分析师，我还记得2017—2019 年，字节跳动旗下的抖音强势崛起，投资人无不惊叹于抖音的“推荐算法”效率之高，认为算法技术是字节跳动最强大的核心竞争力。事实上，字节跳动的算法技术固然有一定的先进性，但是更重要的是短视频这种形式能够提供海量的内容。而且作为一家发展历史较短的新兴公司，字节跳动内部的数据在很大程度上是互相打通的，各个部门、各个团队都可以高效地了解数据全貌，与很多老牌互联网公司内部的数据割裂形成了鲜明对比。“是先有鸡还是先有蛋”，这个问题永远不会有标准答案；“是算法更重要还是数据更重要”，这个问题的答案则是统一的——不论是算法还是数据都不应成为短板，两者应该齐头并进地发展，否则就发展不起来。

早在加州理工学院攻读博士学位期间，李飞飞就注意到了在机器学习算法领域的“割裂感”。哪怕在图像辨认这个相对狭窄的赛道上，“割裂感”也无处不在：有的博士生在研究辨认狗的算法，有的博士生在研究辨认猫的算法，他们研究的算法可能完全不通用！这些高度特异化、不具备扩展性的技术路线，显然不是机器学习发展的正道。李飞飞认为，问题主要是出在数据层面而非算法层面。具体来说，就是用于机器学习算法研究的数据库太小、范围太狭窄了。人类儿童是怎么学会分辨猫和狗、动物和植物、自然和人造物品的？是通过现实经验：看得越多，学得就越快，通过对无数现实事物的视觉经验，逐渐形成对这个世界的认识。假设我们把一个小孩关在黑暗的房间里，每天只给他看几张、几十张图片，那他可能一辈子都无法学会分辨猫和狗。应该让他去看大千世界，看各种各样的生物、非生物、人造物，久而久之，他自然能学会用视觉分辨事物。

2007 年转到普林斯顿大学任教之后，李飞飞很快开始寻求把自己构思的大型图像数据库化为现实。当时，普林斯顿大学已经有一个名为WordNet的文本数据库，那是美国政府资助的语言学研究项目，早在1985年就开始运行了。经过二十多年的扩展和维护，WordNet不仅覆盖了英语的绝大部分词汇，还包含了英语与其他多种语言之间的关系（例如外来词、同源词、假借词等），成为一个很重要的语言学研究和教学工具。它最特殊、也最有用的特性，是建立了各类词汇之间的上下位、同义、同群、整体与部分关系。以人类世界最常见的宠物——狗为例。

> 狗归属于犬科，所以“犬科”是“狗”的上位词汇。哈士奇是一种狗，所以“哈士奇”是“狗”的下位词汇。狗和狼同属于犬科，所以“狗”和“狼”是同群词汇。狗都有尾巴，所以“狗尾巴”是“狗”的一部分。

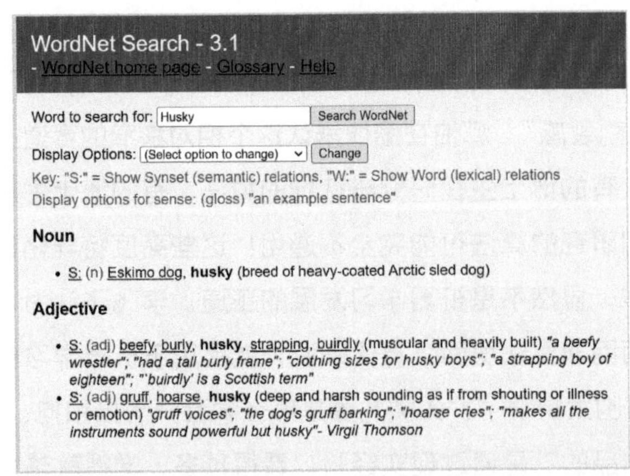

在WordNet搜索“哈士奇”(Husky)返回的结果。请注意，现在的WordNet与2007年李飞飞接触时相比有一些不同

出于教学目的，普林斯顿大学早就打算为WordNet配图——俗话说“一图胜千言”，若能给所有词汇配上图片，肯定能大幅提升语言学习的效果。李飞飞也接触到了WordNet项目的负责人，但是她的目标更远大，超过了单纯的教学目的：她敏锐地意识到，如果给WordNet收录的所有

词汇都配上图（而且每个词汇不止配一张图），就能构建出有史以来最庞大、最完整的图像数据库！而且，这个数据库里的每一张图片都有精确的标签，因为 WordNet 本身就是它的“标签集合”。李飞飞给这个理想中的数据库命名为 ImageNet，只要它能顺利建立起来，那么至少在视觉识别机器学习这个领域，研究者再也不用为缺少数据、数据质量太低而发愁了。

关于 ImageNet 的伟大构想，得到了 WordNet 项目负责人的认可和普林斯顿大学官方的资助。然而，在落地这个构想的过程中，李飞飞团队遇到了所有理想主义者都不能避免的难题——缺钱。普林斯顿大学给的资助完全是杯水车薪，李飞飞申请美国联邦政府基金的努力也基本以失败告终，其中的原因很好理解：机器学习乃至整个人工智能领域在当时不是最热门的学术主题；李飞飞本人只是一个刚拿到博士学位没多久、缺乏学术知名度的助理教授。而且，在负责审批政府基金的人看来，给一个文本数据库配图实在算不上多么伟大的项目，优先级很低。

李飞飞在建立 ImageNet 的过程中遇到的问题，预示着今后多年人工智能研究者（无论他们是身处学术界还是产业界）即将面临的问题：如何在资源有限的情况下，以尽可能高的性价比完成任务，同时不能过分牺牲效率？这其实是一个工程问题，而不是科学问题。严格地说，人工智能发展史上真正能够上升到“科学”层面的议题非常少，大部分人都是在工程层面进行竞争。时至今日，OpenAI、Anthropic、Meta 和谷歌等 AI 大模型开发一线公司的竞争，也主要是围绕着一系列越来越精细的工程问题，而直至本书截稿时止（2004 年 4 月），OpenAI 在工程领域的统治地位还是不可撼动的——对于这一点，后文将有详细论述。

按照正常的学术工作方法，ImageNet 根本无法完成任务。李飞飞团队尝试过以每小时高达 10 美元的价格雇用普林斯顿大学的本科生为 ImageNet 打工，可是事实无情地证明，这些本科生的工作效率实在太低，根本指望不上。幸运的是，当时互联网的渗透率已经非常高，尤其是在美国，“网络众包”作为一种用工形式已经如火如荼地发展起来。通过亚马逊众包平台，李飞飞团队找到了大量“廉价劳动力”，为 ImageNet 完成了绝大部分工作。一开始，李飞飞曾担心众包的可靠性。不过，实践证明，图像标签的可靠性问题可以通过多重复查来解决：根据图像的复杂性，一张图片至少会有两个人打标签，在有些情况下甚至会有十几人打标签，即便其中有人偷懒或犯错误，也可以由其他人修正。李飞飞团队还开发出了一套统计模型以分析众包人员的行为，从而最大限度地确保了其工作的准确性。

经过两年半的努力，2009 年 6 月，李飞飞团队发布了最初的 ImageNet 数据库，当时包含 320 万张打过标签的图片，分成 12 个大类、5247 个分类。令他们失望的是，这个研究成果在学术界只引发了有限的兴趣，未能改变整个人工智能机器学习领域的关注重点。但是，ImageNet 已经为未来的人工智能革命搭好了最初的“赛场”，提供了基础设施的轮廓，播下了下一个春天所准备的种子，至于春天何时到来，则是另一个问题。

同样是在 2009 年，机器学习领域发生了另一件大事：奈飞大奖 (Netflix Prize) 终于被人摘走了。作为全球最大的影视流媒体平台，奈飞从 2006 年开始举办面向全球机器学习开发者的奈飞大奖赛，旨在发掘出最高效的影视内容推荐算法。这项竞赛的细节如下。

1. 竞赛目的是开发出一种算法，通过奈飞用户对已有的影视作品的评分，评估他们的观影偏好，从而预测出他们对其他影视作品的评分。这种算法可以帮助奈飞高效地向用户推荐新的影视作品，乃至预判开发中的影视项目的受欢迎程度。
2. 奈飞向外部开发者提供了 48 万名用户对 1.78 万部电影做出的 1.05 亿次评分，作为训练数据库。除了评分，用户的其他个人信息均不对开发者公开（有黑客后来发现，其实有可能获得用户隐私信息）。

3. 开发者通过训练数据库开发算法，奈飞通过自己内部的另一套数据库评估其预测的准确性。[1]任何算法的准确性若能比奈飞自有算法高出 10%，就将赢得 100 万美元大奖；若没有算法能做到这一点，当年准确性最好（且超过奈飞自有算法）的算法将赢得 5 万美元奖金。

2009 年 9 月，奈飞宣布：有两个开发者团队的算法准确性均比奈飞自有算法高出 10% 以上，满足了获得奈飞大奖的条件；其中递交算法较早的那个团队拿走了 100 万美元奖金。对于互联网内容推荐机制的发展而言，这是一个里程碑式的事件。从那以后，绝大部分内容平台逐渐摒弃了传统的人工推荐，也摒弃了线性回归模型等比较初级的算法推荐（奈飞自有算法就是基于线性回归的），转而采取更复杂的混合型的算法。需要指出的是，电影评分其实是一种相对简单、比较容易预测的数据，奈飞提供的训练数据库以今天的标准看也不算大，所以奈飞大奖赛的成果在技术上并不具备革命性意义。它留下的最重要的“遗产”是精神层面的。

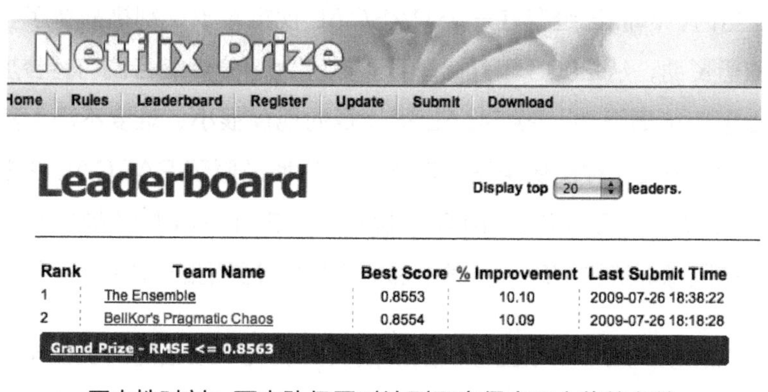

Rank	Team Name	Best Score	% Improvement	Last Submit Time
1	The Ensemble	0.8553	10.10	2009-07-26 18:38:22
2	BellKor's Pragmatic Chaos	0.8554	10.09	2009-07-26 18:18:28

历史性时刻：两支队伍同时达到了赢得奈飞大奖的条件

1 奈飞对于算法“准确性”的判断标准，是基于统计学上的“均方根误差”概念，比“均方根误差”更低的算法就视为更准确。非人工智能专业的读者不必过多地理解其中的技术细节。

首先，奈飞大奖赛向数以百万计的人（不论是学术界、商业界还是媒体界的人）形象地展示了机器学习具备巨大的商业价值，尤其是具备彻底改变人类内容生产和分发模式的能力。从那时起，资本市场上逐渐产生了一种说法：奈飞的成功应主要归功于“大数据”和“算法”的力量，后来的《纸牌屋》等热门剧就是基于“算法”预测的成果。讽刺的是，奈飞在实践中从来没有使用过从奈飞大奖赛征集到的算法，可能是因为成本问题，也可能是因为信不过外部算法，而《纸牌屋》成功的主要原因也不是所谓“算法预测”。但是，外界看到了机器学习算法的潜在价值，这就够了。

其次，奈飞大奖赛面向全球征集算法和模型的模式，被证明十分有效，可以称为“研发众包模式”。在机器学习这条尚未定型的赛道上，闭门造车肯定不如开门迎客，只有集合全世界各国科学家、工程师和业余爱好者的力量才能加快技术突破的效率。从那以后，一系列的机器学习主题挑战赛、大奖赛如同雨后春笋一般地涌现出来，其中就包括李飞飞团队联合发起的 ImageNet 挑战赛。

在当时，欧洲已经存在一个 PASCAL 视觉对象识别挑战赛了，该项目由欧盟资助，从 2005 年开始举行，欧洲大部分传统名校均有参加。然而，由于历史局限性，PASCAL 挑战赛的规模很小、难度不高，其数据库仅仅包含约 20 种图像类别。李飞飞成功地说服了 PASCAL 主办方，与 ImageNet 联合主办 2010 年的挑战赛，由 ImageNet 提供有史以来最庞大的图像训练数据库——其中包括 1000 种类别的 120 万张图片。

可以想象，这样一个图像识别挑战赛的诞生，给当时的机器学习研究界带来了多么巨大的震撼。虽然 ImageNet 挑战赛无法像奈飞大奖赛那样提供巨额奖金，但它在第一年就吸引到了来自世界各国的 16 支队伍参赛。到了 2012 年，第三届 ImageNet 挑战赛已经成为机器学习领域的标杆性赛事，比赛内容也更加复杂了，包括三大任务：基础识别，即识别一张图片上“有什么东西”；带定位的识别，即识别出图片上的东西的具体位置；

细粒度识别，即识别出图像上的东西的更详细信息。例如，基础识别只需要识别出“图像上有一只狗”，细粒度识别则需要识别出这只狗究竟是什么品种的（ImageNet 总共包含了 120 个品种的狗的图像）。

2012 年 ImageNet 挑战赛的三大任务

当 2012 年 ImageNet 挑战赛举行时，李飞飞已经转投斯坦福大学任教，并且从此再也没有离开。赛事组委会的大部分成员也都来自斯坦福大学，不过，在这次挑战赛上最受关注的并不是斯坦福大学，而是加拿大的多伦多大学——后者的三位科学家提交了一个名为 AlexNet 的神经网络模型，在全部三项比赛任务中均毫无争议地获得了第一。其中，在基础识别任务中，AlexNet 的错误率比第二名低了 10 个百分点；在带定位的识别任务中，错误率则比第二名低了 17 个百分点。对于其他所有模型而言，这是不折不扣的降维打击。

在 AlexNet 研究团队中，有一位名叫伊利亚 · 苏茨克维的在读博士生，他是出生在俄罗斯的犹太人，曾经在俄罗斯、以色列、加拿大三个国家生活（并同时拥有三国国籍）。多年以后，他将以 OpenAI 首席科学家、GPT 模型研发负责人的身份震动整个世界。就在同一时间，位于美国硅谷的英伟达（NVIDIA）这家公司及其董事长的命运，也被不声不响地改变了，因为 AlexNet 成功的一个重要原因是针对 GPU 进行了优化，而不像大部分机器学习模型那样依赖 CPU，这是由它的技术路线所决定的。

AlexNet 是一个卷积神经网络模型，它模拟了人类大脑中的视觉皮层组织的神经连接方式，以此实现了对视觉信息的高效识别。事实上，“神经网络”这项技术，其基本思路就是来自对动物尤其是对人类神经组织的模拟。自从 AlexNet 发布之后，几乎所有的人工智能模型都是基于神经网络的。在机器学习这个领域，基于神经网络的深度学习成为发展最快、覆盖范围最广的“显学”。对于非专业人士而言，“人工智能”“机器学习”“神经网络”“深度学习”这四个概念，差不多就是等价的。如果我们把 2012 年视为“当代人工智能元年”，把 AlexNet 视为“人工智能之春的滥觞”，其实一点也不夸张。

在下一节，我们将尽量深入浅出地解释“神经网络”的概念，以及从“神经网络”的基础之上如何成长出了各式各样的 AI 模型应用，包括击败李世石的 AlphaGo，以及震动全世界的 ChatGPT。本书的主题不是技术，本书作者也不是人工智能专业技术人员，所以我们的落脚点将是宏观的、偏向应用层的，尽量不会纠缠技术细节。

神经网络与深度学习：“AI 之春”的技术基础

神经网络，顾名思义，是以模仿动物（尤其是人类）大脑的神经组织为特征的一种机器学习模型。需要注意的是，这种“模仿”不是物质层面或生物层面的，而是结构层面的。当代的人工神经网络完全以软件形式运行在计算机上，不具备实体形态，其运作也不遵循生物学规律。更准确的说法是，计算机科学家从动物神经组织的运作方式上获得了启发，以此为原理做出了人工神经网络。这就好像莱特兄弟通过观察鸟类滑翔的方式改进其飞行器，最终制造出了人类历史上第一架持续动力飞行的飞机，但飞机本身的构造与鸟类还是天差地别的。

人类的神经组织具备什么特点？它以一种高度分化的细胞——神经元为功能主体，人类大脑中的神经元数量可达 1000 亿个，神经元担负着收集外部信息（输入）、整合信息（处理）和传导神经冲动（输出）的三重职责。神经元之间通过突触连接，以电化学方式实现信息传导，即所谓“神经冲动”。总而言之，任何一个神经元在感受到外界环境变化时，均可以把信息传递给其他神经元，从而指导大脑和身体做出反应。数量庞大的神经元，以及神经元之间复杂的突触连接，是神经组织的两大特点，也是动物能够思考和行动的重要先决条件。

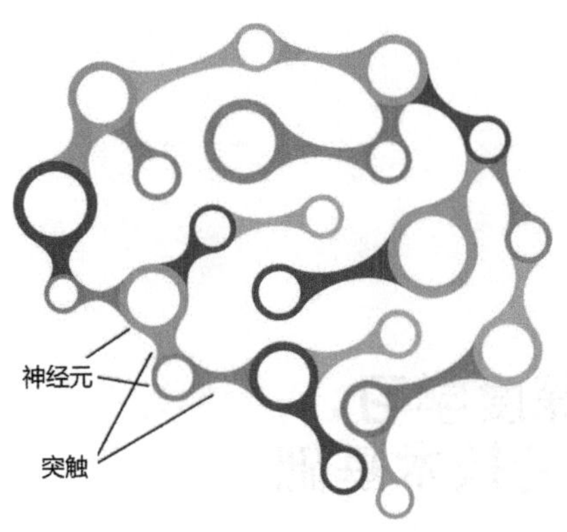

人类神经组织结构示意图

从科技发展史的角度看，神经网络与主流计算机科学的发展思路大相径庭。早在 1945 年，计算机之父冯 · 诺依曼提出了对现代计算机的定义：由一个处理器（内部又可以细分为运算器和控制器）和一个存储器构成，通过输入装置处理外来信息，再通过输出装置将处理结果反馈给用户。以当前市面上的主流电脑为例，CPU 和 GPU 就是“处理器”，内存和硬盘就是“控制器”，键盘和鼠标就是“输入设备”，显示器、音箱和打印机都是“输出设备”。这是一个简洁明了、高度透明的架构，它根据人类事先写入的指令运行，其运行结果是可预测的，完全服从数理逻辑。可是在神经网络当中，并不存在什么“处理器”和“存储器”的区别，我们可以认为，每个神经元本身同时扮演着“处理器”“存储器”“输入设备”“输出设备”四个角色；至于神经元之间的突触，在冯 · 诺依曼计算机架构当中更是闻所未闻。

所谓人工神经网络，是由一个个“节点”构成的，它们模仿的是神经元；“节点”之间则由大量“边”连接起来，它们模仿的是突触。每个节点都会从其他节点输入数据、进行处理，再把处理过的数据输出给其他节点。

在实际操作中，“节点”一般会组成不同的“层级”，每个层级发挥不同的功能、承担不同的任务。下图显示的就是一个高度简化的神经网络模型：来自外界的数据，无论是文本、图像、视频、音频还是其他格式的数据，首先经过“输入层”的节点，然后被传导到“隐含层”，最后被传导到“输出层”。人类用户所看到的，就是来自输出层的处理结果。

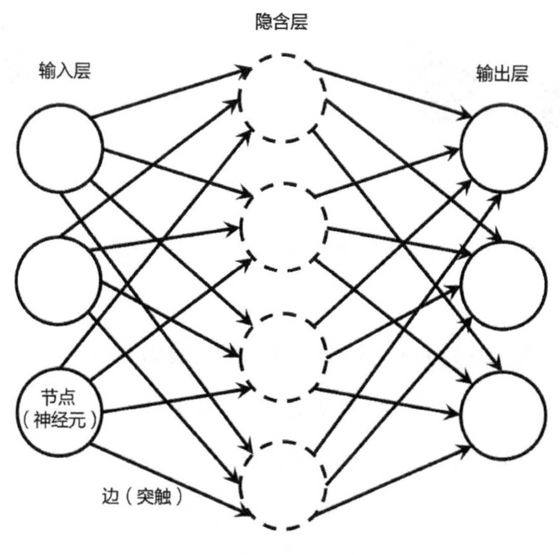

一个高度简化的神经网络模型示意图

对于非人工智能专业的读者来说，上面的描述可能太抽象了，所以下面我们举一个具体的例子。假设你是一位计算机图形科学家，要开发一个能够识别鸟类照片的神经网络模型。你使用了来自 ImageNet 等免费数据库的、经过人工标注的大量照片进行训练。在训练中，模型发现照片中的鸟类具备两个共同点：第一，它们都有翅膀；第二，它们的爪子形状相似，呈现三趾在前、一趾在后的特征。相比之下，照片中的鱼类、爬行类和哺乳动物都没有翅膀，也不会长出那样的爪子。通过自我调节参数，你的模型“学会”了鸟类的上述特征。

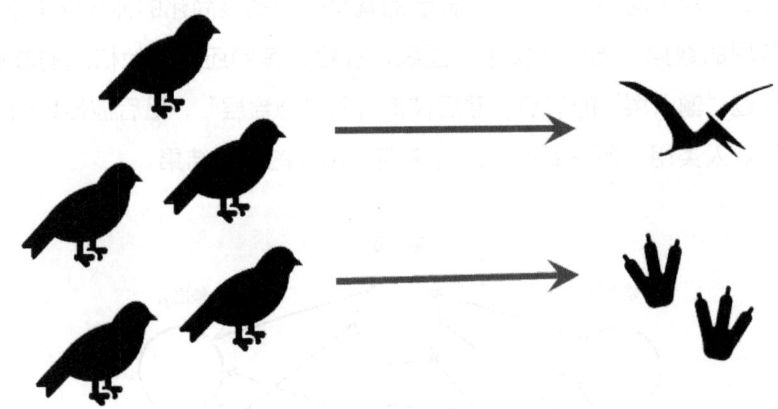

基于神经网络的视觉识别训练：鸟类具备什么特点

接下来，你要把经过训练的神经网络模型用于实际工作了，这就是所谓的“推理”。你的模型接触了大量前所未见的动物图片，它需要判断出这些图片里有没有出现鸟类。这些鸟类照片首先被送到了“输入层”，被这里的节点处理成了计算机能读懂的数字信息；然后被传导到了“隐含层”，这里的节点通过既有知识进行判断——凡是有翅膀并且爪子是三趾在前的动物，就是鸟类，所以猫头鹰是鸟，孔雀也是鸟。经过处理的信息，又被送到了输出层，作为最终判断被反馈给了用户。

你可能会注意到，上面的模型很容易出现误判。例如，假设它处理的图片中出现了蝙蝠，那它的推理结果会是怎么样的？蝙蝠有翅膀，而且翅膀的形状与鸟类相当相似；蝙蝠的爪子是五趾的，与鸟类不同，但如果图片没有清晰地拍到爪子呢？模型有可能会将蝙蝠误判为“鸟类”，或者承认自己分辨不清。这样的错误哪怕是在成熟的商用模型当中也屡见不鲜，例如，我使用的苹果手机的相册 AI 程序就总是分不清“猫”和“狗”，有时候甚至分不清“猫”和“兔子”。

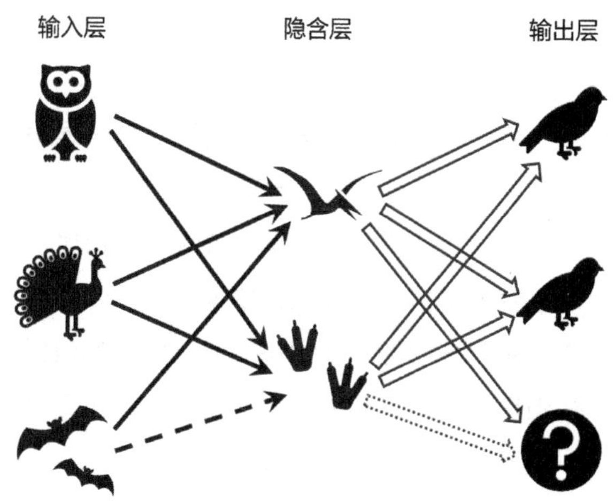

基于神经网络的推理：什么是鸟，什么不是鸟

要解决上述问题、提高判断准确率，有很多方法。首先当然是扩大训练数据库，让模型看到大量的蝙蝠照片，以及其他像鸟类但不是鸟类的动物照片。在训练的过程中，模型会学会更多鸟类的特征，例如“鸟类的嘴是尖的”“鸟类有羽毛”“鸟类有特殊的动作姿态”等，从而增加参数数量和提升质量。其次是设立更多的“隐含层”，让模型可以递进式地思考问题，而不是仅仅根据几个孤立的外观特征去做判断。

例如，第一个隐含层可以处理那些最具体、最局部的特征，包括翅膀、爪子、羽毛等；第二个隐含层可以处理那些“整体化”的特征，包括鸟类的身体结构、体态、动作方式等；第三个隐含层则处理那些更加抽象的特征，可能是人类直观上完全注意不到的特征。经过三个隐含层的递进处理，模型推理的正确率会大幅提升。这种“层层递进”的模式，倒是有点儿像专业投资机构做出投资决策的模式：有一群分析师专门研究个体企业，对其财务报表和业务进行深度拆解；还有一群分析师专门进行宏观性研究，包括行业趋势、国内经济和全球经济等；而投资总监及投资决策委员会则更多地在“务虚”层面工作，包括判断被投企业老板是否可靠，等等。不管通过这种方式做出的投资决策是否正确，它至少看起来比较科学、容错率更高。

使用中的大部分神经网络都拥有多个隐含层，有时候是成百上千个隐含层，因此被称为“深度神经网络”。基于深度神经网络进行的机器学习，就是所谓“深度学习”。近年来，由于深度神经网络极度发达、触角无处不在，深度学习几乎变成了机器学习的代名词，绝大部分机器学习研究者是以深度学习为主要研究方向的。我们每日所见所用的自然语义大模型、自动驾驶模型、在围棋等智力运动中使用的模型，都是深度学习技术的发展成果。这个“AI 春天”，其实就是深度学习的春天。

然而，在 2012 年 AlexNet 横空出世之前，神经网络已经多年没有什么重要进展了，深度学习对大部分专业人士而言也是听说过、没使用过。查阅过去的学术资料可以看到，从 1998 年到 2012 年，神经网络和深度学习技术处于漫长的蛰伏期。在此期间，固然也有一些优秀的科学家不离不弃，例如中国人很熟悉的斯坦福大学前教授、百度前首席科学家吴恩达，但是总体看来，神经网络是一个研究成果少、受到关注更少的冷门赛道。当时市面上最流行的机器学习模型是统计学习，那是一种基于统计学和泛函分析，并且与神经网络完全不同的技术路线。上一节提到的奈飞大奖赛，参赛者提交的大部分都是基于统计学习的算法。直到多伦多大学的 AlexNet 一声炮响，神经网络才迅速取代统计学成为显学。假如一个人工智能学者从 2010 年穿越到 2024 年，他大概会以为自己进入了某个荒诞不经的梦境，一切都如此不可思议。

其中的原因不难理解：学术界其实也是功利的，在某种程度上与产业界、投资界难分伯仲。受到传统叙事的影响，很多人一厢情愿地认为科学家都是“两耳不闻窗外事”、毫不利己专门利人的“书呆子”，科学研究完全是“凭实力和努力说话”，对客观真理的探索不会受到人类社会偏见的影响。问题在于，科学研究是需要资源的，科学家需要论文和应用来为自己争取资源。有人的地方就有江湖，学术界是高智商人群的聚集地，所以是一个“高智商的江湖”，要是这条赛道还能够投入商业应用、立竿见影地提供资金回报，那就更会人满为患了。在深度学习革命开启前，李飞飞苦于无法为 ImageNet 筹集足够的经费，而在深度学习普及起来之后，比 ImageNet 规模大得多的人工智能项目早已屡见不鲜。

不管怎么说，2012 年标志着深度学习的全面上位，数百亿美元的资金被“砸”向了深度学习的基础研发，谷歌、微软、亚马逊等科技巨头开始哄抢深度学习的研究成果和人才。社交媒体平台根据深度学习技术彻底改造了内容推荐系统，短视频、短图文等信息流媒体进入了蓬勃发展的时期；电商平台依靠深度学习技术大幅提升了“用户”与“商品”的匹配效率，由此催化了全球范围内电商渗透率的进一步提升；自动驾驶等长期停留在初级阶段的“科幻级”技术，在深度学习的支持之下终于具备了一定的实用性。无论在哪个国家、哪个细分领域，深度学习都是科技公司的一项核心竞争力，没有及早适配深度学习的公司很容易衰落乃至消亡。即使没有以 ChatGPT 为代表的大语言模型，深度学习都已经深刻改变了人类社会的运行方式。

虽然本书的重点不是讨论技术细节，不过在进一步讨论深度学习革命之前，有必要大致介绍一下深度学习最流行的三种分类：监督学习、强化学习、无监督学习。我们每天都会接触和使用它们的成果，尽管我们自己一般意识不到。

前面举过学英语的例子，这次我们改用学做菜的例子。假设你是一个完全不会做菜、只会吃菜的人，不知道什么原因突然痛下决心，要成为一个烹饪高手。那么，你该怎么学习烹饪呢？一种偷懒的方法是找一大堆名厨菜谱，一手拿锅铲、一手拿菜谱，不折不扣地按照书本执行——这就是早已被人工智能业界淘汰了的“符号主义”或曰“知识图谱”的方法，按照这条路线是不可能练成高手的。所以你决定采取深度学习的方法，通过大量做菜、自我调节的方式提高厨艺。具体而言又有三种方式。

首先，你可以请一位大厨做出一系列“样本菜”，通过品尝这些“样本菜”获得对烹饪水平的直观认识。然后你开始独立做菜，其目标是复制出大厨的“样本菜”。在此过程中，大厨也可以偶尔给你一些点拨，但主要还是靠你自己摸索。总有一天，你做出的菜会与大厨别无二致，那么我们就可以说你达到了大厨的水平。这就是监督学习，大厨扮演的就是监督角色，通俗地说就是“有参考答案的学习”。

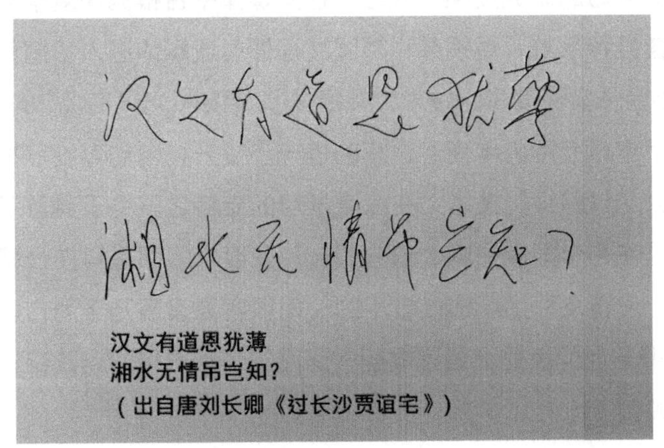

手写文字识别技术属于典型的监督学习领域，文字本义就是参考答案

其次，你可以请一位美食家坐在你旁边，随时品尝你做出的每一道菜。这位美食家会给出正面或负面的评价，由于他见多识广，他的评价对你而言肯定是有道理的。收到正面评价，你就知道自己的做法对了；收到负面评价，你就想办法改正。美食家可以偶尔指导你怎么改正，但主要还是靠你自己领悟。总有一天，你做的菜让美食家无法挑刺，给的全是满分，那么你就可以出师了。这就是强化学习，美食家的评价过程就是强化过程。

再次，你也可以不借助任何人的力量，不参考任何外部信息，在厨房里闷头炒菜。一开始你肯定会做出一大堆黑暗料理，但只要尝试的次数足够多，你总会找到一些门道，甚至会发明一些独家菜品。当然，你的尝试总归是有边界的，局限在厨房里“做菜”这个行为，不包括放火烧了厨房或者用炊具做化学实验。没人知道你到底能达到什么烹饪水平，但是总体来看，你的水平肯定会提高。这就是无监督学习。

上述三种学习方法各有各的最佳适用面。对于自然语言和图像识别来说，监督学习显然是最合适的，图像的人工标签就是一种“监督”，语言文字的上下文也是一种“监督”，神经网络模型是在依照人类的认知进行学习。对于自动驾驶这种需要跟现实世界打交道的技术而言，强化学习是必不可少的，不撞车、不引发事故、不违反交通规则，这些要求本身就是一种“强化”机制。无监督学习则更适合那些需要创造力的领域，就像鲁迅曾回忆自己少年时代，老师只出题目让大家写文章而很少对大家的文章进行评判，“都是一条暗胡同”，能闯过这条暗胡同的人就成了作文高手。

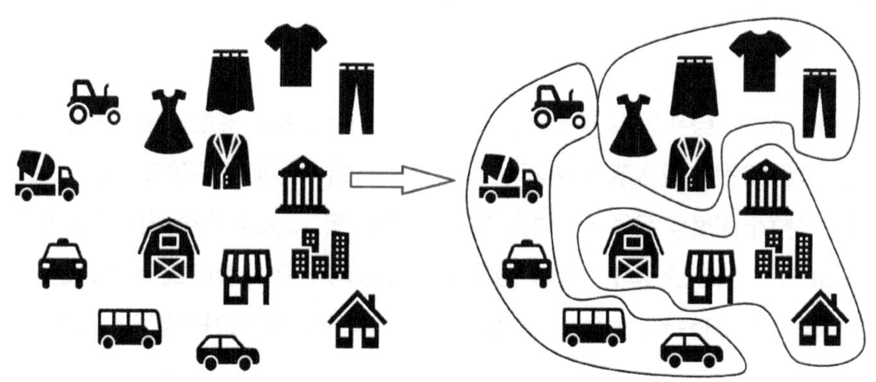

无监督学习案例：
这里有一大堆图片，人类不知道其中有什么规律，但是模型发现它们可以分为三组，即车辆、衣服和建筑物；模型也有可能发现其他隐藏的规律

绝大部分流行的深度学习应用都使用了不止一种学习方式。以万众瞩目的大语言模型为例，主要训练方法是监督学习，准确地说是其中的自我

监督学习和半监督学习，后者可以视为监督学习和无监督学习的杂糅产物。不过，在涉及伦理问题时，就要使用强化学习，通过人类用户的反馈让模型意识到人类伦理的边界。技术是死的，人是活的，对于大型企业或组织而言，如何灵活地使用技术完成实际任务才是最重要的。

对于个人或创业公司而言，又是另外一个故事了：深度学习这个领域实在太大了，千门万户，每一个分支都能找到上百篇论文和上百个应用案例。在专业研究者看来，本书对深度学习技术的介绍只能算常识中的常识（而且是高度简化的常识）。任何人至少得先阅读几十万字的论文，才能勉强称得上“深度学习专家”。对于年轻的从业者来说，不管是身处学术界还是产业界，只要选错一条研究或应用方向，就有可能走很长的弯路乃至付出整个职业生涯的代价。对于中年从业者来说，试错的机会成本就更高了。出于切身利益考虑，大部分个人和小公司只能选择打“安全球”，沿着行业内最流行、最受公认的道路走下去。只有规模很大且基础研发经验深厚的巨型组织，才具备多方面探索和开拓的本钱，就算好几次试错失败也无所谓。

按照这个势头发展下去，深度学习领域的王者必将是谷歌这样的大公司，并且将很快进入寡头垄断的时代。一开始，形势似乎确实如此：谷歌横扫了整个深度学习领域，成为“人工智能王者”。如果这个局面持续下去，ChatGPT 将不会诞生，本书也应该不会被写出来。幸运或不幸的是，这个局面确实没有持续太久，谷歌对 AI 深度学习的统治只持续了不到十年。

如日中天的谷歌 AI 帝国及其崩溃的预兆

1998 年 9 月，斯坦福大学的两位在读博士生拉里 · 佩奇和谢尔盖 · 布林联合创立了谷歌，并且基于两人共同开发的 PageRank 算法建立了有史以来最高效的搜索引擎。谷歌符合外界对硅谷科技公司的一切正面认知：由技术人员创立，高度重视基础研发，通过把研究成果转化为应用而赚钱，同时抱有强烈的企业价值观。2001 年，埃里克 · 施密特的加入使得谷歌拥有了一位称职的、既懂技术又熟悉资本市场的职业经理人，从此在高速增长的轨道上一路狂奔。在通过并购实现跨界扩张方面，谷歌相当老练，最成功的案例包括 2005 年收购开源手机操作系统安卓，以及 2006 年收购流媒体平台 YouTube。就在深度学习革命开始的 2012 年，谷歌以 125 亿美元收购了摩托罗拉的手机业务，其目的是进一步巩固自身在移动互联网时代的立足点，更好地与苹果、微软等对手竞争。

在 2012 年 ImageNet 挑战赛结果公布之后，仅仅过了半年，谷歌就向开发 AlexNet 的三位科学家开出了一个难以拒绝的条件：以 4400 万美元收购三人的创业公司，并邀请他们加入谷歌的人工智能研究团队

Google Brain。而这只是谷歌对深度学习领域不计成本的投资及并购行为的开始：2013—2019 年，谷歌至少收购了十家与人工智能相关的创业公司，遍及图形识别、自然语言处理、手势识别等多个细分领域。其中最著名的一起，无疑是 2014 年 1 月以 4 亿美元收购位于英国伦敦的 DeepMind，后者开发出的 AlphaGo 将在 2016 年击败李世石，引发不逊于当年“深蓝”击败卡斯帕罗夫的媒体关注。Google Brain 和 DeepMind 成为谷歌的深度学习研究“双峰”，后者早期聚焦于强化学习，后来引入了监督学习成分；前者的技术探索范围则更加广泛。再加上谷歌内部其他部门的人工智能研发人员，谷歌几乎覆盖了深度学习领域的每一个分支。

鼎盛时期的 Google Brain 可谓星光璀璨：它的创始成员包括美国国家工程院院士杰夫 · 迪安和著名华人科学家吴恩达；除了上文提到的 AlexNet 的三位创始人，曾在 Google Brain 工作过的人工智能领域知名人物还有萨米 · 班吉欧、费尔南达 · 维加斯、越南裔科学家黎曰国等。在其研究成果当中，最引人注目的无疑是谷歌翻译 (Google Translate)：基于 2014 年发明的 Seq2Seq 机器学习算法，谷歌翻译可以为全世界 100 多种主要语言提供文本、文档和语音翻译服务，还能为双语对话提供实时翻译，每天处理的翻译量超过了 1000 亿个单词。附带说一句，从 2016 年开始，谷歌翻译彻底抛弃了以往的技术路线，成为第一个完全依靠深度学习技术的在线翻译平台。

在谷歌翻译的功劳簿上，也有伊利亚 · 苏茨克维的一份，因为他深入参与了 Seq2Seq 翻译算法的研发。可是在 2015 年，即 Seq2Seq 算法投入使用的第二年，他毅然离开了谷歌，原因是“技术理念不合”。耐人寻味的是，早在 2011 年，还在读博士的伊利亚曾经与当时尚未被谷歌收购的 DeepMind 有过短暂合作，也是因为“技术理念不合”而没有留下。听说伊利亚要加入初创的 OpenAI 担任首席科学家，谷歌开出了三倍的工资挽留，却未能改变他的主意。

伊利亚与谷歌的“技术理念不合”，究竟是哪里不合？这个问题，我们可以在下一章详细讨论。不过，至少到 2021 年为止，伊利亚的选择看来是大错特错了，因为 OpenAI 没有拿出特别惊人的成果，而谷歌的深度学习研究却在大踏步地前进。就在 AlphaGo 震动世界的 2016 年，DeepMind 还发布了文本转语音系统 WaveNet，并从 2018 年起被应用到谷歌个人助理 (Google Assistant) 当中。同样在 2016 年发布的还有 AlphaFold，这是一个给医学和生物学专业人士使用的蛋白质结构预测工具，2020 年，它的预测能力达到了一般实验室的专业水平。2019 年，基于游戏《星际争霸 2》的电竞 AI—— AlphaStar 发布了，当年就在《星际争霸 2》所有三个种族的天梯上达到了宗师级段位。AlphaStar 不是第一个达到专业水准的电竞 AI，但应该是迄今为止影响力最大的电竞 AI。

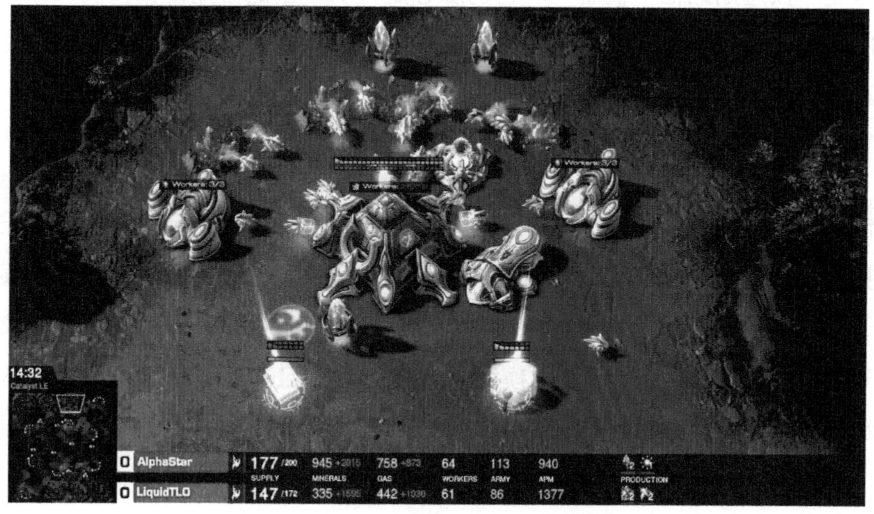

AlphaStar 在发布之后九个月内就达到了
《星际争霸 2》所有种族的宗师级段位

相比之下，Google Brain 的成果还要更多、更重要，尤其是在 2017 年，谷歌麾下的八位科学家发表了题为《你所需要的只是注意力》(*Attention Is All You Need*) 的论文。虽然仅有 11 页，它却成为人工智能历史上被援引次数最多的论文之一：截至本书截稿之日（2024 年 4 月），被援引次数已经超过了 10 万次。发表该论文的原始目的是对谷歌翻译使用的 Seq2Seq 算法进行改良，提出了全新的 Transformer 模型。后来的发展证明，Transformer 模型的使用价值远远超过了翻译这个狭窄的领域，成为今天一切大语言模型的基础。

Transformer 模型所涉及的理论颇为复杂，本书只能尽量通俗、简洁地概述。在与自然语言相关的应用场景例如翻译、问答当中，神经网络模型经常遇到一个问题，那就是模型的“记忆力不足”。在输入一大段文字或语音后，模型往往会忘记一开始输入的部分，或者抓不住全文的重点，从而难以给出让人类用户满意的输出。对于这个问题，当时流行的解决方法是“长短期记忆”机制——它的意思是拉长模型的短期记忆，使其能够胜任常见的自然语言任务，这就是所谓“长短期记忆”（而不是长期和短期记忆的合称）。

谷歌的科学家则提出，可以模仿人类的认知注意力，引进“注意力机制”(Attention) 解决模型的记忆问题。通俗地说，模型会随时判断自己接收到的信息的重要性，给重要的信息赋予较高权重，给不重要的信息赋予较低权重，而且权重是可以灵活修改的。以翻译为例，在翻译一篇长文章的过程中，Transformer 模型可以自行判断全文哪些字句、哪些段落比较重要，以这些字句或段落为中心去组织翻译。这种运作方式无疑更像人类的思维方式，所以更容易被人类所理解。

“注意力机制”不是谷歌第一个提出的。谷歌 Transformer 模型的革命性突破主要体现在仅仅依靠注意力，摒弃了以前通用的所有其他记忆机制。具体而言，Transformer 模型是一种包含注意力机制的前馈式神经网络模型，其中的信息流动是单向的，只能从输入层向输出层流动。而此前所有的与自然语言相关的模型都是循环神经网络模型，其中的信息流动是双向的，输入层也可以变成输出层，反之亦然。上述两种神经网络所涉及的理论过于复杂，需要深奥的计算机科学及统计学知识，本书无法展开讨论。对此有兴趣的读者可以阅读相关的理论图书。

这篇划时代的论文，奠定了后来一切大语言模型的基础。从此，一切处理人类自然语言（包括文本、语音、实时对话等）的深度学习模型都是 Transformer 模型的各种变体。作为 Transformer 技术的发明者，谷歌“近水楼台先得月”，于 2017 年 6 月拿出了第一个 Transformer 模型；2018 年 10 月，又拿出了大幅增强的 BERT 模型，它被当时的学者称为“自然语言处理发展史上的里程碑”，在翻译、阅读理解、文本摘要和分类等应用场景取得了惊人的成绩。彼时彼刻，OpenAI 才刚刚拿出 GPT-1（同样是基于谷歌发明的 Transformer 技术），其表现远远逊色于 BERT。几乎没有人会把 OpenAI 当成谷歌的劲敌，前者不过是全世界无数家从事深度学习基础研发的小公司之一。

到了 2024 年，一切都逆转了。OpenAI 先是通过 GPT-3.5 震惊了世界，然后又通过 GPT-4 巩固了优势，还通过 Sora 把自己的绝对优势扩展到了文生视频领域。而谷歌用于应对的 Gemini 模型一次次令人大失所望，而当年《你所需要的只是注意力》这篇论文的八个作者竟然都离开了谷歌！至少在大语言模型这个领域，谷歌从无可争议的王者骤降为“群雄”之一，而且不一定能留在“群雄”第一梯队当中。考虑到大语言模型的重要性和应用扩展潜力，谷歌的整个“深度学习帝国”其实已经崩溃。OpenAI 最大的竞争对手变成了以 Anthropic 为代表的其他创业公司。现实永远比小说更精彩，因为小说需要遵循逻辑、符合读者的预期，而现实不需要符合任何人的预期。

简单地说，这一切缘于天才科学家伊利亚的两次豪赌，也缘于谷歌的傲慢和“大企业病”。除此之外，OpenAI 联合创始人山姆 · 奥特曼强大的管理能力和坚韧的意志力也不可小视。如果要展开来说，那就说来话长了——这将是下一章的主题。

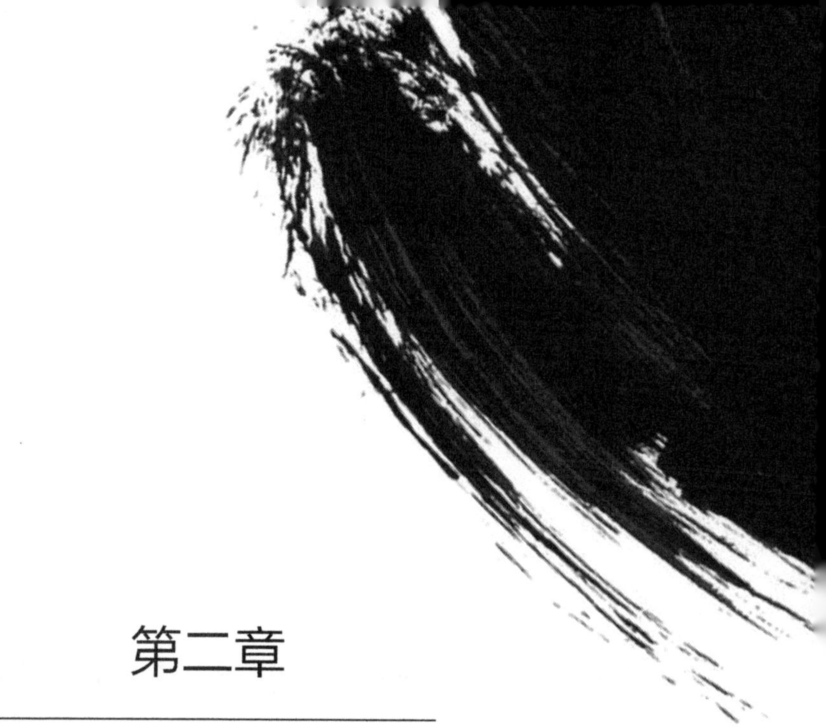

第二章

OpenAI 的 崛起历程与统治之道

为什么“自然语言处理”如此重要

伟大的计算机科学家、哲学家、逻辑学家阿兰·图灵（Alan Turing）于 1941 年发表了第一篇关于人工智能的论文，很遗憾，全文已遗失。1950 年，图灵发表了另一篇论文，提出了“图灵测试”的概念：如果人类没有办法判断出跟自己对话的究竟是一台电脑还是一个人，我们就可以认为电脑具备了思考能力。当然，这样一台电脑到底是不是在思考、有没有具备自我意识，则是另一个话题了（准确地说，是哲学层面的话题）。

从那以后，“人工智能”这个概念经历了无数次扩张和演化，和人类历史上的其他所有热门概念一样，它的外延变得模糊不清：什么都可以是 AI，没人说得清 AI 到底是什么。在玩游戏的时候，我们会说“AI 太强了”，意思是“由电脑控制的敌人太聪明了”；在刷短视频的时候，我们会说“AI 怎么这么奇怪”，意思是“平台的推荐算法不符合我的口味”；在使用扫地机器人的时候，我们也会说“AI 调教得不太好”，意思是“扫地机器人内置程序无法很好地识别我家的地貌”。毫不夸张地说，在日常语境下，一切具备自动化和智能化属性的计算机程序，均会被我们归入 AI 的行列，

AI 这个词因此失去了意义。

不管外行人怎么看待 AI，在人工智能专业人士的心目中，存在一颗“皇冠上的明珠”，它是大家梦寐以求的彼岸宝藏——通用人工智能（AGI, Artificial General Intelligence)，又称“强人工智能”(Strong AI) 或“全能人工智能”(Full AI)。这个概念最早在 1997 年被学术界提出，当时还是所谓“AI 寒冬期”；进入 21 世纪 10 年代，随着深度学习革命的推进，这个概念在学术界和产业界均吸引了更多的关注和资源。根据谷歌 DeepMind 的定义，通用人工智能应该同时在多个领域里展现出与人类相当或者强于人类的认知能力。这样的 AGI 很容易让人想到阿西莫夫科幻小说《我，机器人》当中的智能机器人，甚至反乌托邦小说里无所不能、君临人类之上的“机器人统治者”。

游戏中用来控制敌人的程序，短视频平台的算法推荐程序，以及扫地机器人的内置程序，都只适用于某个特定的、狭窄的领域。就算在这个特定领域里，它们也不一定具备强于人类的认知能力，例如扫地机器人对室内空间和地貌的认知水平肯定比不上熟练的保洁阿姨。它们与通用人工智能相去甚远，甚至不一定处于通向 AGI 的正确路径之上。

迈向通用人工智能，路在何方？没有人知道，因为那是人类从未涉足的领域。在 2015 年离开谷歌之后，伊利亚·苏茨克维与风险投资家山姆·奥特曼合作成立了 OpenAI，其目的从一开始就很清晰：为了早日实现 AGI 而努力。从成立之日开始，OpenAI 就设立了三个主攻方向，代表了通向 AGI 的三个可能路径。

第一个路径是实体机器人。人类生活在物理世界里，每天跟海量的物理实体打交道，婴儿在学会说话之前就学会了爬行（有的还先学会了走路）。OpenAI 开发了一个机器人系统 Dactyl，其最著名的成果是操纵一个机器手臂玩魔方。到了 2019 年，Dactyl 已经具备复原三阶魔方的能力。就在同一时期，OpenAI 还开发了名为 RoboSumo 的虚拟场景，用于模拟现实世界的地形、气候、物体关系，虚拟机器人可以在这里学习如何应对复杂的物理世界。

第二个路径是玩游戏。虽然千千万万的家长很讨厌孩子玩游戏，但不可否认，玩游戏是人类的天性，而电子游戏是游戏艺术的最高形式之一。上一章提到，深度学习的三种主要方式是监督学习、强化学习和无监督学习，而玩游戏无疑是高效的强化学习方式：打怪升级、过关、拿高分，这些对模型而言都是很好的外部强化。OpenAI 用于训练 AI 的游戏，既包括雅达利 (Atari) 等早期游戏主机上的简单游戏，也包括 DoTA2 这样的复杂游戏。附带说一句，OpenAI 对 DoTA2 的训练效果十分不佳，还引发过 DoTA2 观众的“群嘲”。

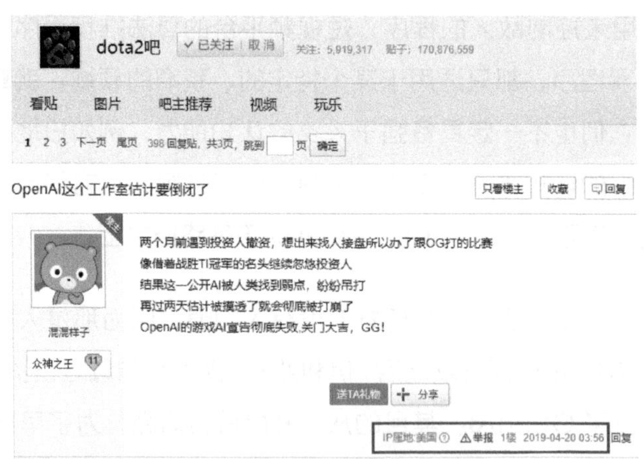

2019 年，百度贴吧网友预言：OpenAI 快倒闭了。
因为其 DoTA2 电竞 AI 表现不佳

第三路径是自然语言。我们每个人每天都生活在语言文字的包围中。哪怕是独居的、远离社会的人，也不可能不阅读各种文本，以及通过电视、电话和互联网媒介接收各种语音信息。婴儿在学会最基本的肢体动作之后，就会开始牙牙学语。事实证明，自然语言是 OpenAI 下注最成功的道路，关于这一点，后续章节将会展开叙述。

OpenAI 押注的上述三个方向，恰好也是谷歌大力押注的方向：在机器人领域，Google Brain 的技术研发成果十分丰厚，谷歌收购过无数个机器人开发团队，还在 2019 年推出了专门为机器人开发服务的云平台；在游戏领域，DeepMind 在围棋（围棋是一种复杂度极高的智力游戏）、《星际争霸 2》等电竞项目上取得的成果有目共睹；在自然语言领域，谷歌提出的 Transformer 技术路线，以及在此基础上推出的 BERT 大语言模型，直到 2021 年都是整个行业毫无争议的领先者。其实这也不是巧合，因为作为科技巨头，谷歌会对所有可能通向 AGI 的技术路线都押下重注，与其说它与 OpenAI“英雄所见略同”，倒不如说前者的资源过于雄厚，完全覆盖了后者涉足的领域。

从“事后诸葛亮”的角度看，自然语言处理 (NLP, Natural Language Processing) 成为对世界影响最大的突破口，也很有可能是通向 AGI 的正确路径——对于这一点，有些人还有争议，但主流意见绝对是认同的。为什么？这个世界上可以被认识、被理解的事物浩如烟海，人类的语言文字固然很重要，但是到底重要到什么地步？与前文提到过的图像识别、实体机器人及玩游戏相比，自然语言处理究竟有多“特殊”？这个问题看似简单，实则十分复杂。

从实用主义的角度讲，人类互相沟通的主要方式是语言，能够理解自然语言的 AI 更容易跟人沟通。人们希望 AI 帮助处理的日常事务，有一大部分是语言文字处理事务。即便是其他类型的 AI，若能具备一定的自然语言能力，也会大幅提升人类的使用体验。想象一下，当你家的扫地机器人能够灵敏地辨认你的语音指示并以语音回答时，你应该会感到惊喜。ChatGPT 发布之后获得的铺天盖地、来自四面八方的关注，充分说明了人类对于“能熟练使用人类语言的 AI”有多么期待。然而，这只是问题的一个方面。自然语言处理之所以成为人类向 AGI 突破的主阵地，除了实用的原因，还有更深层次的原因。

看过《封神榜》的读者，应该还记得商朝忠臣比干的故事：妲己借口为自己治病，要剖开比干的胸膛，取出“七窍玲珑心”。被摘心后的比干，面色惨白，照常骑着马离开朝歌王宫。在朝歌的市场里，他遇见了一个妇人（据说是妲己的同伙）在叫卖无心菜。比干停下来问她：“人无心如何？”妇人回答：“人无心即死。”比干随即大叫一声，从马上摔下来，死了。

小时候我第一次读到这个故事时感到很疑惑：为什么比干被摘了心没事，听到“人无心即死”就死了？相信很多人有同样的疑惑。其实，这是世界各民族神话传说中经常出现的一种设定：语言是有魔力的，世界的真相可以由语言“道破”。死去多年的人可能以为自己还活着，直到被人道破“你其实早就死了”；毫无修行的凡人可能以为自己成仙了，直到被人道破“你其实只是肉骨凡胎”。在希腊古典哲学里，存在名为“逻各斯”(Logos)的概念：它是世界的一般规律、指导万物变化的隐秘智慧，在本质上是一种语言，有时候会被翻译为中文的“道”。

无论世界的本质是不是语言，人类认识事物的方式都根植于语言，过去一百多年的语言学研究者已经多次证明了这一点。实验显示，一门语言的常用语序，例如“主谓宾”或“宾主谓”，往往会影响其使用者看待事物的方式：前者可能倾向于优先关注“主语”，后者可能倾向于优先关注“宾语”。语言中的各种各样的词汇，构成了人类脑海中的“分类系统”，这在一定程度上决定了我们如何看待世界。当然，语言本身是由人类文化塑造的，反过来又塑造了人类文化。当我们陷入沉思的时候，往往会在脑海中用自己熟悉的语言不停地“默念”，而思考的过程就是用语言梳理周围环境的过程。

2015 年，澳大利亚墨尔本大学的两位语言学家对澳大利亚西北海岸的一小群原住民的母语穆林帕特哈语进行了深入研究。这是一种词序自由、主谓宾可以任意组合的语言。语言学家要求原住民观看一系列图片，然后用穆林帕特哈语讲述图片里描述了什么。结果很有趣：被试者的目光会在图片里的各个对象之间飞快地移动，试图迅速厘清它们之间的关系，这个过程往往会在最初的几百毫秒内完成！这可能是因为他们的语言没有固定的词序，所以他们必须先对图片形成整体认识，然后在脑海中组织语言。相比之下，母语为英语等“主谓宾”语言的被试者，一般倾向于先看“动作发出对象”（主语），再看“动作接受对象”（宾语）。在某种意义上，这些原住民的思维整体性更强。

美国威斯康星大学麦迪逊分校的心理学家对英语母语者进行的一项研究也很有趣。我们知道，人类的视觉很强大，能够辨认超过 50 万种颜色。心理学家要求英语母语者为各种颜色（从最简单的三原色，到各种复杂的混合色）的圆圈分类。绝大多数被试者可以轻易用肉眼辨认不同颜色的区别，当他们面对名称比较简单的颜色（例如“红色”“棕色”）时，分类过程明显比较顺畅；但当他们面对那些名称复杂的颜色（例如“偏灰的浅紫罗兰色”）时，他们的分类能力会出现不同程度的下降。问题不是出在视觉上，而是出在语言上——虽然人类是用视觉分辨颜色的，但我们在脑海中为颜色分类的过程，是以语言为基础的。

20 世纪最伟大的哲学家之一路德维希·维特根斯坦（Ludwig Wittgenstein）有一句颇具争议的名言：哲学剩下的任务只是语言分析。这句话包含两层含义：首先，人类进步的历史就是哲学领地缩小的历史，在人类知识体系高度发展的情况下，哲学的研究范围在不停地被其他学科侵占，认识世界变成了自然科学的使命，认识人类变成了社会科学的使命，留给哲学的地盘只剩下语言了。

其次，语言分析可以为许多传统哲学问题提供“解药”。例如，客观世界真实存在吗？除我以外的其他人具备自我意识吗？我们如何确切地理解其他人的感觉？维特根斯坦认为，无论是外部的客观世界，还是内心的主观世界，我们都是通过语言认识的；语言带有公共性，不存在只有自己能理解、别人不能理解的“私人语言”。而且语言本身就是一种行动，也是一种实践。比方说，我们会用语言去祝福自己的爱人，去诅咒自己的敌人，去教别人学会东西，去呼唤朋友一起玩耍。那种认为语言只代表内心感受、与行动对立的观点，是肤浅的、不值一驳的。认识世界的正确方式不是搞“缸中之脑”“哲学僵尸”这样的哲学实验，而是从语言分析入手。

在其最重要的著作之一《逻辑哲学论》当中，维特根斯坦提出：世界是一切事实的总和，而语言是一切命题的总和；命题是事实的“图像”，所以语言就是世界的“图像”。语言的边界就是世界的边界，那些“不可言说”的东西就是我们无法认识的。不过，维特根斯坦晚年的思想又有了大转向，开始批判自己早年对语言的看法（但不是完全推翻）。无论如何，他对“语言与世界的关系”的描述，深刻影响了一代又一代的哲学家、语言学家和心理学家。当代学术界的主流观点是：语言不仅是人类互相沟通的工具，也是人类认知和思考的工具。要学习人类的思维方式，语言就是最好的切入点。

因此，我们可以理解，为何自然语言处理成为人工智能界“显学中的显学”，以及为什么大语言模型具备如此惊人的效率和创造力。通过实体机器人去认识世界的物理规律，这当然很好，但不是人类思维方式的支点；通过下围棋、玩游戏去提高自己的认知水平，这也非常好，但也不是人类思维方式的支点；学习并预测蛋白质的结构，是非常有用的，但与人类思维方式的距离有点儿远。只有当神经网络模型熟练掌握了人类语言、能够与人类以自然语言无缝沟通时，它才真正掌握了人类的思维方式，也才掌握了人类认知范围内的“世界”。

无论当年 OpenAI 和 Google Brain 的科学家们有没有读过维特根斯坦的著作，他们都应该早已理解自然语言对人类思维的意义，因为他们的日常工作之一就是和语言学、心理学、认知科学研究者打交道。在深度学习革命以后，人工智能变成了一个多学科交叉的研究领域，数理模型和代码只是基础设施，不能离开其他学科孤立发展。自从 2017 年 Transformer 模型发布之后，谷歌在自然语言处理方面投入的资源与日俱增，大语言模型就算不是谷歌 AI 帝国的核心，至少也是核心之一。OpenAI 那边也是如此，尤其是在 2019 年接受微软投资之后，大语言模型基本成为其一切希望所在。

在大语言模型方向上，谷歌与 OpenAI 的技术路线其实高度重合，仅在极少数问题上存在不同观点——这极少数问题正是一切的关键所在。下面就让我们看看二者的技术分歧究竟在哪里，以及这些分歧如何决定了竞争的胜负。

不疯魔，不成活：
OpenAI 以偏执狂的方式击败谷歌

在谷歌于 2017 年首次发布的 Transformer 模型架构中，存在两个关键的设计：编码器 (Encoder) 和解码器 (Decoder)。顾名思义，编码器用于对外来信息进行“编码”，解码器则用于“解码”。它们均具备“注意力机制”，可以独立使用，也可以结合在一起使用。也就是说，一个 Transformer 大语言模型，可以只含有编码器，也可以只含有解码器，还可以同时含有编码器和解码器。

编码器和解码器的技术细节不属于本书的讨论范围。我们最关心的是：在大语言模型当中，它们各自发挥什么作用，有什么区别？通俗地说，在基于文本信息对模型进行训练的时候，编码器是“双向训练”的，即遮住上下文，让模型猜测中间的字词或字句；而解码器是“单向训练”的，即遮住下文，让模型猜测下面的字词或字句。前者有点儿像外语考试中的完形填空，后者则更像文字接龙。

举一个简单的例子：《唐诗三百首》中有一首张九龄的《望月怀远》，

“海上生明月，天涯共此时”是其中的名句。编码器给模型的训练任务是：

海上__明月，天涯__此时。

一开始，模型可能毫无头绪、胡乱猜测；在积累了一些经验，尤其是理解了格律诗的平仄和对仗规律之后，模型会给出越来越靠谱、越来越有意义的猜测：

海上出明月，天涯见此时？海上升明月，天涯乐此时？

即便人类始终不给模型“投喂”正确的答案，在无数次尝试之后，哪怕仅仅出于运气，它也有可能给出标准答案。

谷歌 BERT 大模型使用的就是编码器，而且仅仅使用编码器。也就是说，BERT 的所有训练都是“完形填空”式的双向训练，模型在同时知道上下文的情况下，猜测被遮住的信息（训练用的语料平均有 15% 被遮住了）。由于缺乏解码器，BERT 没有进行过任何“文字接龙”式的训练，因此无法完成如下任务。

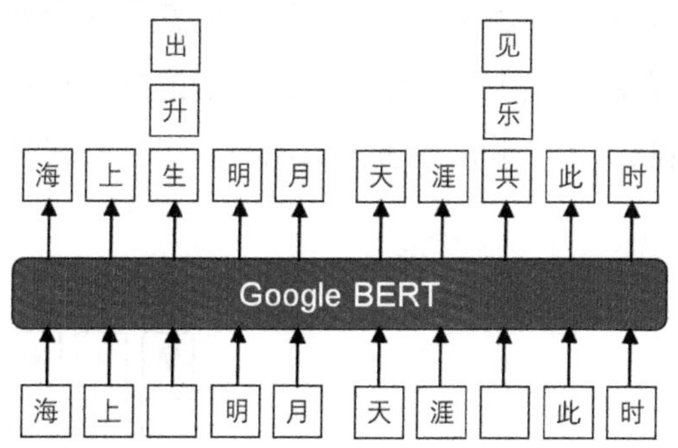

BERT 的训练方式：遮住中间的词，进行完形填空

在这方面，GPT 则与 BERT 完全相反：仅仅使用解码器。同样是“海上生明月，天涯共此时”这句诗，解码器给模型的训练任务是：

海上生明月，天涯____。

由于缺乏下文，模型的判断力受到了严重限制，可能给出一些毫无诗意乃至匪夷所思的答案。例如下面的答案，看起来完全符合平仄和对仗规律。

海上生明月，天涯晒太阳。

下面的答案虽然不太对仗，但是似乎很有诗意。

海上生明月，天涯不可及。

不用说，指望模型自己推断出“海上生明月，天涯共此时”，可能性十分小。

我们不妨回想一下自己读书时的经历：在学习语文或英语时，是更怕完形填空，还是更怕写作文？答案显而易见：完形填空固然不好做，但是绝大部分学生更怕写作文，因为两者的难度不在一个档次上。写作文可被视为“文字接龙”的最高形式，老师只给出了一个题目或者一小段说明，就要学生洋洋洒洒写出几百字而且不离题的内容——也就是所谓“生成式任务”。有不少人直到高中阶段还在依靠背诵范文、猜题押题来应付考试作文，这形象地说明了，哪怕对于人类而言，“生成式任务”也是一种很难训练的任务。

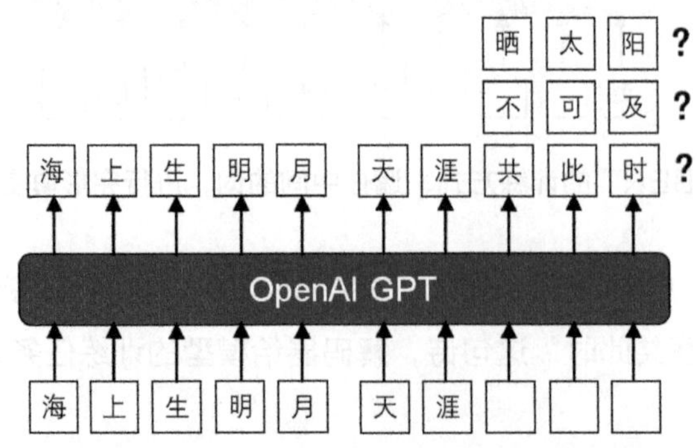

GPT 的训练方式：遮住下文，进行文字接龙

谷歌于 2018 年 10 月正式发布了 BERT，发布时间恰好夹在 OpenAI 的 GPT-1（2018 年 6 月发布）和 GPT-2（2019 年 2 月发布）之间。当时的第三方评测显示，虽然两者的表现大致上处于同一水准，但是 BERT 在分类、加标签等绝大部分自然语言处理任务上，效果比 GPT 好 3% ~ 5%。在商业应用场景中，这样的差距已经足以决定命运。在开源软件开发平台 GitHub 上，很多程序员编写过“BERT vs GPT”的测试程序。其中一个程序（至今还能使用）显示，在对随机语句进行预测的时候，BERT 的准确度显著优于 GPT-2。只有在预测语句结尾内容的时候，GPT-2 的准确度才追赶了上来。上述差别是可以理解的，因为 BERT 是“双向训练”，对于预测句子中间的内容更有优势；而 GPT 的“单向训练”优势仅仅在于句子末尾，因为没有下文了。

BERT 相对于 GPT-2 的唯一真正劣势是，不具备生成能力。它不能写作文，不能进行文字接龙，不能与人类进行问答对话，这是只有编码器没有解码器的代价。然而，这个问题并不致命，因为谷歌在 2019 年 10 月推出了同时具备编码器和解码器的 T5 大模型，它可以完成生成式任务。在文本分类、文件摘要、问答等多项测试中，T5 都取得了相当不错的成绩。根据谷歌官方博客的说法，T5 在知识问答方面的表现十分出色，能够准确回答 TriviaQA（人工智能领域最大的问答数据库之一，包括超过 9.5 万个问答题）上面 50.1% 的问题。在 2020 年 5 月，OpenAI 发布 GPT-3 之前，从各个角度看，T5 都是无可争议的大模型领先者。

OpenAI 手里唯一的一张王牌是生成式任务。谷歌自己也承认，GPT 模型的每一个版本，都比同期的谷歌大模型更擅长执行生成式任务，尤其是长文本、连续问答这种复杂的生成式任务。可是，这能说明什么呢？自然语言处理的终极目的，是让 AI 陪人聊天、帮人写作文乃至写小说吗？在谷歌看来，这最多只能算“支线任务”，实用价值十分值得怀疑。当 GPT-2 和 GPT-3 的应用场景还相当有限、仅限于小圈子里出名时，

BERT 从 2019 年下半年就被应用到谷歌搜索引擎中，产生了一定的效果。

谷歌官方举了一个例子：以前，在谷歌上搜索“没有路沿如何在山坡上停车”，搜索引擎只会注意到“路沿”一词，无法理解用户的实际需求，而现在，通过 BERT 的帮助，搜索引擎能够理解用户是在“没有路沿”的环境下停车了。

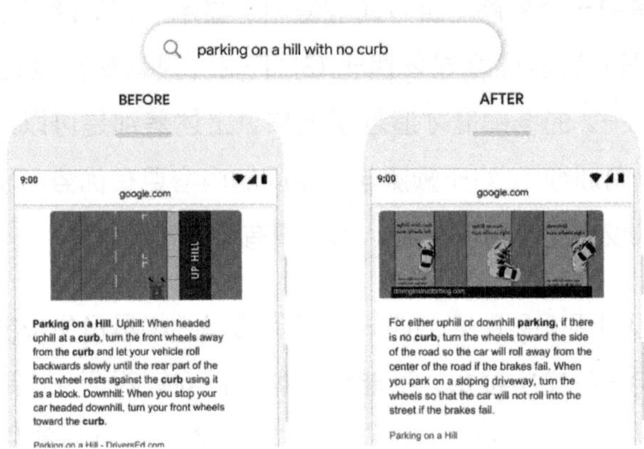

BERT 对谷歌搜索引擎的效果起到了一定的增益作用

BERT 不能执行生成式任务，那又怎么样呢？哪怕它仅能把谷歌的搜索效率提升 1%，乃至 0.1%，也能够带来巨大的收入增量，这些新增收入足够把 OpenAI 买下来。谷歌和 OpenAI 的分歧，归根结底是对应用前景的分歧：由伊利亚 · 苏茨克维领衔的 OpenAI 研发团队认为，生成式任务就是 AI 的未来，也是通向 AGI 的唯一正确道路，不惜一切代价也要保证在生成式任务上的优势。所以，当市面上所有主流大模型都在使用“编码器 - 解码器”架构时，只有 GPT 坚持只使用解码器。

问题又来了：“仅解码器”架构，真的比“编码器 - 解码器”架构更适合生成式任务吗？我们也可以换一个问法：要训练一个写作文高手，应该让他仅仅专注于写作文，还是同时进行作文、完形填空、文本摘要等多方面的训练？要回答这个问题，不能想当然，只能依靠实践出真知。谷歌在 T5 模型的相关论文当中，曾经做过比较充分的对比实验，结论是：从任何角度看，“编码器 - 解码器”架构都比“仅解码器”架构更优越。这也符合人们的直观感受：一个各种练习题都做的学生，应该比一个只做一种练习题（例如文字接龙）的学生更高效，难道不是吗？

伊利亚拒绝接受上述结论，决心不撞南墙不回头，把“仅解码器”道路进行到底。为什么他如此决绝？可能是因为他在谷歌工作期间，参与过 Seq2Seq（上文提到过的谷歌翻译背后的大模型）的开发工作，这就是一个典型的“编码器 - 解码”模型。或许就是在此期间，伊利亚意识到了“编码器 - 解码器”架构的某些内在问题，又无法说服谷歌的相关负责人，所以以“技术路线不合”为理由离开了谷歌。

还有一种可能性，那就是伊利亚敏锐地意识到：在参数体量足够大的情况下，“仅解码器”架构的效果将反超“编码器 - 解码器”架构，不仅在生成式任务上，而是在所有自然语言处理任务上“仅解码器”架构都具备优势。通俗地说，如果学生甲用 100 小时练习写作文，而学生乙用同样的时间均匀地练习写作文、做完形填空和总结段落大意，前者相对于后者没什么优势，甚至还有劣势；如果把练习时间增加到 1 万小时，学生甲可能会成为一代文豪，而学生乙在任何方面都只能甘拜下风。对于这一点，直到 ChatGPT 横空出世之后，学术界才在 2023 年通过实验予以了证明，但是在当时还没人能证明。伊利亚究竟是出于科学家的直觉而做出了预测，还是仅仅出于信仰而孤注一掷，只有他自己知道。

而且，伊利亚还进一步预测：当大模型的参数足够多的时候，会进一步“从量变到质变”，发生不可思议的事情。在 OpenAI 成功之后，人们恰如其分地将其总结为“大力出奇迹”。在当时看来，则不啻为痴人说梦。下面我们先简单地阐述相关技术概念。

所谓“大模型”，其实是“大语言模型”(LLM, Large Language

Model)的简称。大模型的“大”，既体现在它的功能范围广、应用覆盖面大，也体现在它的参数规模大。前者是目的，后者是手段。所谓参数，就是模型用于处理数据、进行推理的一系列变量，它们决定了模型完成实际任务的能力。例如，在回答问题的时候应该更“拘谨”、更按部就班一点儿，还是更“随机”、更天马行空一点儿？这是一个很重要的参数，一般被称为模型的“温度”。在进行文字接龙的时候，备选的字词应该少一些还是多一些，需不需要把某些不太可能的字词也纳入考虑范围？这也是一个重要参数，决定了大模型生成内容的可预测性。还有很多参数，人类只知道它们对模型效果有影响，却无法准确理解其意义和发挥作用的过程。

谷歌于 2017 年发布的第一个 Transformer 大模型有 6500 万个参数；OpenAI 于次年发布的 GPT-1 有 1.17 亿个参数。谷歌 BERT 模型的参数规模上升到了 3.4 亿个，而 OpenAI GPT-2 的参数更是直接翻到了 15 亿个。从那以后，人工智能界的主流意见认为，只有参数达到 10 亿个以上的模型，才能称为“大模型”。因此，GPT-2 是第一个真正意义上的大模型。

ChatGPT 发布前，市面上主流的大语言模型及其参数规模

时间	发布公司	模型名称	参数规模（单位：个）
2017 年 6 月	谷歌	Transformer	6500 万
2018 年 6 月	OpenAI	GPT-1	1.17 亿
2018 年 10 月	谷歌	BERT	3.4 亿
2019 年 2 月	OpenAI	GPT-2	15 亿
2019 年 6 月	谷歌	XLNet	3.4 亿
2019 年 10 月	谷歌	T5	110 亿
2020 年 5 月	OpenAI	GPT-3	1750 亿
2021 年 5 月	谷歌	LaMDA	26 亿
2021 年 10 月	微软、英伟达	Megatron	5300 亿
2021 年 12 月	百度	Ernie 3.0 Titan	2600 亿

续表

时间	发布公司	模型名称	参数规模（单位：个）
2021 年 12 月	Anthropic	Claude	530 亿
2022 年 5 月	谷歌	LaMDA 2	1370 亿
2022 年 5 月	Meta	OPT	1750 亿
2022 年 11 月	亚马逊	AlexaTM	200 亿

可以看到，OpenAI 在提升模型参数规模方面堪称走火入魔，几乎总是比谷歌同期推出的模型高出一个数量级。尤其是 2020 年发布的 GPT-3，参数规模直接上升到了 1750 亿个，比半年多前发布的 T5 高了 15 倍以上！反观谷歌，直到 2022 年 5 月公布的 LaMDA 2，参数规模也仅有 1370 亿个，仍然逊色于 GPT-3。微软和英伟达联合推出的 Megatron（威震天）模型倒是创造了当时的参数规模纪录，不知道这是否因为微软投资了 OpenAI，受到了后者技术思维的影响。百度推出的 Ernie 3.0 Titan 模型的参数规模也超过了谷歌的 LaMDA 2；其实，百度在 AI 大模型方面的技术积累经常被外界低估，我们在后面的章节会展开讨论。[1]

为什么谷歌对于提升参数规模不太“感冒”？主要原因有两点。首先，谷歌可能更倾向于为不同的应用场景开发不同的模型，而不是搞一个“大而全”、普适性的模型；又或许谷歌高层一直在上面两条道路之间摇摆，从未做出抉择。在 ChatGPT 出现之前，针对不同的任务性质、不同的垂直细分场景去专门设计模型，似乎是一条可行的道路，这样的模型可能不需要特别大的参数规模。其次，从成本角度讲，大模型训练很“烧钱”，参数规模越大的模型越“烧钱”，谷歌固然不缺钱，却也没有豪爽到愿意为了一条前途未卜的赛道而随意“烧钱”的地步。

1　在聊天机器人等大模型应用当中，实际上只使用了精简后的参数集合，俗称“蒸馏”。例如，ChatGPT 肯定没有使用 1750 亿个参数，有人估计其只使用了几十亿个参数。但是，这几十亿个参数的效果，是以 1750 亿个参数为基础的，所以参数规模越大、模型功能越强的判断没有错。这方面具体的技术问题将在后续章节讨论。

大模型参数的增加，是以训练素材（数据）的增加为前提的。就像一个学生要提高课程水平，就要多读参考书、多上补习班，这一点不难理解。学生上补习班要钱，训练大模型更要钱。2019 年，OpenAI CEO 山姆·奥特曼向媒体承认，我们若想成功完成任务，所需的资金比我最初想象的要多得多。在英文社交媒体上，有人基于 OpenAI 内部泄露的数据进行估算，结论是：GPT-3.5 需要 2.5 万张英伟达 A100 显卡至少三个月的训练。无论在当时还是在现在，这都是一个天文数字。

因此，微软在 2019 年对 OpenAI 的投资堪称雪中送炭：10 亿美元投资有大约一半是以提供算力服务的方式折现的。微软旗下的 Azure 云平台购买了大量英伟达显卡，OpenAI 可以基于 Azure 的算力进行免费训练，而不用自行购买显卡或租用昂贵的外部服务。美国电视新闻网 CNBC 估计，对 GPT-3 进行单次训练的成本高达 460 万美元；科技新闻网站 VentureBeat 估计的成本更高，单次可达 1200 万美元。任何成功的大模型都要经过多次反复的训练，在正式训练之外还会产生试错成本。所以，微软授予 OpenAI 的 5 亿美元算力服务额度可能都还不够。没人知道 GPT-3 和 GPT-3.5 的训练到底消耗了多少资源。

赌注越来越大，成果却越来越小。2020 年的一项学术研究显示，随着大模型参数的增加，对算力和数据的需求会成比例增加，但是性能却不会。具体来说，参数每增加 10 倍，消耗的资源就会多 10 倍，性能却只会提升 10%！正常人看到这项研究都会不寒而栗，反思增加参数的意义；伊利亚领导的 OpenAI 研究团队的回答却是：噢，好吧，那就让我们继续增加参数吧。

统计学领域有一个著名的“无限猴子理论”：

> 让无限只猴子坐在无限台打字机前，不停地打字，总有一天它们能够打出莎士比亚全集。

这个理论是想说明，只要经过海量次尝试，任何概率不为零的事情最终都会发生。OpenAI 对参数规模的“走火入魔”式的追求，就像把“无限猴子理论”付诸实践，参数就是“猴子”，传说中的 AGI 就是“莎士比亚全集”。然而，我们都知道，迄今没有任何一只猴子打出过莎士比亚全集中的哪怕一页。指望猴子打出莎士比亚全集，耗费的时间将远远超过宇宙的寿命，至于打字机、纸张、油墨的花费就更不用说了。每个人都知道，“无限猴子理论”只是一个思想实验，不值得实施，除非奇迹发生，OpenAI 的冒险大概也是这个结局。

而奇迹真的发生了。

纽约市立动物园的一只黑猩猩在使用打字机，
不知道有没有打出莎士比亚的著作

微软投资 OpenAI，除了为自己买了一张可能通向 AGI 的“彩票”（在当时看来是兑现潜力极低的“彩票”），还带有一定的现实考虑。2018 年，即投资 OpenAI 的前一年，微软以 75 亿美元收购了开源软件开发平台 GitHub。全世界的程序员，不论身处哪个国家、哪个行业、哪家公司或组织，绝大部分人都听说过 GitHub；水平越高的程序员，越有可能成为 GitHub 的忠实用户。不过，不是所有人都会编程，那些会编程的人也不一定随时随地都有精力去编程。因此，微软希望开发一款 AI 辅助工具，它既能够帮助非专业人士进行简单的编程，也能够帮助专业人士提升编程效率——这就是著名的 GitHub Copilot。

OpenAI 接受了这个任务。它使用 GitHub 等开源平台上的大量程序代码，对 GPT-3 进行了训练，从而于 2021 年开发出了专门面向程序设计的 Codex 模型。Codex 模型最擅长 Python 编程，但是也能胜任 JavaScript、 Go、 Perl 和 PHP 等多种程序语言编程。OpenAI 骄傲地宣称，Codex模型是一个"通用编程模型"，可以胜任几乎一切编程任务:包括把自然语言"翻译"成代码，用自然语言"解释"代码，以及对代码进行修改、提示等。众所周知，程序员最头疼的任务就是寻找程序中的缺陷（Bug）并进行修改（Debug），尤其是对于别人编写、自己以前并不了解的程序，而 Codex 模型恰恰适合处理这样的任务。2021 年 10 月，建立在 OpenAI Codex 模型基础上的 GitHub Copilot 发布了，并且迅速成为全世界最流行的 AI 辅助编程应用。

通过 Codex 模型，微软不但进一步巩固了 GitHub 的地位，还获得了可观的收入。不过受益最大的还是 OpenAI，因为程序代码是一种高度结构化的逻辑语言，可能是世界上最好的机器学习对象之一。代码不是自然语言，但是通过学习代码所培养出来的能力可以帮助 OpenAI 在自然语言处理方面更上一层楼。此外，Codex 模型的成功证明 OpenAI 对微软是"有用"的，至少在短期内，它不必担心生存问题。

与此同时，OpenAI 通过玩游戏训练 AI 的努力以失败告终，电竞 AI 团队被并入了大语言模型团队。这一变化的影响是深远的：电竞 AI 主要使用的是强化学习，因为游戏的"胜"和"负"、"击杀"和"被击杀"本身就是最好的强化。而在自然语言处理中，强化学习可以让 AI 熟悉人类的喜好，尤其是人类的伦理、法律法规。上一章提到，生成式 AI 涉及的主要是监督学习、半监督学习，在加入强化学习机制之后，则会显得更加“人性化”“社会化”，而且触犯社会道德底线的风险大幅下降，为大规模投入使用铺平了道路。

然而，最关键的问题还是没有解决：大模型的参数规模越大，训练消耗的资源就越多，性价比也就越低。照此发展下去，OpenAI 早晚有一天会被高昂的成本所压垮，永远无法实现商业上的成功。但是伊利亚坚信奇迹即将发生，这个奇迹的名字叫作“涌现能力”。

所谓“涌现”，是指复杂系统在演化过程中，随着复杂度不断提升，突然地、不可预测地获得某种能力或属性。人类智力的发展就带有强烈的“涌现”色彩：现代科学显示，在人类的幼儿期，逻辑思维、形象思维、动手能力等都会迎来一波突然的大幅度增长，尽管其时间点不一定相同。地球生态系统也是一系列“涌现”的产物，最著名的一次就是 5.4 亿多年前的寒武纪大爆发，在大约 2000 万年的时间内突然出现了门类众多的无脊椎动物，它们成为绝大部分现代动物的祖先。“涌现”产生的必要条件是系统足够复杂，但不是所有的系统都能“涌现”，对于“涌现”的本质，人类还知之甚少。

大模型具备“涌现能力”吗？从它诞生之日起，人们就做出了各种各样的猜测。如果“涌现”不存在，那么 OpenAI 用再大的力也出不了奇迹；如果“涌现”存在但是门槛太高，例如需要参数规模达到几百万亿个以上，那也不具备现实意义。直到 2022 年，来自斯坦福大学和谷歌的学者终于以严谨的学术论文证明：大模型的“涌现能力”是存在的，而且 GPT-3 以及谷歌开发的 LaMDA 等模型均已触达了“涌现”的临界点。OpenAI 的豪赌以全面胜利告终。

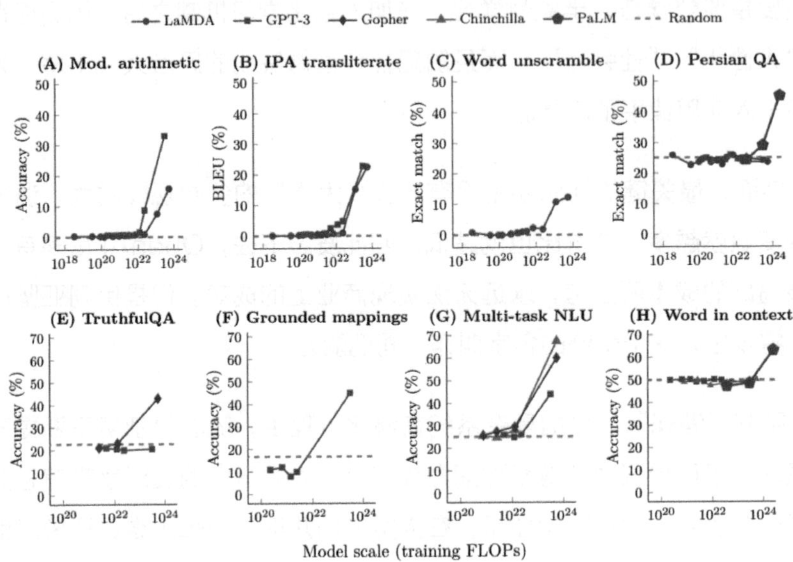

大模型参数规模达到一定量级之后，“涌现”终于出现了

此后发生的事情，大家应该很熟悉。在天才科学家伊利亚的领导下，OpenAI 研发团队赢得了两场豪赌：第一场是，生成式任务是大模型最重要的任务，而“仅解码器”架构最适合执行这个任务；第二场是，大模型必须持续地、不惜代价地提升参数规模，以尽快实现“涌现”。历史是由胜利者书写的，上述观点在当年即便不算旁门左道，也算不上主流。而在今天，它们已经成为人工智能界无人敢于挑战的常识。

随着 ChatGPT 于 2022 年 11 月 30 日正式公测，对 OpenAI 的所有嘲讽像冰消雪融一样消失了。人们终于理解了伊利亚当年为何离开谷歌，以及他在离开谷歌后的七年之中坚持的究竟是什么。人类进步的道路是由一个又一个天才铺就的，而天才往往也是疯子。“不疯魔，不成活”，不仅是对一小部分天才经验的总结，也是对整个人类历史的总结：三百万年前，当一小群南方古猿决定从树上下来，到稀树草原去寻找新的天地时，它们的同类肯定觉得它们犯了“神经病”（如果当时有神经病这个概念的话）。

当初离开森林的南方古猿绝大部分在严酷的自然选择中被淘汰，其中幸存的极少部分成为我们人类的祖先。它们的那些没犯“神经病”的同类，其后代现在还居住在非洲的原始森林之中，仅仅依靠着人类的怜悯而存活。伊利亚和他的同僚继承了人类祖先的大无畏和疯狂，创下了足以让人类骄傲的成果。说到底，人类成为万物的灵长、世界的主宰，是因为伊利亚这样的疯子，而不是因为那些注定要被他们踩在脚下的随波逐流之人。

OpenAI 内讧：“圣殿”之中究竟发生了什么

建立在 GPT-3.5 大模型基础上的 ChatGPT，发布之后短短 5 天就获得了 100 万个用户；作为对比，Facebook 达成 100 万个用户花了 10 个月，推特花了 2 年，奈飞花了 3.5 年。又过了 2 个月，ChatGPT 累计获得了 1 亿个用户，成为人类历史上最快达到这个里程碑的消费应用；作为对比，Facebook 达到这个里程碑花了 4 年半，推特花了 5 年，Instagram 花了 2 年半。在互联网历史上，乃至整个电子计算机科技的历史上，没有任何一款产品曾经像 ChatGPT 这么快地改变世界。越过了无数艰难险阻、赢得了几场豪赌的 OpenAI，骤然上升为全球最炙手可热的超级独角兽。这符合人类社会的普遍规律：按照中国的一句老话，“谁打下了江山，谁就该坐江山”，人工智能的江山当然该由 OpenAI 来坐，至少从现阶段看是如此。

然而，2023 年 11 月 17 日，OpenAI 董事会突然宣布，“经过调查研究发现”，执行董事、CEO 山姆 · 奥特曼没有坦率地与董事会进行沟通，“董事会不再对他继续领导 OpenAI 的能力抱有信心”，因此即日起将其开除出 OpenAI。奥特曼本人似乎温顺地接受了决定，立即发了一条推特，如下图所示，意为：“我热爱自己在 OpenAI 的时光，这段时光改变了我本人，我希望它也在某种程度上改变了世界。”

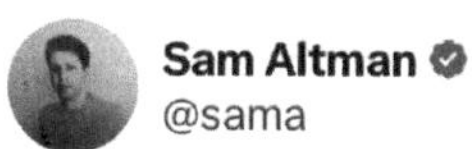

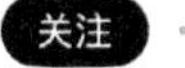

i loved my time at openai. it was transformative for me personally, and hopefully the world a little bit. most of all i loved working with such talented people.

will have more to say about what's next later.

05:46 · 2023/11/18 来自 Earth · **2581万** 次查看

9704 个转帖 **4498** 引用 **9.6万** 喜欢 **4056** 个书签

奥特曼在被 OpenAI 董事会开除后发布的第一条推特

全世界为之震惊。此时距离 ChatGPT 公测仅仅过去一年多一点儿。在这一年中，OpenAI 接受了微软追加的 100 亿美元投资，并且正在与机构投资者洽谈新的投资，公司估值飙升至 860 亿美元；GPT-4 的发布进一步巩固了它在大模型领域的王者地位，并且已经在微软的 Office 办公软件、Bing 搜索引擎和 Teams 协同软件中得到应用。无论是在 AI 专业人士眼中，还是在普罗大众心目中，OpenAI 就像一座 AI 技术的“神殿”，它的管理层则是高高在上的“神像”。现在，这座神殿里最高大的一尊神像居然如此轻易地被砸掉了，那么神殿的命运又将如何？

2023 年 11 月 18 日至 19 日，市面上出现了大量关于奥特曼将重返董事会的传闻。与此同时，OpenAI 董事会向自己的竞争对手（也是规模仅次于 OpenAI 的大模型创业公司）Anthropic 发出了合并邀约，并邀请该公司 CEO、曾在 OpenAI 工作过的达里奥 · 阿莫迪 (Dario Amodei) 担任 OpenAI CEO。上述邀约立即被拒绝，Anthropic 可能根本没有认真考虑过。11 月 20 日，OpenAI 最重要的外部投资人微软宣布，如果奥特曼无法重返 OpenAI，他可以加入微软领导一个全新的 AI 研究团队；微软同时承诺，就算这种情况发生了，它也不会放弃对 OpenAI 的投资和合作。

同样是在 11 月 20 日，本次“宫廷政变”当中最戏剧性的转折出现了：OpenAI 770 名员工当中的 738 人联合发表了一封公开信，表示如果奥特曼不能重返 OpenAI 并担任 CEO，他们将集体辞职并跟随奥特曼加入微软。首席科学家伊利亚也签署了这封公开信，而他曾经是向奥特曼发难的急先锋之一。毫无疑问，在这种情况下，“宫廷政变”不可能成功。11 月 21 日，奥特曼回到了 OpenAI CEO 的位子上，此时距离他被董事会开除仅仅过去了四天。当然，由此产生的余波持续了很久：OpenAI 内部对此事的调查工作直到 2024 年 3 月才告一段落，美国证交会及联邦检察官的相关调查工作则至今还在进行之中，不排除会有出人意料的进展。

这场突如其来、旋生旋灭的内讧究竟是怎么一回事？在做出分析和猜测之前，我们必须先理解 OpenAI 奇怪的、叠床架屋式的组织结构。2015 年，山姆 · 奥特曼在自己举办的一场私人宴会上，问了所有出席者一个问题：“AI 会毁灭人类吗？”在当时，这个问题好像很无厘头，因为 AI 还很虚弱，远远谈不上对人类构成什么威胁。但是，奥特曼和他的一部分宾客认为，用不了多长时间，AI 可能真有毁灭人类的可能性。他们进一步认为，如果真的出现这么强大的 AI，那么它不应该掌握在任何大公司手里，只能掌握在非营利性的公益组织手里。

当时的奥特曼已经是一个知名风险投资人、硅谷著名创业孵化器 YC (Y Combinator) 的总裁。在历史上，YC 的著名投资案例包括 Airbnb（全球最大的共享住宿平台）、Instacart（美国最大的生鲜电商平台之一）、

DoorDash（北美版“美团外卖”）、Coinbase（第一个上市的虚拟货币交易所）、Dropbox（全球最大的云备份平台），等等。与很多硅谷的风险投资人一样，奥特曼是技术出身，在斯坦福大学学习计算机技术期间创办了 Loopt——这是世界上最早的基于地理位置分享的社交网络平台之一。在拿到大笔风险投资（其中一笔就来自 YC）之后，奥特曼从斯坦福大学退学了。后来的事情没有一帆风顺，Loopt 并未成功，奥特曼也逐渐从创业者转型成为投资人。

奥特曼在 2015 年就开始严肃思考“AI 会毁灭人类吗”这个问题，这其实很符合他的一贯风格：他非常关心公益、基础研究和与人类长期命运有关的话题，而且不像一般的企业家只是装模作样地关心一下。在担任 YC 总裁期间，他个人捐款 1000 万美元成立了 YC 研究所 (YC Research)，专注于基础性、非营利性的、“不可预测的”创新研究工作（此事恰好也发生在 2015 年）。2017 年，他甚至一度考虑过作为民主党候选人参与加利福尼亚州州长选举，其核心政策是改善该州的住房和医疗系统。如果你关注了他的个人博客和推特账号，就会发现他十分热衷于对各种政治、社会、文化议题发表意见，至于这些意见有没有道理，那就见仁见智了。

2015 年 12 月，在埃隆 · 马斯克、雷德 · 霍夫曼、彼得 · 蒂尔等一批著名投资人的帮助之下，奥特曼成立了非营利性组织 OpenAI，其目标是“开发出安全的、对人类有利的 AGI”“在绝大部分具备经济价值的领域超过人类”。从那时起，OpenAI 虽然经历过多次人员变动，但其核心团队相对还算稳定，尤其是最重要、影响力最大的“三巨头”。

首先当然是奥特曼本人，他是 CEO，负责大部分日常决策及融资、商务合作等方面的事务。其次是他的左膀右臂、董事会主席兼总裁格里格 · 布罗克曼，他曾任美国第二大在线支付平台 Stripe 的 CTO（首席技术官），不但从事管理工作，还亲自带领、研发一部分研究项目。再次就是本书读者已经相当熟悉的伊利亚 · 苏茨克维，他离开谷歌之后立即加入了 OpenAI，成为其首席科学家；前两位巨头的一切努力，必须落实到他的研究团队，才能真正产生价值。

奥特曼（中间）和苏茨克维（右一）共同出席
以色列特拉维夫大学的活动

OpenAI“三巨头”都带有一定的理想主义色彩。伊利亚自不必说，放弃了谷歌三倍薪酬的挽留，只是为了追逐自己认定的技术路线。布罗克曼放弃了估值已达 35 亿美元而且还在高速增长中的 Stripe 的高管职位，按照他个人博客的说法，“我渴望着创造一些属于自己的东西”。奥特曼为了腾出更多精力照顾 OpenAI，缩小了自己在 YC 的权限，减少了对其他投资项目的参与，还放弃了担任 Reddit（美国最大的图文社区、美版“百度贴吧”）CEO 的机会。然而，在头几年，他们面对的却是一个冷酷的、现实到可怕的外部环境。

◆ 当初参与发起成立 OpenAI 的那群投资人，总共承诺投资 10 亿美元，可是直到 2019 年仅有 1.3 亿美元到位。其中最仗义的是马斯克，投入了 4500 万美元（但他自称投入过 1 亿美元）。所以，

OpenAI 一度被外界称为“马斯克的 AI 新尝试”。

- 奥特曼本人担任总裁的 YC，虽然承诺支持 OpenAI，最后却只投入了极少量资金（具体金额不明）。2020 年初，奥特曼离开了 YC，具体原因迄今还众说纷纭，但是 YC 显然对他创立的 OpenAI 不感兴趣。
- 作为全球最大的云计算平台，亚马逊 AWS 也承诺支持 OpenAI，但是 OpenAI 没有从 AWS 拿到多少算力支持。在 2019 年以前，它主要使用的是谷歌云平台，而且需要花费真金白银去买。
- 作为非营利性组织，OpenAI 多少获得了一些外部援助，例如英伟达就向它捐助过用于大模型训练的工作站，但是这些援助杯水车薪，象征意义远大于实质意义。

2018 年，马斯克宣布，由于特斯拉正在开发自己的自动驾驶 AI，“为了避免利益冲突”，他必须辞去 OpenAI 董事的职务。按照奥特曼的说法，马斯克其实是对 OpenAI 失去了信心，不相信它能够与武装到牙齿的谷歌竞争，于是向 OpenAI 董事会开出了邀约：要么由他本人收购 OpenAI，要么他就退出。不用说，上述邀约被拒绝了，马斯克从董事会辞职，OpenAI 从此失去了最大的捐助人。

彼时彼刻，OpenAI 近乎绝望，很快就将耗尽一切资源，唯一的救命稻草是接近开发完成的 GPT-2 大模型。2019 年 2 月，OpenAI 首次举行了 GPT-2 发布会，展示了 GPT-2 生成自然语言文本的强大能力，吸引了一些主流媒体的报道。OpenAI 管理层宣称，GPT-2“伪造文本”的可能性构成了对人类社会的威胁，必须防止外界滥用，所以它将从开源转向闭源（此前发布的 GPT-1 是开源的）。当年 5 月、8 月、11 月，OpenAI 又接连举行了三场发布会，公布了更多的技术细节。在此期间，奥特曼还受邀出席了美国国会听证会，讨论 AI 对人类的潜在影响。然而，事实证明，GPT-2 远远没有自我宣传得那么强大，好像也没有被外界滥用的迹象。在媒体关注逐渐消失之后，OpenAI 扭扭捏捏地于当年 11 月宣布 GPT-2 开源——好像没有对人类社会造成什么惊天动地的改变。人工智能界的一致意见是，与当年 10 月谷歌公布的 T5 大模型相比，GPT-2 没有什么优势。

不管怎么说，GPT-2 还是让 OpenAI 获得了投资者的关注，并于 2019 年 7 月成功赢得了微软领投的 10 亿美元投资。在接受这笔投资之前，OpenAI 修改了组织架构，变成了一家“由非营利性组织控制的营利性公司”。这样的组织形式非常罕见，为后来的“宫廷政变”埋下了伏笔。

- 在原有的 OpenAI 非营利性组织之下，增设了营利性的 OpenAI LP 控股公司，由非营利性组织、员工及外部投资者共同拥有。实际业务由 OpenAI LP 拥有多数股权的 OpenAI Global 有限公司经营。
- 虽然 OpenAI LP 拥有 OpenAI Global（实际经营实体）的多数股份，但并不掌握控制权；控制权掌握在一家名为 OpenAI GP 的公司手里，这家公司又由 OpenAI 非营利性组织控制。通俗地说，OpenAI GP 相当于有限合伙制当中的“一般合伙人”，OpenAI LP 则相当于“有限合伙人”，后者出资，但前者掌握控制权。
- 微软持有的不是 OpenAI LP 的少数股权，而是 OpenAI Global 的少数股权。也就是说，其他投资者只能间接持有 OpenAI 经营实体的权益，微软则是直接持有。不过，微软的地位虽然特殊，却仍然无法对 OpenAI 的决策施加直接影响（直到 2023 年 11 月才有所改观）。
- OpenAI 的最高决策权掌握在董事会手里，这个董事会其实是 OpenAI 非营利性组织的决策实体。请注意，OpenAI LP 和 OpenAI Global 都没有自己的董事会，只能听命于 OpenAI 非营利性组织。董事会就这样间接地、穿过多层法人实体传递自己的意志。

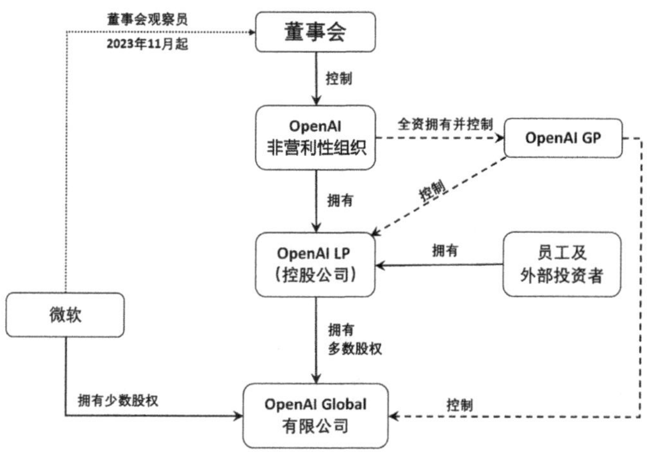

OpenAI 复杂的、叠床架屋式的组织架构

可以看到，OpenAI 的组织治理不但叠床架屋，而且浸透着“权力与责任不对等”的气息：董事会掌握着一切权力，在理论上不受任何监督；员工及外部投资者不但不能影响董事会的决策，甚至不能影响 OpenAI 经营实体的决策，因为后者完全由 OpenAI GP 控制，并且最终由董事会控制。OpenAI 认为，这种“四不像”的组织架构可以允许自己在吸收外部资本的同时，保持聚焦于“核心使命”——长期实现对全人类既安全又有利的 AGI。那么问题来了，董事会又是由什么人组成，并根据什么方式产生的呢？

这就是最滑稽的地方：直到 2023 年 7 月，OpenAI 甚至没有对外公布过董事会成员名单。在此之前，外界只能通过新闻报道得知，埃隆·马斯克、雷德·霍夫曼等知名企业家曾担任过 OpenAI 的董事，但又先后离职了。OpenAI 的董事会到底是怎么选出来的？直到今天这仍然是个谜，官方只会对外披露董事会名单，从不讨论董事候选人的提名和选举过程，只是宣称“董事会多数成员应该是独立的，独立董事不持有任何 OpenAI 的经济权益”。在法律意义上，由于 OpenAI 不是上市公司、没有吸纳过公众投资，因此它没有义务披露自身的公司治理细则。它的所有决策流程都隐藏在重重迷雾当中，当初它还无足轻重时是如此，现在它变成了全球最著名的独角兽还是如此。

OpenAI 在 2019 年的改制，是在认清现实之后的无奈之举：很少有人真正愿意向一家非营利性组织大笔捐款，以满足人类进军 AGI 的理想。除了引进外部资本，它还需要对员工进行股权激励，否则将无法与谷歌这样股价节节高升的上市公司争夺人才。不过，改制之后的 OpenAI 为投资者设置了“盈利上限”：2019 年参与的第一轮投资者（主要是微软），最多可以回收其初始投资的 100 倍；此后每一轮投资的盈利上限会逐步下调。2023 年初，在 ChatGPT 发布之后，微软向 OpenAI 追加了 100 亿美元的投资。根据美国科技网站 The Verge 的报道，微软此次投资的盈利上限为 10 倍（1000 亿美元）；在回收初始投资之前，微软将分到 OpenAI 盈利的 75%，此后则下降到 49%，等到回收 10 倍投资之后则将放弃其持股。不过，上述说法从未得到 OpenAI 官方的证实。

当然，与“盈利上限”相比，更重要的是控制权。在 2023 年 11 月的“地震”前夕，包括微软在内的投资者及绝大部分员工对 OpenAI 董事会既无影响力，也无事先知情权。当时的 OpenAI 董事会成员共有六位：奥特曼、伊利亚和布罗克曼这“三巨头”占据了其中一半，他们相当于正常企业里的“执行董事”；另外一半是三位独立董事，其中一位是企业家，两位是学者，而且都很关心 AI 的社会影响和伦理问题。

可能有人注意到了，按照 OpenAI 的组织章程，独立董事需要占据董事会成员的多数，可是当时的独立董事只占据了恰好一半的席位。这是因为在 2023 年上半年，有三位董事因为各种各样的原因辞职了，尚未有人顶替其位置。鉴于 OpenAI 涉及的利益越来越大，担任其董事的人必须杜绝一切利益冲突（例如对竞争对手的投资）、拥有较好的公众形象，找到合适的人选并不容易。结果，就是在这样一个董事会成员相对较少的“空窗期”，发生了震惊世界的“宫廷政变”。

罢免山姆·奥特曼之前		山姆·奥特曼回归之后	
董事	**个人资料**	**董事**	**个人资料**
格雷格·布罗克曼	董事会主席、总裁	布莱特·泰勒	独立董事，谷歌前地图负责人，Facebook 前首席技术官，推特前董事长
山姆·奥特曼	首席执行官	拉里·萨默斯	独立董事，美国前财政部长，哈佛前大学校长
伊利亚·苏茨克维	首席科学家	亚当·迪安杰罗	独立董事（反对奥特曼的董事会成员当中唯一留任的）
亚当·迪安杰罗	独立董事，Facebook 前首席技术官，Quora 创始人	苏·德斯蒙德－赫尔曼	独立董事，肿瘤学家，美国总统科学技术顾问，比尔和梅琳达·盖茨基金会前 CEO（2024 年 3 月增补）
塔莎·麦考利	独立董事，机器人科学家，关注 AI 伦理问题	妮可·塞利格曼	独立董事，索尼前法务负责人、索尼前美国公司总裁（2024 年 3 月增补）
海伦·托纳	独立董事，乔治城大学教授，AI 伦理学者	菲吉·西莫	独立董事，Facebook 前副总裁，现任 Instacart 董事长兼 CEO（2024 年 3 月增补）
		山姆·奥特曼	首席执行官（2024 年 3 月增补）

2023 年 11 月 17 日，在 OpenAI 董事会的六位成员中，有四位对开除奥特曼的决定投了赞成票：伊利亚·苏茨克维、亚当·迪安杰罗、塔莎·麦考利、海伦·托纳。具体原因有两种主流说法：第一种说法是，自从 ChatGPT 爆红以来，奥特曼日益聚焦于商业化和抬高公司估值，而伊利亚对此并不认同。在“宫廷政变”前夕，奥特曼正在与 Thrive Capital 等投资机构洽谈估值高达 860 亿美元的新一轮融资，还在与中东主权基金商讨研发替代英伟达的 AI 芯片的可能性——这些可能都不符合伊利亚的愿景。要知道，当初博士毕业之后，面对谷歌价值高达 4400 万美元的收购邀约，伊利亚可是眼睛都不眨地把多数股份让给了自己的导师。如果没有加入 OpenAI，他可以轻易在硅谷找到薪酬极高的职位或自行创业，金钱对他而言似乎没有很大的诱惑力。从他在技术研究过程中展现出的偏执性格看，伊利亚确实有可能因为路线之争而对自己的合伙人开火。

第二种说法是，OpenAI 当时正在开发一项秘密工程，代号“Q*”，是一个聚焦于数学和逻辑推理的 AI 项目。根据路透社的报道，在开发过程中，Q* 团队发现了“足以威胁人类”的技术突破，并报告给了管理层，但是奥特曼有意向董事会隐瞒这一技术突破。上文提到，OpenAI 的三位独立董事都高度关心 AI 伦理问题，其中两位是 AI 伦理学者或活动家，他们必然无法接受奥特曼在“人类命运攸关”问题上撒谎。至于这个技术突破到底是什么？有人认为可能是 OpenAI 找到了通向 AGI 的正确道路。对此说法，OpenAI 官方既没有承认也没有否认。

还有一种阴谋论的说法：微软可能暗地促成了这次“宫廷政变”，以便加强自己对OpenAI的控制力，甚至为彻底吃掉OpenAI做准备。不过，这种说法有一个巨大的软肋：如果微软是幕后策划者，难道奥特曼会看不出来吗？为什么他反而决定加入微软？对于微软而言，OpenAI 的稳定性是最重要的，只有稳定的组织才能把 AI 研究推进到底。撺掇 OpenAI 内讧，给微软带来的潜在好处与风险并不成正比，我们很难相信这样的故事。

耐人寻味的是，在得知自己被董事会开除之后，奥特曼十分顺从、冷静，既没有试图改变董事会的决定，也没有试图发起法律诉讼。如此温顺的反应，是否说明他对此已有心理准备，又或者自认理亏？根据《华尔街日报》的报道，这很可能不是奥特曼第一次被自己所领导的组织开除，他 2020 年初离开 YC 可能就不是自愿的，而是失去了 YC 董事会的信任。奥特曼到底是一个理想主义者，还是伪装成理想主义者的自大狂？这个问题大概不会有准确答案，因为人是会变的，在 ChatGPT 所带来的巨大名利诱惑面前，纵然他的心态发生改变，那也完全可以理解。在人类历史上，因为共同理想而走到一起的人，取得成功之后反而分道扬镳，是再常见不过的戏码。

然而，OpenAI 董事会未曾料到的是：他们无法为奥特曼找到接班人，也无法说服 OpenAI 员工支持自己的决定。董事会多数成员的想法是分化布罗克曼，仅仅罢免他的董事会主席职务，仍然保留总裁职务（或许还有接任 CEO 的希望），可是布罗克曼选择了辞职并计划与奥特曼一道加入微软。这时，OpenAI 不但没有了 CEO，也没有了总裁。为了避免奥特曼回归，董事会想尽了各种替代方案。被提名接任 OpenAI CEO 的人选包括：Anthropic CEO 达里奥 · 阿莫迪，游戏直播平台 Twitch CEO 埃梅特 · 希尔，GitHub 前任 CEO 奈特 · 弗里德曼，以及 Airbnb CEO 布莱恩 · 切斯基。上述所有人选都拒绝了邀约。显然，OpenAI CEO 职位是个烫手的山芋，除了奥特曼，没人相信自己能拿得稳。OpenAI 的董事们竟然不惜向竞争对手 Anthropic 提出合并邀约，这恰恰说明他们绝望到了什么地步。

2023 年 11 月 20 日，包括伊利亚在内的 738 名员工签署要求奥特曼回归的公开信（伊利亚还公开表示自己很后悔参与罢免奥特曼），这从根本上宣告了董事会的失败——如果不改变决定，大部分 OpenAI 员工都会跟随奥特曼加入微软，而且伊利亚宣布辞去董事职务，这大幅削弱了 OpenAI 董事会的合法性。几乎所有的外部投资者，包括微软在内，也一面倒地支持奥特曼回归。在短短三天之内，“宫廷政变”的发起者们就陷入了四面楚歌的境地。

在其他尝试全部以失败告终之后，2023 年 11 月 21 日，奥特曼重返 OpenAI CEO 的位置。当然，回归是有条件的：OpenAI 董事会被彻底改组，所有投票反对奥特曼的董事，除了亚当 · 迪安杰罗，全部递交了辞呈。奥特曼同意暂时不重返董事会，直到调查证明自己的清白。作为调停者，微软被授予了一个没有投票权的“董事会观察员席位”。推特前董事长布莱特 · 泰勒和美国财政部前部长拉里 · 萨默斯被提名为新的独立董事，与迪安杰罗共同组成了三人的董事会——这是 OpenAI 有史以来董事会规模最小的时候。直到 2024 年 3 月，OpenAI 宣布对奥特曼的内部调查结束，他没有做错任何事情。于是，奥特曼和另外三位新的独立董事一起被增补进董事会，使得董事会总人数达到七人。

一切尘埃落定之后，奥特曼对 OpenAI 的掌控力到底是提升了还是下降了？很难说。从表面上看，奥特曼无可争辩地证明了员工对自己的热爱，绝大部分员工不愿意在没有他的情况下继续为 OpenAI 工作。但是，在新的董事会当中，独立董事占据了六席，执行董事则只剩下奥特曼一人。在“宫廷政变”中毫不犹豫地站在奥特曼一边的布罗克曼没有重返董事会，忠于奥特曼的核心员工也无一人入选董事会，这可能是各方妥协的结果。虽然现有的独立董事看起来对奥特曼都比较友好，可是谁也无法预料，在今后漫长的岁月中他们会做出什么样的决定。

不管奥特曼是不是赢家，伊利亚都是最大的输家。早在“宫廷政变”之前，伊利亚的权力就已被多次缩减，这有可能是出自奥特曼的授意。在奥特曼回归的过程中，OpenAI CTO 米拉 · 穆拉迪发挥了举足轻重的作用，他本来就是 Open AI 研发团队当中仅次于伊利亚的第二人，现在地位更加巩固了。奥特曼回归之后发表的公开信中，把穆拉迪列为“领导团队”的第一名；至于对伊利亚，他的措辞则是：“我们希望继续合作关系，正在讨论他究竟应该如何为 OpenAI 继续工作。”失去了董事会席位的伊利亚，仍然保留了首席科学家的头衔，但是从此极少公开露面和发声，其 OpenAI 研发工作的领导权很可能已经被穆拉迪接管。

奥特曼到底因为什么惹怒了董事会？伊利亚为何在投票开除奥特曼之后又公开倒戈？在 OpenAI 董事会的会议室里究竟发生过什么？这些问题可能永远不会有答案。这场闹剧带给我们的最大教训是：OpenAI 的组织架构过于复杂，缺乏透明度，权责不匹配，蕴含着巨大的风险和不稳定性。把非营利性组织与营利性组织混搭在一起，这样的模式在历史上一再被证明是腐败和内讧的温床，所以从来不曾流行起来。当 OpenAI 的估值达到 860 亿美元的时候，它已经注定无法沿用过去的管理模式了——那就像强迫大人穿小孩子的衣服，要么衣服被绷裂，要么大人被憋死。

在现代公司治理模式当中，独立董事的职责是代表中小投资者的利益，保护他们免受管理层和大股东的侵害。可是，OpenAI 的独立董事代表的又是谁的利益呢？根据 OpenAI 成立时的本意，他们应当代表“全人类”的利益，监督 AI 发展是否对人类既安全又有利；一旦 AGI 得以实现，他们还应当确保 AGI 能在人类社会得到公平、广泛的使用，任何人都不应被排除在外。虽然上述使命很伟大、令人肃然起敬，但是对于 OpenAI 的独立董事而言，似乎过于沉重了。假设 AI 真的会对人类构成什么实质性威胁，依靠现在 OpenAI 董事会里的四个商人、一位学者和一个前政府官员，就能够守护“全人类的命运”吗？这种观点本身就是过于自大的体现。

OpenAI 彻底转型成为一家营利性的公司，这不但可以解决混乱的治理问题，而且符合很多人的利益——员工和投资者手中的股权可以不受“盈利上限”的约束，更多的人将获得分享 OpenAI 增长回报的机会，各个利益相关方也将会有更多机会参与其决策流程。然而，这种转型在短期内很难完成，因为有两个难以逾越的障碍：首先是 OpenAI 内部仍然存在一批认为 AGI 应该是公益事业，反对过度商业化的员工，其人数未必很少（肯定不仅限于伊利亚）；其次是曾经捐助过 OpenAI 的人，虽然他们提供的资源有限，但是OpenAI还是有必要给他们一个交代，尤其是埃隆·马斯克。

2023 年初，马斯克参加英国政府举办的 AI 峰会

2024 年 2 月，马斯克向加利福尼亚州地方法院提起了对 OpenAI（及其CEO奥特曼）的诉讼，指责后者违背了当初成立非营利性组织时的承诺，将商业利益置于公共福利之上，已经沦为“微软实质上的分支机构”；自从 GPT-3 发布以来，OpenAI 的大模型从开源转向了闭源，这也违背了当初的原则。马斯克进一步认为，GPT-4 其实已经满足了 AGI 的定义，所以按照 OpenAI 的章程，GPT-4 应该以公平的、非商业化的方式提供给全人类。

OpenAI 很快通过官方博客进行了反驳。

我们与埃隆·马斯克都认识到，若想获得足够的资源，就必须建立一个营利性实体。当我们讨论如何建立营利性组织时，马斯克希望我们要么与特斯拉合并，要么赋予他全面控制权……很快，马斯克选择了离开 OpenAI，说我们成功的概率是 0，而他希望在特斯拉内部建立一家有竞争力的 AGI 公司。

OpenAI 还指责马斯克从来没有兑现自己“画的饼”——2015 年声称可以帮助 OpenAI 募集 10 亿美元，2018 年离开 OpenAI 之后还自称可以帮忙募集“数十亿美元”。但是从头到尾，马斯克只提供了 4500 万美元，并且未能帮忙找到其他重要投资人。同时，OpenAI 对马斯克在诉讼过程中泄露双方沟通文件一事提出了反诉。

按照 The Verge 等英文科技媒体的观点，马斯克确实没有立场起诉 OpenAI，也很难证明后者违反了什么合约。然而，它们同时指出，OpenAI 的组织转型确实存在巨大的法律漏洞，如果有人打算针对性地发起诉讼，并选择称职的律师，是有可能成功的。在非营利时期，OpenAI 接受的 1.3 亿美元捐助（尚不包括以实物或服务等非现金方式提供的资助）固然是远远不够的，但是 OpenAI 仍然应对捐助者负有义务。在学术界、政界和智库领域，很多人曾经出于 OpenAI 的公益属性而选择与之合作，假如 OpenAI 决定彻底放弃公益属性，这些人都有可能提出某种程度的指控。

OpenAI 管理层肯定还对自己历史上最大的一次分裂记忆犹新：2021 年，一批研究人员因为不满于 OpenAI 与微软的战略合作关系而离职，成立了 Anthropic 公司，其现在已经发展成为老东家最大的竞争对手之一。选择彻底转型成为营利性公司，几乎肯定会引发更严重的分裂。所以，在未来很长一段时间里，OpenAI 还将在复杂的治理模式中左右摇摆。如果这个问题不能得到妥善处理，它终有一天会动摇 OpenAI 的根基，甚至结束其对生成式 AI 行业的统治地位。

至于 AI 究竟会不会对人类的命运产生威胁，值不值得未雨绸缪，那就是另一个话题了。本书的后续章节将对此进行简明扼要的讨论。

谷歌何以无法对 OpenAI 进行有效的反击

ChatGPT 的成功，使得谷歌管理层及其 AI 研发团队十分尴尬，因为他们掌握着数十倍于 OpenAI 的资源，却没有开发出足以与对手匹敌的大模型。不过，这同时也意味着巨大的机遇：OpenAI 已经证明了生成式 AI 发展的正确路线，谷歌只要沿着这条道路前进，充分发挥自己的资源和经验优势，完全有可能后来居上。这样的事情在信息科技的历史上发生过很多次。例如，苹果公司于 20 世纪 70 年代最早开发出了供个人使用的电脑（Apple-II 型），却被实力更加雄厚的 IBM 后来居上，夺走了绝大部分个人电脑市场。多年以后，苹果自己也通过强大的实力、工业设计和生态系统的力量，作为后来者重新定义并统治了智能手机市场。科技巨头就像老虎，老虎有时候会打盹，打盹的时间或许还很长，但关键是它睡醒之后会干什么。

大模型开发，钱非常重要，没有钱就无法购买算力。一方面，作为全世界市值最大的公司之一，谷歌不缺钱；作为全世界第三大公有云平台（仅次于亚马逊和微软），谷歌也不缺算力。当然，在 ChatGPT 发布、与微软的合作加深之后，OpenAI 也不缺钱或算力了，但它在这两项资源上不可能跃居谷歌之上。另一方面，谷歌还拥有几项独特的资源。首先是久经考验的 AI 基础研发团队，哪怕是 OpenAI，也是沿着谷歌最先发现的技术路线前进的。虽然很多技术大牛已经离开了谷歌，但是现存的团队仍然堪称豪华。其次是庞大而广泛的数据积累，每天在谷歌生态系统内都会沉淀海量的用户数据，谷歌 AI 可以在合法的前提下使用这些数据进行训练。最后，在外界看来，谷歌在历史上一贯擅长先进技术的应用落地，一旦它在生成式 AI 技术方面取得突破，就可以迅速实现从技术到应用、从应用到收入增长的良性循环。与"OpenAI + 微软"这对奇怪而拧巴的组合相比，谷歌似乎更值得押注。

很可惜，后来的事实证明，谷歌未能迅速弥补自己在大模型技术上的差距；在应用落地方面，它的表现不但迟缓，而且乏善可陈。ChatGPT 发布后的 15 个月内（2022 年 12 月初至 2024 年 2 月底），谷歌的股价仅仅上涨了 37%，在硅谷科技巨头当中这属于很差的水平，远远落后于微软、亚马逊和 Meta，仅仅领先于苹果——而我们都知道，苹果尚未直接受益于 AI 大模型的浪潮。毫无疑问，在主流投资者眼里，谷歌是一家正在掉队的公司，不是生成式 AI 的主要受益者。上文提到，OpenAI 的宫廷政变，让我们看到了一个复杂、混乱的组织治理架构所蕴含的风险，而谷歌在生成式 AI 赛道上的落后，则给我们提供了一个"大公司病"及其后果的绝佳案例。

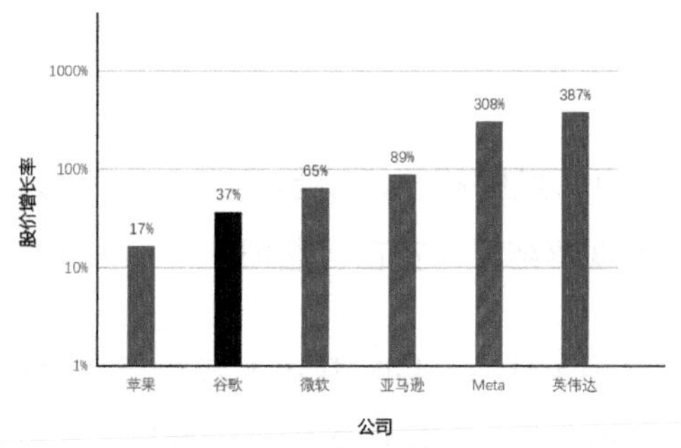

ChatGPT 发布后十五个月内，美国科技巨头的股价表现

从纸面上看，谷歌的反应速度很快：ChatGPT 上线不久后的 2022 年 12 月，谷歌管理层向其内部的多个团队发出了“红色代号警报”(Code Red Alert)，认为自身的核心业务受到了 AI 的严重威胁，为了应对威胁，必须立即为各项产品引入 AI 功能。从 Google Brain 到 DeepMind，所有与 AI 研究相关的部门都被动员起来。2024 年 2 月 6 日，谷歌正式宣布自家的 AI 聊天机器人 Bard，它将首先接受 1 万名用户的内测，然后在月底之前大面积公测。Bard 背后的大模型是谷歌早在 2022 年 5 月就已官宣，但是从未投入商用的 LaMDA-2，其参数规模最高可达 1370 亿个。不过 Bard 使用的是 20 亿个参数规模的“轻量级”版本。在此之前，LaMDA-2 仅开放过对谷歌员工、学术界和政府工作人员的小范围测试。为什么没有大范围开放？按照谷歌官方的说法，是出于安全性的审慎考虑，不过更有可能是因为傲慢和执行力低下。

2024 年 2 月 7 日，微软旗下的必应（Bing）搜索引擎正式整合了 ChatGPT 的功能，推出了内置聊天机器人 Bing Chat，从而进入了所谓的“新必应”(New Bing）时代。谷歌只得仓促应对，在 2 月 8 日召开了 Bard 的第一场发布会——结果演化成了一场灾难，成为一连串悲剧的起点。

在这场于法国巴黎举行、全球直播的发布会上，谷歌演示了一段 Bard 回答问题的视频（同时将其张贴到全球主流社交媒体上），问题是：

“请告诉我詹姆斯·韦伯（James Webb）太空望远镜的一些新发现，好让我讲给我 9 岁的孩子听。”

Bard 回答了三点，其中第三点明显错误——它把 2004 年欧洲南方天文台特大望远镜的观察结果，安在了詹姆斯 · 韦伯太空望远镜头上。

上述错误本来算不了什么，ChatGPT 发布之初出现过更加低级的失误，例如宣称“《原神》是一款由中国腾讯计算机公司推出的游戏产品”。关键在于，谷歌发布的 Bard 问答视频是事先录制的，竟然没有人注意到错误，这足以说明谷歌的准备工作是何等混乱，也足以令人质疑 Bard 这款产品的成熟度。发布会次日，谷歌股价大跌 7.7%。Bard 的公测时间表，也从原定的 2024 年 2 月底大幅推迟，直到 3 月下旬才开始“有限公测”。第一批参与测试的用户很快发现了诸多问题。

- 无法回答一些常识性问题，例如“列出美国的 50 个州的名称”，以及“说出十位美国总统的名字”；在许多情况下，Bard 不会给出错误的答案，而是干脆拒绝回答。
- 无法编程，哪怕是最流行的语言（例如 Python）、最简单的程序，对数学、物理学公式的支持也很差。而当时 ChatGPT 的编程及科学计算能力早已有目共睹。
- 对于实用性问题，Bard 的回答往往过于简单，不具备可操作性。例如，对“怎么学习弹吉他”，它可能会回答“拿起一把吉他然后开始弹”；对“如何教小孩打保龄球”，则会回答“带小孩去保龄球道”，等等。
- Bard 的一大优势是与谷歌搜索引擎连通，但是它拒绝给出任何搜索结果的链接，与搜索引擎实际上是割裂的，用户还得手动打开谷歌主页确认搜索结果。
- 在回答大部分问题时，Bard 会给出三个备选答案，看起来很先进，其实每个答案都差不多。这项功能本来就很鸡肋，因为用户可以通过重复提问的方式获得不同的答案，没必要每次都获得三个答案。

上述问题背后的原因相当复杂，有些可能是大模型自身训练不足所致，有些可能是 Bard 产品设计及运营侧的问题，还有些可能是合规和安全需求导致的。主流科技媒体的一致意见是，Bard 没有 ChatGPT 那么好用，带有明显的赶工色彩，不过基本上还是“可用”的。那么问题来了，在 ChatGPT 已经如此流行的情况下，谁还需要一个明显弱于它的竞品？如果说 Bard 有什么不可替代的优势，那就是与谷歌生态的结合度更好，用户可以导入自己在谷歌邮件、日历等服务中的个人信息，获得“定制化服务”。不过，这样的优势尚不足以弥补 Bard 与 ChatGPT 之间巨大的性能差距。

第一步没有走好，是正常的，关键是下面怎么走。在大模型研发上，谷歌完全接受了 OpenAI 的技术路线，包括全面拥抱“仅解码器”架构（这个过程其实早在 2022 年就开始了），以及训练更大参数规模的模型。当 OpenAI 于 2023 年 3 月发布 GPT-4，进一步巩固了自己的大模型霸主地位之后，谷歌随即宣布将以更高水平的 PaLM 系列大模型代替 LaMDA-2，作为 Bard 的大模型基础。PaLM-1 和 PaLM-2 分别拥有 5400 亿个和 3400 亿个参数，远远高于 LaMDA-2 的 1370 亿个，但还是落后于 GPT-4——后者没有公开过参数规模，但是外界猜测其拥有 1.7 万亿个参数。[1]

需要注意的是，无论是 LaMDA 还是 PaLM，其开发立项时间都太早，技术路线存在一些天然缺陷，不适合与先进的 GPT-4 竞争。例如，LaMDA 最早采用的是“编码器 - 解码器”架构，2022 年以后才改为“仅解码器”架构，这很可能限制了其性能。因此，谷歌把它们定义为“过渡解决方案”，只求暂时顶住来自 GPT 的压力。真正被寄予厚望的是 Gemini，它是全面学习 GPT 先进经验的结果，由 Google Brain 和 DeepMind 两大团队共同开发，聚集了谷歌当时能拿得出手的最重量级的资源。2023 年 6 月，DeepMind CEO 戴密斯 · 哈萨比斯对媒体表示，Gemini 的算法技术将“令 ChatGPT 黯然失色”，从而重建谷歌在 AI 领域的统治地位。公允地说，上述豪言壮语但凡能兑现一小半，谷歌的处境都能迎来根本性的改善。[2]

---

1 本章所提到的大模型参数规模，都是指其最大、最“专业”的版本的参数规模。现实中应用的大模型一般是“蒸馏”后的结果，实际使用的参数规模会大幅缩小。至于什么是“蒸馏”，以及同一系列大模型不同版本有何差异，后续章节会有详细讨论。

2 Gemini 的一大卖点是“原生多模态”，即在训练时整合了文本、图片、视频等多种媒体信息，在推理时可以同时处理各种形式的内容。但是，即便不是原生多模态的大模型，在实践中也可以处理各种形式的内容。关于“多模态”问题，后续的章节会展开讨论。

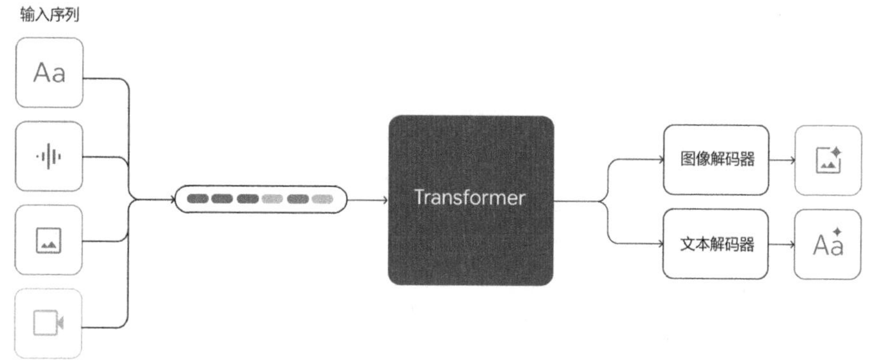

Gemini 是一个“仅解码器”架构的多模态大模型，可以同时处理文本和多媒体信息

事实却是，Gemini 变成了谷歌的一场噩梦，把这个老牌科技巨头的弱点彻底暴露在光天化日之下。首先，Gemini 大模型发布得太晚，直到 2023 年 12 月中旬才投入使用。此时 Bard 已经基本失去了用户信任，恶评如云，月活用户数（MAU）仅有 2.2 亿人——对于谷歌而言，这是一个很低的数字。谷歌决定把 Bard 聊天机器人也改名为 Gemini，借此摆脱 Bard 的品牌负资产。正式发布的 Gemini 大模型分为 Ultra、Pro、Nano 三个版本，分别对应不同层次的推理需求，其中被整合到聊天机器人当中的是 Pro 版。根据谷歌自己公布的数据，Gemini 在数十项关键指标上的表现都超过了 GPT-4，尽管超过的幅度非常小。

一开始，资本市场的反应相当热情，因为谷歌终于拿出了一个有可能终结 OpenAI 统治地位的大模型。Gemini 发布次日，谷歌股价大涨了 5%。然而，人们很快发现 Gemini 的实际性能没有谷歌宣称的那么好。以 Gemini 1.0 Pro 版本为例，全球主流大模型排行榜一般都只将其排在中游位置。在任何主流榜单当中，GPT-4 最新版本的得分均显著超过了 Gemini 1.0 Pro，有时候就连较旧的版本也都超过了后者。落后于 GPT-4 倒也罢了，Gemini 在一些榜单之中还落后于 Anthropic、Mistral 等创业公司开发的大模型。在中文排行榜上，Gemini 还大幅落后于许多国产大模型。

2024 年 3 月，Gemini 1.0 Pro 在全球主流大模型排行榜中的表现

排行榜	名次	得分	GPT-4 的最高得分
LMSYS Chatbot Arena	4	1202	1251
Berkeley Function-Calling	16	55.68	84.28
AlpacaEval	21	18.18%（胜率）	50.00%（作为测试标杆的胜率）
EQ-Bench	33	60.97	81.32
SuperCLUE（中文）	14	62.57	92.71

严格地说，谷歌没有说谎，只是玩了一个文字游戏：它宣称“表现超过 GPT-4”的，是 Gemini Ultra，这是一个面向专业需求、资源消耗很大（所以很昂贵）的“高端版本”，Gemini Ultra 一直延期到 2024 年 2 月才投入使用。消费者日常使用的服务都基于 Gemini Pro，它的表现显著逊色于 GPT-4。而且，谷歌在 Gemini 技术白皮书中承认，在一些至关重要的指标，例如 MMLU（多项选择题综合测试）上面，Gemini Ultra 也没有超过 GPT-4。其实，就算 Gemini Ultra 真的略微超过了 GPT-4，那又怎么样呢？OpenAI 早在 2024 年 3 月就已宣布 GPT-5 整装待发，最快将在当年夏天发布，届时谷歌又会被甩开一大截。DeepMind CEO 此前的豪言壮语，此时看起来像个彻头彻尾的笑话。

谷歌为什么一再令人失望？我们知道，大模型涉及的问题有 99% 是工程问题，尤其是在 OpenAI 已经确定了那 1% 的基础研发路线问题之后，谷歌需要解决的就是那 99% 的工程问题。这是一个复杂的系统工程：模型参数规模越大，需要的训练素材（也称“语料”）就越多，Gemini 的训练就使用了上万亿个 Token[1]。为了获得足够的语料，谷歌修改了自己

1　所谓 Token，是指文本当中的最小单位，粗略地相当于一个英文字母、一个标点符号或半个汉字。Token 与作为存储单位的“字节”有些类似，但并不相同。

产品的用户协议，大规模利用了旗下搜索引擎、应用套件和 YouTube 视频平台的数据。但是，数量只是第一步。在训练之前，还需要对语料的质量进行判断和遴选，进行清洗和相似度检测。而训练的过程也需要人工参与和监督。以谷歌的实力应该可以运作好这种系统工程，可是它没有。

Bard 和 Gemini 的大部分训练工作被外包给了第三方数据公司，它们的工作水准十分值得怀疑，并且与谷歌缺乏高效的沟通。例如，位于澳大利亚的数据公司 Appen，有接近 2000 名员工为谷歌从事大模型训练工作，整个 2023 年谷歌向其支付了 8300 万美元的报酬。但是，从 2020 年开始，Appen 就暴露出了工作质量偏低的问题，收入连续几年下滑。它的老客户，包括微软、苹果、亚马逊和 Meta 等，都早已开始收缩订单规模。更重要的是，Appen 此前从事的主要是与搜索、AI 助理优化、自动驾驶等相关的 AI 外包工作，这些工作与生成式 AI 训练的差异很大。为什么谷歌竟然把训练大模型的希望寄托在这样一家公司身上？没人知道。直到 2024 年 1 月，谷歌才终止了与 Appen 的合约，而这只是谷歌大模型工程管理全面失败的一个缩影罢了。

2024 年 2 月，Gemini 曝出了一个特大丑闻：用户要求其生成“1943 年德国军人的图片”，生成的图片中竟然包括黑人和亚洲人。稍有常识的人都知道，1943 年的德军由纳粹掌控，没有黑人和亚洲人参与。在一贯讲究“政治正确”的北美和西欧，这个问题十分严重，有媒体甚至要求谷歌 CEO 桑达尔 · 皮查伊 (Sundar Pichai) 引咎辞职。谷歌承认无法在短期内解决问题，只得暂停了 Gemini 生成人物图片的功能。刚刚有所起色的 Gemini 生态遭到了一次沉重的打击。

表面看起来，谷歌是“用力过猛”，太追求“政治正确”而弄巧成拙——有人早就发现，在生成任何人物图片时，Gemini 都会刻意混入黑人、亚洲人等少数族裔，哪怕与历史不符。不过，在敏感的话题上犯错，很可能是奖励模型 (Reward Model) 出了问题。上文提到过，为了让大模型输出结果符合人类的价值观，需要用到强化学习机制，由人类用户将自己的道德准则教给 AI，专门从事这项工作的辅助模型就是“奖励模型”。奇怪的是，负责 Gemini 开发的 DeepMind 本就是强化学习领域的王者，强化学习本应成为 Gemini 的强项，怎么反而捅了娄子？BBC 认为，原因可能是谷歌处理技术问题的效率过于低下，在处理旧问题的时候又制造了新问题，直到无法收拾。

只要我们对任何存在问题的企业进行深入研究，就会发现：中层和基层暴露出的问题，根源往往都在管理层。正如《论语》中的那句名言：

君子之德风；小人之德草，草上之风必偃。

此处的“君子”是指身居高位的人，“小人”是指前者的下属。一个组织的文化、效率、战斗力，归根结底是由管理层决定的，所以“大公司病”也必然发源于管理层。谷歌的软肋正在于此：自从 2015 年皮查伊就任 CEO 以来，它的决策日益混乱，执行力日益变弱。与几乎同时上位的另一位印度裔职业经理人、微软 CEO 萨提亚·纳德拉（Satya Nadella）相比，皮查伊的表现落后一大截。有趣的是，在就任谷歌 CEO 之前，皮查伊曾经与纳德拉竞争微软 CEO 的职位。现在，微软董事会应该对当年的选择非常满意。

皮查伊的最大问题不是个人能力，而是无法当家作主。谷歌的两位创始人——佩奇和布林，从 2013 年起就逐渐卸下了日常管理职责，可是他们的影响力依然巨大。2015 年，就在皮查伊接任谷歌 CEO 后两个月，佩奇和布林主导了一次大规模改组，在谷歌之上成立了 Alphabet 控股公司，其使命是“不走寻常路”，把谷歌的创新精神扩张到更多领域。皮查伊也是 Alphabet 的 CEO，不过他对于这家控股公司的创新业务的掌控力很值得怀疑。比如，Alphabet 押下重注、迄今尚未产生多少收入的自动驾驶业务，就反映了两位创始人的个人兴趣。在开发 Gemini 大模型的过程中，早已宣布退休的布林一度“重出江湖”，以动员谷歌的人力物力，这本身就说明了皮查伊无法彻底操控谷歌庞大的组织体系。

2017 年的著名论文《你所需要的只是注意力》的八位作者，截至 2023 年均已离开谷歌。其中有人对媒体表示，谷歌高层过度重视短期回报，“任何事情不具备 10 亿美元收入潜力就得不到重视”。DeepMind 则从被谷歌收购之日起，就一直抱怨自由度不够，经常向母公司要求更大的独立性。直到 2023 年 5 月，谷歌将 Google Brain 与 DeepMind 两个团队合并（前者的实力已经因为人才流失而大幅削弱），成立了新的、具备较高独立性的 DeepMind，才算解决了一部分问题。上述做法与谷歌标榜的“不走寻常路，专注长期创新”的企业文化完全背道而驰，更像一家暮气沉沉的官僚机构。讽刺的是，在市值超过 1 万亿美元的美国科技巨头当中，谷歌是最年轻的。

谷歌的组织老化问题不是在 AI 大模型时代才暴露的。“被谷歌杀死的应用”(Killed by Google) 早已成为欧美社交媒体上的名段子，因为大家都知道谷歌没常性，朝令夕改。2019 年 10 月，谷歌推出了 Stadia 云游戏平台，欧美玩家几乎在第一时间就开始预测它的“死期”，还有人成立了一个“Stadia 倒计时网站”。果然，谷歌从 2021 年开始收缩对 Stadia 的投入，在 2023 年 1 月关闭了整个服务——生命周期仅有三年零三个月。更有趣的是，Stadia 还没凉透，谷歌就又开始投入自研游戏、收购游戏工作室。对于熟悉谷歌的人而言，这种颠三倒四的行为模式再正常不过了，在几乎每一条热门赛道上都上演过。

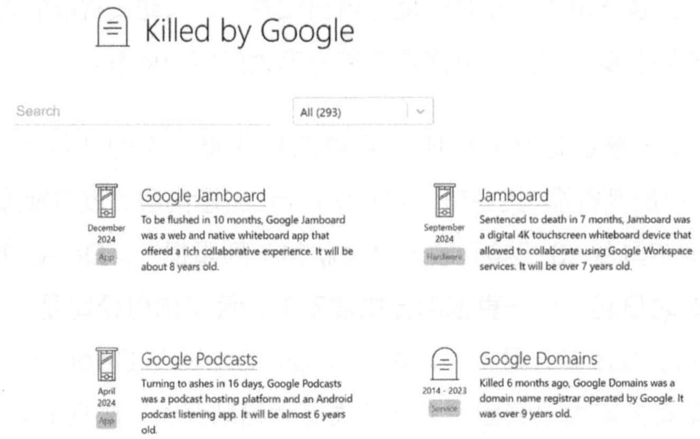

“被谷歌杀死的应用”已经成为欧美社交媒体上的名段子

目光短浅、朝令夕改、赋予下属自由度太低，这些问题常见于职业经理人能力有限且政出多门的情况。哪怕发号施令的是一个庸才，如果能在重大事项上说了算，总归还是能推动一些事情的（尽管结局未必很美妙）。谷歌近年来的状况让人想起了史蒂夫·鲍尔默担任 CEO 时期的微软：同样的“大公司病”，同样的执行力低下，同样抓不准长期战略方向。鲍尔默不是技术出身，对技术研发缺乏理解，其决策主要出于销售导向。他担任 CEO 之后的第一个重大举措是要求所有开发中或待立项的新产品证明自身的商业前景，否则将不予以分配资源。此外，鲍尔默漫长的 14 年 CEO 任期从来没有摆脱比尔·盖茨（当时仍然担任微软董事长）的阴影，比如微软进军智能手机的战略就没有得到盖茨的支持，这导致两人关系恶化，很可能动摇了鲍尔默在公司内部的地位。

微软现任 CEO 纳德拉做出了一系列成功的决策，包括押注云计算、坚持扩张游戏业务、投资 AI 技术。他本人的战略眼光非常优秀，具备技术敏感性，但与此同样重要的是他获得了全面当家作主的机会。纳德拉上任之后，盖茨卸任了董事长，专注于他本人创立的比尔和梅琳达·盖茨基金会，基本不再过问微软的管理事务。鲍尔默由于在 CEO 任期内的业绩不受认可，卸任后对微软失去了一切影响力。而当年地位仅次于鲍尔默的一些高管，要么在与鲍尔默的倾轧当中离任，要么与鲍尔默一起退了下来，纳德拉遂得以建立一套听命于自己的班子，将自己的意志渗透到各个执行部门。在自己的地盘上，皮查伊说了不算，纳德拉说了算，这个区别很重要。

对于 AI 大模型这场战争，谷歌当然还有获胜希望。经历了十多年的原地踏步，微软还是找到了属于自己的节奏并重返全球市值最大公司之列；二十多年前，苹果也曾经是一家毫无希望的过气公司，直到回归的乔布斯改变一切。谷歌已经浪费了很多时间、挥霍了很多资源，但它现有的资源仍有一战之力。要打败 OpenAI、夺回 AI 大模型王者地位，这样的目标看来有点难（至少现在如此）；要留在生成式 AI 的第一梯队里、让 AI 为自身业务赋能，这样的目标比较现实，也正在实现。我们在后续章节还将继续讨论谷歌手里有哪些牌，可以怎么打。

第三章

全球总动员：

白热化的生成式 AI 战局

AI 大模型的竞争格局：独角兽 vs 巨头、开源 vs 闭源

自从 2022 年 12 月以来，生成式 AI 迅速取代 Web3.0、元宇宙，成为全球最热门的科技创业赛道（没有之一）。从大模型层面到应用层面，涌现出数不清的独角兽公司，大公司也纷纷以内部孵化的方式加入战局。在这里，我们首先讨论一下大模型本身，因为它是一切应用的基础，也是目前发展最快的计算机科技领域之一。

世界上现存的、具备一定实用价值的大模型，可能有几千种，根本无法一一列举。其中哪些比较领先，也没有绝对统一的答案，不过有许多评价标准和榜单可供参考。我个人比较喜欢的是由大模型系统组织（LMSYS）发布的 LMSYS Chatbot Arena 排行榜：由人类用户与基于不同大模型的聊天机器人进行对话，但是用户事先不知道具体是哪些大模型；对话之后，用户主观判断哪个大模型的聊天水平更好。这是一个由用户主观评定的榜单，其盲测属性决定了用户不会有所偏袒。

在 LMSYS 排行榜上，OpenAI 的 GPT-4 排名第一，谷歌的 Gemini Pro 排名尚可，中国国产大模型排名最高的是阿里巴巴（简称阿里）的通义千问。读者可能会发现，排名前列的大模型当中出自传统科技巨头的很少，倒是频繁出现了两家创业公司的名字——Anthropic 和 Mistral。其实，其他大部分主流榜单的情况也差不多：OpenAI 开发的 GPT-4 遥遥领先，Anthropic 开发的 Claude 系列和 Mistral 开发的同名大模型系列位居前列。尽管在上一章中我们讨论过谷歌大模型研发的种种问题，但是讽刺的是，谷歌已经算是硅谷科技巨头当中仅有的两个大模型强者之一了（另一个是 Meta）。其他巨头要么还在努力追赶，要么仍处于观望之中。

LMSYS Chatbot Arena 大模型分数排名（2024 年 3 月）

排名	大模型及版本	开发者	分数
1	GPT-4-1106 Preview	OpenAI	1251
1	GPT-4-0125 Preview	OpenAI	1249
1	Claude 3 Opus	Anthropic	1247
4	Gemini Pro	谷歌	1202
4	Claude 3 Sonnet	Anthropic	1190
6	GPT-4-0314	OpenAI	1185
7	GPT-4-0613	OpenAI	1159
7	Mistral-Large-2402	Mistral	1155
9	Qwen1.5-72B-Chat（通义千问）	阿里巴巴	1146
9	Claude-1	Anthropic	1145
9	Mistral Medium	Mistral	1145
12	Claude-2.0	Anthropic	1126
12	Mistral-Next	Mistral	1123
12	Gemini Pro (Dev API)	谷歌	1118

“独角兽 vs 巨头”，是大模型竞争格局中的一个重要主题。科技巨头打不过独角兽，这一局面似乎不应该出现在 AI 大模型领域：从算力资源、数据资源、基础研发平台等多方面看，前者相对于后者都具备巨大的天然优势。问题在于它们确实打不过后者，至少现在打不过。除了 OpenAI，最著名的一只大模型独角兽是 Anthropic，由 OpenAI 部分员工离职之后于 2021 年创办，总部和 OpenAI 一样位于硅谷；其次则是 Mistral，由谷歌和 Meta 部分员工离职之后于 2023 年创办，总部位于法国巴黎。

Anthropic 的成功，还算有迹可循：它的创始团队本来就是 OpenAI 的核心研发人员，熟悉后者的技术路线和工程管理方法。当他们离开 OpenAI 时，GPT-3 已经发布一年，GPT-3.5 正在紧锣密鼓地研发中，他们在自己的 Claude 大模型当中肯定应用了开发 GPT 的技术经验。在 2023 年 11 月的 OpenAI“宫廷政变”当中，OpenAI 董事会一度发起了与 Anthropic 合并的提议，这从侧面证明了他们对后者技术水平的肯定。而 Mistral 的成功，则算是彻底撕下了科技巨头的遮羞布：7 名创始团队成员多是“90 后”，大部分来自谷歌和 Meta，成立仅仅 8 个月就拿出了震惊世界的 Mistral 系列大模型！看到这一幕，任何人都会产生疑问：为什么谷歌或 Meta 这样的巨头反而没有取得类似的战绩呢？

生成式 AI 三大“独角兽”简况

	OpenAI OpenAI	Anthropic ANTHROP\C	Mistral MISTRAL AI_
成立时间	2015 年	2021 年	2023 年
总部地点	美国旧金山（硅谷）	美国旧金山（硅谷）	法国巴黎
核心技术团队来源	谷歌，Stripe	OpenAI	谷歌，Meta
主要投资者（来自科技行业）	微软	谷歌，亚马逊	微软，Salesforce

续表

	OpenAI OpenAI	Anthropic ANTHROP\C	Mistral MISTRAL AI_
主要合作云平台	微软 Azure	亚马逊 AWS	微软 Azure
最新估值（截至2024年4月1日）	860 亿美元	184 亿美元	20 亿美元
大模型产品	GPT 系列，DALL-E 系列，Sora	Claude 系列	Mistral 7B 系列（开源） Mistral 系列（闭源）

原因一定很多，但有几个是确定的。首先，科技巨头的决策太慢、组织太庞大，即使意识到了 AI 大模型蕴含的机遇和危机，其转向也需要很长时间。2022 年以前，谷歌和 Meta 已经积累了一定的大模型研发经验，所以动作还算快的；以亚马逊、苹果为代表的其他硅谷巨头反应就更慢了，直到2023 年下半年才投入足够的兵力。Mistral 的成功秘诀就是以快打慢：7 个人、8 页 PPT 就完成了第一轮融资，然后立即着手做研发，成立的第一年内就建立了比较完善的大模型产品体系。其实，我们国内何尝不是如此？搜狗前 CEO 王小川创立的百川智能，在成立 100 天内就拿出了百川大模型，是目前国内比较先进的开源大模型之一。王小川的那句名言“大公司小创新，小公司大创新”很符合大模型赛道的现状。小公司有敢赌的魄力，大公司反而全都想要。

此外，科技巨头内部复杂的派系斗争也有很大的负面影响。2022 年以前，大模型是一个无足轻重、没人愿意抓的赛道；2023 年以后，则是一个炙手可热、谁都想插一手的领域。2023 年 5 月，谷歌将旗下的主要 AI 研发团队整合成了“新版”DeepMind，但是成立一个新组织容易，把各方势力拧成一股绳就难了。Gemini 混乱不堪的训练外包工作，可能证明了谷歌没有把自己的力量拧成“一股绳”，各部门各自为战的倾向仍然很明显。而国内几乎所有互联网大厂都有不止一个部门在做（或者想做）

AI 大模型，往往还分布于不同的业务板块、不同的事业群，彼此对技术路线和应用的想法都有很大差别。大厂管理层想调和各派之间的矛盾，结果往往是做出“四不像”，哪一派都拿不出像样的成果。

因此，我们可以理解为什么马斯克要成立一家全新的 xAI 公司，而不是在特斯拉内部开发大模型。其实，特斯拉对 AI 的需求是很强烈的，本来就在自动驾驶 AI 技术上颇有投入。如果特斯拉能拿出质量较高的大模型，至少资本市场会很欢迎，有助于提振其股价。然而马斯克还是选择另起炉灶，并将新的公司设立在远离特斯拉总部的硅谷（特斯拉总部位于得克萨斯州奥斯汀），这显然是为了杜绝“大公司病”，以创业团队的效率去运作。有趣的是，xAI 的首席工程师是从谷歌 DeepMind 挖来的。

还有一个原因，那就是大模型开发消耗的资源虽多，却没有多到创业公司无法承受的地步。举个例子：2024 年 3 月，美国数据解决方案公司 Databricks 发布的 DBRX 大模型，仅使用了 3072 张英伟达 H100 显卡、两个月的训练时间，总训练成本仅有约 1000 万美元。Databricks 能够以这么低的成本完成训练，与它在数据存储和分析领域多年的技术积累是分不开的。这个案例说明，大模型训练虽然在本质上是“大力出奇迹”，但同时也需要“巧劲”，具备“巧劲”的独角兽公司可以大幅拉近自己与科技巨头的资源差距。

截至本书截稿前（2024 年 4 月），Anthropic 只有不到 200 名员工，Mistral 可能只有 30 ~ 40 名员工。这么小的组织当然灵活了，可是脏活、累活由谁来做呢？答案是外包。就像谷歌、Meta 等大公司一样，大模型创业公司也会把一部分训练工作外包出去，而且由于管理效率较高，它们不会犯下谷歌寻找外包供应商时犯下的愚蠢错误。至于技术基建，就更容易解决了——微软、亚马逊、谷歌等大型云计算平台公司，都很乐意将算力租用给大模型独角兽（甚至免费提供）。于是，这些独角兽得以同时享受小型组织的灵活性，以及大型组织的资源。没有哪个创业公司不渴望这样的待遇。

科技巨头到底该怎么办？这个话题我们可以等到后续章节再详细讨论。在短期内，它们能做的事情其实只有两件：第一是竭力动员起自己庞大、缓慢的组织体系，第二是投资于一切有冠军相的 AI 大模型创业公司。OpenAI 与微软的合作关系太紧密，其他巨头投不进去了；谷歌和亚马逊先后投资了 Anthropic，其中亚马逊投得比较晚，金额却更大，从而成为 Anthropic 的云计算合作伙伴；Mistral 则先后拿到了 Salesforce 和微软的投资。在中国，MiniMax、百川智能、月之暗面等独角兽公司也拿到了来自互联网大厂的大笔投资。假设科技巨头内部的大模型孵化始终不成功，至少它们还可以通过砸钱并购弥补劣势。当然，最优秀的大模型公司肯定不愿意被并购，至少现阶段不愿意。

在“独角兽 vs 巨头”的竞争中，后者何时能够扳回一城，取决于大模型技术何时进入一个“平台期”或曰“瓶颈期”。GPT-3 以来的大模型演变太迅速了，每隔几个月就会实现一次突破，例如 Mistral 和 Databricks 的大模型均使用了“混合专家”(Mixture of Experts) 架构，这个架构在 2023 年以前没有使用案例。科技巨头的研发团队一般倾向于沿着主流技术方向前进，打“安全球”，而目前大模型主流技术的大方向固然确定了，小方向却还层出不穷。等到路线问题解决得差不多之后，巨头才能充分发挥其实力，收割胜利果实——在信息科技行业的历次创新当中，这样的情况屡见不鲜。

不过，还有一种可能性：生成式 AI 的发展过于迅速、对人类社会的影响过于立竿见影，导致一小撮独角兽公司摆脱了巨头的附属品地位，在一段不太长的时间里成长为新的巨头。20 世纪 70 年代至 90 年代的 PC 革命中就见证过这样的事情，上一个典型案例是微软：短短十多年内，它从 IBM 的“小伙伴”变成与 IBM 平起平坐的大型软件公司，最终成为市值远大于 IBM 的综合性科技巨头。生成式 AI 革命可能引发与当年 PC 革命类似的效果，只是我们还不知道这一次谁扮演“IBM”，谁又是新时代的“微软”。

除了“独角兽 vs 巨头”，大模型竞争中的另一个主题是“开源 vs 闭源”。顾名思义，所谓开源软件，就是源代码公开、开放免费授权的软件，它有相当悠久的历史。开源软件的版权模式有两种：第一种是“版权没有”(Copyleft)，又称“严格自由软件模式”，在此模式下，对原始开源内容做任何修改的衍生产品，也需要对外开源并免费授权；第二种是“宽松自由软件模式”，此模式允许第三方对开源内容进行二次开发，做成商业化产品或服务。当前世界上主流的开源软件大多是后一种模式。例如，Linux 是使用最广泛的开源操作系统，虽然其核心代码是公开且免费的，但是任何人都可以在此基础上进行修改、定制、出售，Linux 衍生系统是一门每年收入数百亿美元的生意。华为研制的鸿蒙系统的底层也是基于 Linux 技术的，但这并不妨碍其商业化。

最早的大模型，包括 OpenAI 的 GPT-1、GPT-2 和谷歌的 BERT，都是开源大模型。从 GPT-3 开始，OpenAI 不再开源，谷歌也依样画葫芦。从那时起，大模型就分裂为“开源”和“闭源”两大阵营。开源阵营的第一员猛将是 EleutherAI，这是一家草根、非营利性、去中心化的研究组织，其目标是“让 GPT 民主化”，研制出了与 GPT 最相似的开源大模型。第二员猛将是 Meta，其 2023 年初发布了对研究机构开源的 LLaMA 大模型，当年 7 月又发布了对所有人开源的 LLaMA-2 大模型，它们至今仍是被研究得最广泛、二次开发程度最高的开源大模型。

2023 年下半年，百川、通义千问、Mistral 先后发布了开源版本；2024 年上半年，Grok 和 DBRX 也宣布开源，它们的参数规模都达到了千亿量级，由此促进了开源大模型生态的进一步繁荣。在上述“原创”开源大模型的基础之上，出现了令人眼花缭乱的“衍生”开源大模型，每个星期都能冒出几个，其中不乏在各大排行榜上取得高分的。一个对大模型技术稍有研究、具备编程能力的业余爱好者，通过开源软件平台提供的工具，就可以在几个星期之内“鼓捣”出一个自己的“开源大模型”。那么问题来了，开源生态如此繁荣，为什么还需要闭源大模型？

常见的原创开源大模型系列

大模型	开发商	有没有投入使用的闭源版本	模型系列最早的开源时间	开源版本的最大参数规模（单位：个）
GPT-Neo	EleutherAI	没有	2021 年 3 月	200 亿
BLOOM	Hugging Face	没有	2022 年 7 月	1760 亿
LLaMA	Meta	没有	2023 年 2 月	720 亿
Falcon	阿布扎比科技创新研究所	没有	2023 年 3 月	1800 亿
百川	百川智能	有	2023 年 7 月	130 亿
通义千问	阿里巴巴	有	2023 年 8 月	720 亿
Mistral	Mistral	有	2023 年 9 月	467 亿
Grok	xAI	目前没有	2024 年 3 月	3140 亿
DBRX	Databricks	目前没有	2024 年 3 月	1320 亿

答案有点儿复杂，可以分成两部分。首先必须承认，当前世界上最先进的大模型基本都是闭源大模型——GPT-4、Claude 3.0、Gemini Ultra，等等。就算是开源阵营的成员，普遍也留了一手，在开源版本之上还有更先进的、收费的闭源版本，Mistral、通义千问、百川都是如此，DBRX、Grok 估计也会走这个路线。原因不难理解，毕竟大模型开发商不是做慈善的，开源是为了吸引研究者和中小客户，营造第三方生态，闭源才是用来赚大钱的。市面上当然也存在一些“纯粹开源”、没有闭源商业版本的大模型，它们的开发商各有各的考虑。

- EleutherAI 是一个草根公益组织，它纯粹出于对开源理念的认同而做出了 GPT-Neo、GPT-J（均模仿了 GPT-3）等开源大模型。事实证明，草根组织的研发能力有限，它至今也未能发布模仿 GPT-4 的开源大模型。
- Hugging Face 是一个开源大模型平台公司，它组织开发 BLOOM、StarCoder 等开源大模型主要是为了丰富自身平台生态。我们会在下文具体介绍包括 Hugging Face 在内的全球开源 AI 生态系统。
- Meta 拥有一个庞大而流行的开源大模型开发平台 PyTorch，它发布 LLaMA 主要也是为了丰富自身平台生态。扎克伯格是个“技术控”，对 AI 技术有一定的追求，但并不指望大模型迅速、直接地贡献大量收入。
- 阿布扎比科技创新研究所 (Technology Innovation Institute) 是阿拉伯联合酋长国资助的公立研究机构，发布开源大模型不仅是基础研究的一部分，也是为了提高本国的国际声望。

不难看出，至少在目前，开源大模型想在技术实力上追平最先进的那些闭源大模型，可能性不大。不要说 GPT-4 这种独步天下的领先者，哪怕是 Claude 3.0 和 Gemini Pro，也足以让大部分开源大模型难以望其项背。开源社区固然聚集了大批优秀的技术人员，可是最优秀的一批 AI 开发者基本都被招募到商业公司的研发团队去了，他们最高水平的劳动成果注定不会贡献给开源大模型。Mistral 是三只大模型独角兽当中唯一坚持发布开源产品的，但是能坚持多久很难说，而且它的闭源大模型水平远高于开源的。

可是，从用户角度看，答案又不同了。戴尔（Dell）公司的 AI 战略负责人马特·贝克尔（Matt Baker）发表过一个评论。

对于企业客户而言，复杂的闭源大模型本身的用处可能很小。很多企业都会问自己：“等等，我为什么要花钱使用一个基本不了解我们业务的大模型？难道我不应该使用一个稍微简单一些的开源大模型，对其进行调整，使其更符合我们的工作流吗？”

上述观点有些武断，不过也有一定的道理：包括 GPT-4 在内，闭源商用大模型都是为“通用场景”设计的，或许很符合个人用户和比较简单的组织的需求，却不一定满足复杂组织的需求。当然，根据自身业务，企业可以要求对大模型进行微调（fine-tune），但是过程会很烦琐，而且对于企业客户而言是不透明的。此外，微调需要企业把至关重要的经营数据交给大模型开发商，伴随的风险相当高。而开源大模型就不存在这样的问题，企业可以让自己的内部研发团队对其进行改造，只要企业自身的技术能力跟得上，完全可以为自己“量身定做”一个大模型。

所以，今后的生成式 AI 应用有可能分成两个市场：“一般场景需求”（包括消费级应用和通用企业应用）使用闭源大模型，其特点是通用、高效、标准化；“垂类场景需求”（主要是复杂的特定企业应用，以及一些需要保密的场景）使用开源大模型的定制版本，它们的技术水平不一定是最高的，但可以最大限度地融入企业的工作流。在这种情况下，开源大模型的定制、实施将演化成一门专业化的生意，就像早已存在的 ERP（企业资源计划软件）实施、BI（商业智能软件）实施一样。上文提到的戴尔就是 Meta LLaMA-2 大模型的重要实施伙伴，并且帮助其定制硬件设备。IBM 的开源大模型咨询和实施团队也正在不断壮大之中。

现实中，企业客户往往会两头下注，闭源和开源都尝试一下。例如，Shopify 是 GPT-4 最早的付费企业客户之一，但是它也是 LLaMA-2 的用户。作为全球最大的电商 SaaS 平台，Shopify 有很多工作需要 AI 帮助完成，包括提供客服业务、建站、营销策划等。根据公开报道，Shopify 从 2023 年 4 月开始尝试基于 GPT-4 提供客服聊天机器人，以满足商家庞大、复杂、高并发的客服需求。与此同时，它基于 LLaMA-2

开发了商家助理，向商家提供关于选品、定价、营销等方面的建议。今后它是会一直实行“开源与闭源并用”的策略，还是通过优胜劣汰选择其中一边，只有留待时间证明了。

在庞大的消费级市场上，以 GPT-4 为首的闭源大模型恐怕还是最强王者。但凡与 GPT-4 聊过、又与 LLaMA-2 和 GPT-J 聊过的人，都会承认前者的用户体验确实优于后者。不过，作为全球知名的企业，OpenAI 需要满足最严格的合规需求和道德标准，谷歌、Anthropic 也一样。

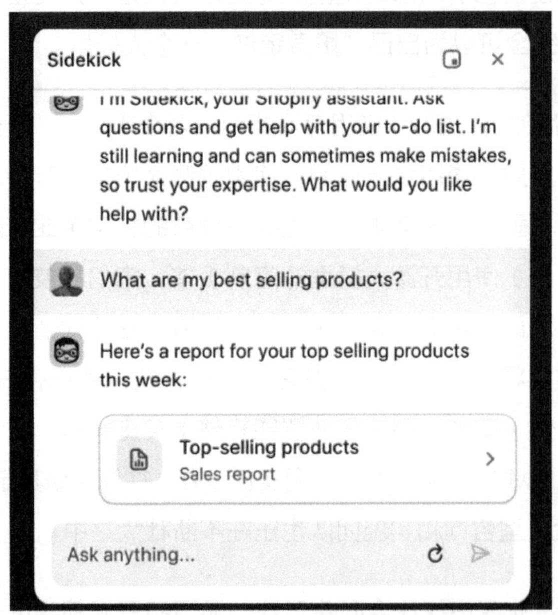

Shopify Sidekick 客服聊天机器人建立在开源大模型 LLaMA-2 的基础上

附带说一句，开源大模型的存在，是包括我国公司在内的后发竞争者追赶领先者的至关重要的因素。对于这一点没有什么可避讳的，没有违反任何国家的法律，主流开源大模型的用户协议也允许第三方在其基础上开发自己的商用模型。“基于开源软件”与“自主知识产权”不一定矛盾，关键看二次开发的水平有多高，有没有体现开发者的独特思想。有些国内创业公司乃至上市公司，对于自己学习借鉴开源大模型的行为讳莫如深，竭力对外营造“从头到尾完全自主研发”的形象，这不但骗不了专业人士，也骗不了对 AI 行业稍有了解的普通人。关于开源社区在国产大模型发展过程中的重要意义，后续章节还会讨论。

岔路仍然很多：悬而未决的大模型技术问题

谷歌的科学家们提出了 Transformer 架构，从而打开了通向今天的一切 AI 大模型的道路。OpenAI 的科学家们在此基础上更进一步，解决了两个关键的技术路线问题：大模型要以生成式为核心任务，而“仅解码器”架构是执行生成式任务的最佳架构；大模型的训练量越大、参数越多，功能就会越强，直至出现“涌现”效应，所以要不惜代价地提升参数量。那么，在 ChatGPT 早已风靡全球、无人不谈大模型的今天，大模型还有什么悬而未决的技术路线问题吗？

显然是有的。每个时代都有自己的技术问题，尽管上一代研究者已经解决了最基本的路线问题，但是留下来的“岔路”还是很多；走错一个岔路，领先者就可能骤然变得落后。对于后发者来说，技术岔路的存在带来了“弯道超车”的机会，尽管我们都知道，弯道超车很危险，稍不注意就有可能车毁人亡。

此时此刻，AI 大模型领域悬而未决、颇受关注的技术路线问题至少有三个。

1. 多模态（Multimodal）问题：多模态大模型到底应该怎么开发？
2. 混合专家（Mixture of Experts, MoE）问题：是解决大模型资源消耗问题的最佳方法吗？
3. 垂类大模型问题：是否仍有必要为编程、自然科学等垂类场景开发大模型？

先说第一条。所谓多模态，是指同时接受并理解多种媒介形式的能力。人类几乎无时无刻不处于多模态的沟通状态：看电影的时候，屏幕上有影像、字幕，还配有声音；跟人聊天的时候，一边听着对方说话，一边观察对方的表情和肢体语言，从中揣摩对方的意图。各种各样的事实证明，多模态信息更符合人类认知的偏好，更容易引发人类的兴趣——这可以解释为什么现在读书的人越来越少，看短视频（而且是既有配乐又有字幕的短视频）的人却越来越多了。

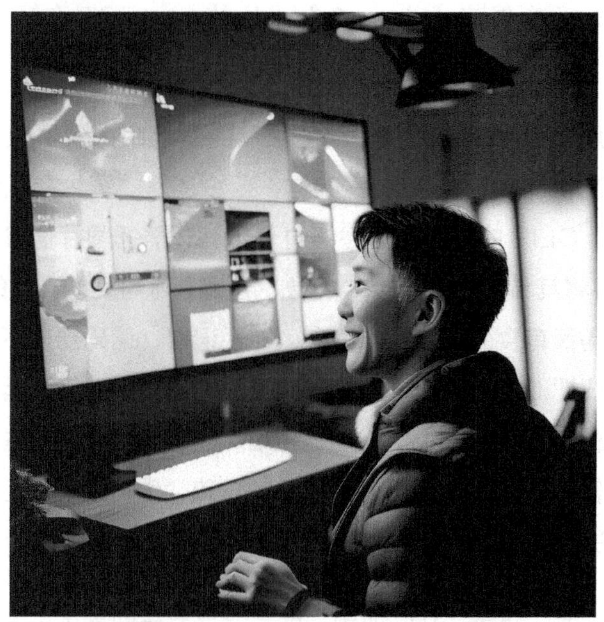

电脑屏幕上同时显示着文字、图片和视频，
还播放着音频，人类可以轻松地同时处理这些信息

最早的一批 ChatGPT 用户应该还记得，基于 GPT-3.5 的 ChatGPT

只能处理文字信息，进行文字答复，GPT-4V（V代表“Vision”，即视觉）才加入了处理图像的功能。现在，ChatGPT 的付费版本能够高效地执行文生图、图生文乃至图生图等多媒体任务。可是严格地说，它的运作机制不是真正意义上的“多模态”。具体而言：

- GPT-4V 可以包办文生文、图生文任务，符合“多模态大模型”的定义——能够同时处理文本和图片的输入信息。然而，它无法输出图片信息。
- ChatGPT 的文生图任务是由 DALL · E-3 执行的，这是 OpenAI 开发的一个专门的文生图大模型，也是文生视频大模型 Sora 的基础。DALL · E-3 与 GPT-4 不属于同一系列的模型，技术路线有相当大的区别。
- 在 Sora 投入使用之前，ChatGPT 不具备文生视频、视频生文功能。Sora 能够完成上述任务，届时 ChatGPT 会同时建立在 GPT-4、DALL · E-3 和 Sora 三个大模型的基础之上。

从技术角度看，大模型的“图生文”问题已经得到了良好的解决。2021 年，OpenAI 发布了 CLIP 架构，至今还是“图生文”领域最常用的基础架构。CLIP 的基本理念是通过一个编码器把图片信息转化为一连串的数字，并将其与说明文本挂钩，例如“这是一张可爱的猫咪的照片”“这道菜让人看得很有食欲”。有的读者可能还记得，编码器是不具备生成能力的，所以要把 CLIP 与一个具备解码器的大语言模型结合起来，才可以执行生成式任务。“视频生文”要更困难、更消耗资源，但是视频的本质是利用视觉暂留效应的一系列静态图像的总和，也可以利用 CLIP 或其改良技术去解决，这不是什么太大的技术难题。

而“文生图”乃至“文生视频”就完全是另一回事了。大语言模型的输出模式，是“根据上文判断下文”的逻辑，一个接一个地输出 Token（Token 是组成语料的最小单元）。图片也能这样输出吗？显然不能，谁会一个像素、一个像素地画呢？图像生成与文本生成，是两个相差甚远的技术方向。当前最流行的图像生成方式是扩散 (Diffusion) 架构：首先生成一幅随机图片，可以认为该图片全是“噪声”，没有有效信息；然后通过多次迭代进行“降噪”，逐渐把随机图片转化为与文本相关的、有意义的图片。目前市面上的主流文生图大模型包括 Stable Diffusion、Midjourney、DALL · E-3，它们无一例外地采用了扩散架构。

综上所述，我们不难得出结论：目前具备实用价值的多模态大模型，主要是指输入端的多模态，即能够同时处理多种媒体形式的信息；输出端的多模态则是通过各种大模型的拼合实现的。谷歌 Gemini 的技术白皮书曾宣称自己同时拥有强大的文本和图片解码器，所以在输出端也是多模态的。可是在实践中，Gemini 聊天机器人的图片生成功能来自谷歌另行开发的文生图大模型 Imgen-2，说白了还是一个“缝合怪”。对于终端用户而言，功能只要够用就行，他们并不关心这些功能是由一个大模型还是多个大模型提供的。在学术界，“组合式”或曰“插件式”的多模态技术路线获得了相当热烈的讨论——以一个大模型为“组合支点”，把多个不同功能的大模型及第三方软件结合起来。以 ChatGPT 为例，GPT 大模型是支点，DALL · E、Sora、Voice Engine（OpenAI 于 2024 年 3 月公布的语音生成模型）都是插件，实现一站式的多媒体信息输入及输出。[1]

问题在于，“插件式”或曰“缝合怪”模式，到底是多模态大模型的正确打开方式，还是一种权宜之计？从神经网络诞生之日开始，“向人类

---

1 本章节关于多模态大模型技术方向的讨论相当简略，没有涉及数理层面，只能作为入门级别的参考。对这个话题感兴趣的读者可以阅读由微软公司的 7 位员工于 2023 年 9 月发表的综述论文《多模态基础模型：从专家到通用助理》(*Multimodal Foundation Models: From Specialists to General-Purpose Assistants*)，具备基本的数学及统计学知识即可理解其大意。

学习”一直是 AI 发展的主线，每次技术革新都让我们由衷地感叹大自然的鬼斧神工，以及人类是一种多么精妙的生物。人类对各类信息媒介的处理方式是拆散的吗？当然不是，哪怕 3 岁小孩也可以一边在纸上画画、一边嘴里念念有词；成年人应该早就学会了一边在手机上用文字回复信息、一边跟朋友用语音聊天，也许同时还用笔在纸上涂涂写写。人类的大脑分为若干区域，但是又构成了一个有机整体。我们不可能把某一块大脑拆下来，以“插件”的形式与另一块大脑连接，以建立某种“组合”。

Sora 公布的第一条震撼世界的视频：一名女性走过东京街头

从模仿人类的角度看，“插件式”很可能不是多模态大模型的正确形式，有必要建立一套统一的多模态大模型架构：在输入端，可以同时接收文本、图片、视频、音频等所有常见的信息媒介，在训练时，可以混合使用各种形式的数据，而不是分开训练；在输出端，可以由一套模型架构输出各种不同形式的内容。学术界已经对这样的“统一多模态大模型”的技术细节进行过探讨，可我们迄今尚未看到这样的模型投入使用——哪怕是遥遥领先的 OpenAI 也做不到。训练成本肯定是一个重要制约因素，基于图片、视频数据进行训练的花费本来就远高于文本训练。但是更重要的是技术路线问题。例如，在“统一多模态大模型”当中，是要为不同媒介使用不同的解码器，还是使用同一套解码器？在图像生成方面，有没有可能把扩散架构替换掉？上面这些问题都非常重要，在很长一段时间内都将悬而未决。

无论多模态问题会以什么方式解决，自然语言处理仍然会是一切的核心，因为所有多媒体生成式任务都离不开自然语言。我们向大模型发出的指示 (Instruction) 是语言；我们对某一张图片或某一条视频的评价，是以语言方式呈现的；音频信息当中的语音也是自然语言的一种形式。无论是“插件式”模式还是“统一”模式，任何多模态大模型都必须以大语言模型为基础。所以在“多模态”时代，OpenAI 的统治地位没有削弱的趋势——从 Sora 和 Voice Engine 获得的反馈看，其统治地位其实是越来越稳固的。

而这就是问题所在。OpenAI 遥遥领先，却越来越封闭。GPT-2 公布了技术框架和参数权重[1]，GPT-3 只公布了技术框架（从开源转向闭源），GPT-4 干脆连技术框架也不公布了。对于 Sora，我们也只知道它基本沿用了 DALL · E 的技术路线，却对具体的实现方式、训练方法和数据规模一无所知。OpenAI 不仅对用户和媒体保密，也对学术界保密，因此几乎无法对 GPT-4 以后的模型架构展开任何有意义的学术研究。外界不仅不知道 OpenAI“正在做什么”，也不知道它“已经做了什么”。我们甚至可以畅想，或许明天 OpenAI 就能拿出一个颠覆性的统一多模态大模型，使所有同行相形见绌。不过，更现实的可能性是，OpenAI 的领先幅度没有拉开太大差距，大致上仍与竞争对手处于同一阶段，所以才如此注重保密工作。

继续说第二个问题。在 AI 大模型发展初期，曾经出现过“密集型”(Dense) 和“稀疏型”(Sparse) 架构的争议。准确地说，“密集型”

---

1 参数权重是指大模型参数的具体取值。在大模型领域，“开源”的意思一般是指公开参数权重。如果两个大模型的参数设置及参数权重一模一样，那么可以认为它们是相同的大模型。

和“稀疏型”是神经网络的两种连接模式，它们的分歧是相当基础的技术分歧。上文提到，人工神经网络模仿了动物的神经网络，由大量的节点（神经元）构成，这些节点分成多个层级，彼此之间由边缘（神经突触）连接。在一个神经网络之中，如果上一级和下一级的所有节点都互相连接，我们就称其为“密集神经网络”；如果只有部分节点互相连接，就称其为“稀疏神经网络”。

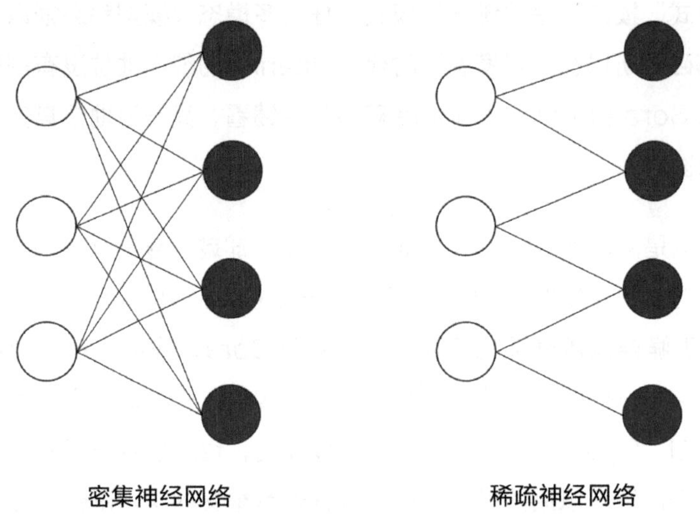

密集神经网络　　　　稀疏神经网络

具体到 AI 大模型领域，“密集”的定义是，对于任何一个给定的任务，所有参数都参与了计算。与此相反，“稀疏”的定义就是，只有一部分参数参与了计算。例如，同样是 1000 亿个参数规模的大模型，“密集大模型”每次都会动员全部 1000 亿个参数解决问题，“稀疏大模型”每次可能只会动员 1 亿个或 1000 万个参数（视问题的复杂程度而定）。

从直观上看，密集大模型每次动员的参数较多，计算能力当然更强，解决问题的效果也更好。问题在于，密集大模型消耗的算力资源实在太大了。GPT-3 包含 1750 亿个参数，GPT-4 更是包含 1.37 万亿个参数。对于大部分推理需求而言，这样的参数规模纯属“高射炮打蚊子”。一切投入商用的产品，在考虑性能的同时，也要考虑经济性或曰“性价比”。假如我们每向 ChatGPT 提一个问题，都要动员全部 1.37 万亿个参数，那么 OpenAI 恐怕早就破产了，微软 Azure 云平台也会不堪重负。

对于上述矛盾，一种通用的解决方法是“蒸馏”(Distillation)，学过化学的或者喜欢喝酒的读者应该对此很熟悉：对低度酒加热，促使酒精蒸发，然后将其冷凝吸收，就能造出高度酒。在此过程中，酒的体积缩小了，但酒精总量没有变化。大模型的蒸馏，指的是把知识和能力从一个参数规模较大的模型转移到一个参数规模较小的模型。前者被称为“教师模型”(Teacher Model)，后者被称为“学生模型”(Student Model)。学生模型可能比教师模型弱一些，不过足够应对日常任务。

许多主流大模型都会推出不同参数规模的版本，比如谷歌 Gemini 就有 Ultra、Pro、Nano 三个版本，Ultra 是最高端的“教师模型”，后两者都是它的“学生模型”。其实 GPT 也一样，虽然 GPT-3 的参数规模高达 1750 亿个，但是有研究者估算，ChatGPT 执行一般任务时使用的参数规模可能只有几十亿个。

看样子，“蒸馏”是解决大模型性价比问题的最佳方案。但是从 2023 年以来，又出现了一种新的解决方案：混合专家架构。这一架构的本质是把复杂的问题拆分为许多部分，由不同的“专家网络”(Expert Network) 去解决不同的部分。至于具体该由哪个专家网络负责哪个部分，以及应该如何汇总答案，则由一个“门控网络”(Gating Network) 去解决。2023 年底到 2024 年初先后发布的 Mixtral 8x7B（Mistral 系列大模型的一个版本）、Grok、DBRX 等开源大模型，不约而同地采纳了混合专家架构解决方案。以 Mixtral 8x7B 为例，总共拥有 467 亿个参数，以及 8 个专家网络；每个专家网络可以调用的参数规模是动态变化的，最高可达 129 亿个。按照 Mistral 官方的说法，在执行任务时，Mixtral 8x7B 的速度和消耗的资源均相当于一个 129 亿个参数的大模型。

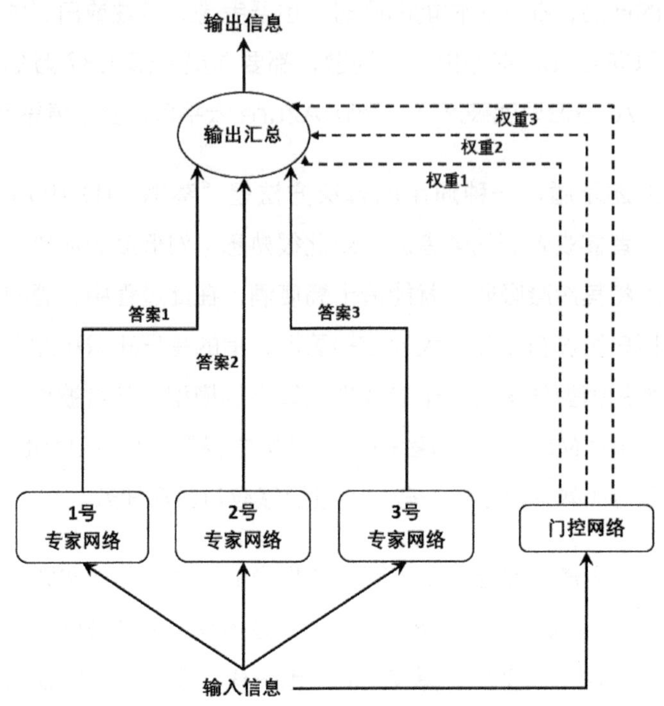

一个最基本的混合专家架构示意图

专家网络不是什么新鲜概念，早在 1991 年就由多伦多大学的科学家提出了；多伦多大学也是伊利亚·苏茨克维等一批深度学习泰斗级科学家的母校，这应该不是巧合。2021 年 1 月，谷歌就推出了基于混合专家架构的 Switch Transformer 大模型，其参数规模高达 1.6 万亿个。不过，由于规模过大、部署难度过高，这个模型基本没有投入使用。谷歌和 Meta 都对混合专家架构发表过重要论文，对于其背后的运作模式及其最适合的任务和应用场景，可以说研究得比较清楚了。作为一家 2023 年 4 月才成立的创业公司，Mistral 能够在 8 个月之内拿出基于混合专家架构的大模型，从一个侧面说明了混合专家架构的技术实现难度不算特别大。

那么问题又来了，混合专家架构算密集型还是算稀疏型？按照 Mistral 自己的定义，它开发的是一个“稀疏混合专家神经网络”（Sparse

Mixture-of-Experts Network)。然而事情并没有那么简单：传统的“稀疏大模型”每次一般只动员全部参数的万分之一到百分之一，Mixtral 8x7B 却可以动员四分之一以上的参数。简而言之，“稀疏”的程度不一样。就拿人口学打比方，与北京、上海这种特大城市相比，每平方公里几十人的农牧业地区算人口稀疏，每平方公里两三个人的高寒地区也算人口稀疏，每平方公里不到一个人的极地还是人口稀疏。对于混合专家架构，所谓的稀疏其实更接近于中西部地区三四线城市的人口密度概念——放到地广人稀的美洲国家甚至可以算是密集。

对于混合专家架构及其再次燃起的“密集 vs 稀疏”争论，大家最关心的还是：OpenAI 在干什么？遗憾的是，我们根本不知道，因为 OpenAI 太不透明了。有人认为，GPT-4 包括 8 个专家网络，每个专家网络可动员 2200 亿个参数；还有人认为它包括 16 个专家网络，每个专家网络可动员 1100 亿个参数。美国博客平台 Medium 的一位科技博主还对 GPT-4 的专家网络构成做出了如下猜测。

- 一个测试准备专家，用于应对各种第三方测试（怪不得 GPT-4 在所有测试当中均能取得高分）。
- 一个 Python 专家，因为 Python 是目前最流行的编程语言，ChatGPT 收到的大部分编程任务都是基于 Python 的；此外还应该有一个软件开发和测试专家。
- 一个高级图像编译专家，用于完成图生文任务（怪不得 GPT-4V 的图生文效果那么好）。
- 一个数学与自然科学问题专家，一个数据分析及综合专家，一个文化问题专家，一个娱乐问题专家，一个伦理及安全问题专家，等等。

上述猜测很有趣，可惜毫无证据。GPT-4 究竟有没有采用专家网络都是一个谜，遑论其专家网络的构成形式。现实真是讽刺，自称“为全人类的利益服务”，采取所谓“非营利性组织与营利性公司混合”模式的

OpenAI，在 2021 年以后变成了 AI 领域最不透明、最缺乏公开性的组织之一。或许，当它开发出更领先的大模型之后，会逐渐公开旧版本的技术细节，那也只能由它的管理层说了算。换一个角度想，OpenAI 对其技术路线如此严格封闭，或许从一个侧面体现了对竞争对手的忌惮，或许其领先幅度没有我们想象得大？这个不解之谜，注定会存在相当长的时间。

截至 2024 年一季度末，市面上比较流行的采用混合专家架构的大模型，几乎全部出自创业公司之手：Mixtral、Grok、DBRX, 以及（存疑的）GPT-4。谷歌虽然很早就开发过实验性的混合专家架构大模型，但是根据其官方披露的信息，Gemini 1.0 似乎没有使用混合专家架构的迹象。亚马逊于 2023 年 9 月发布的 Titan 大模型也没有采用混合专家架构；2024 年初，亚马逊正在开发新款大模型 Olympus，但是外界尚不清楚它的具体架构。无论怎么说，在对混合专家架构技术的探索方面，硅谷的科技巨头再次落到了创业公司身后。这再次证明创业公司具备更大的魄力、更高的组织灵活度，从而更适合开辟新的技术道路，而科技巨头只能跟在它们身后，亦步亦趋。

第三个问题，即所谓“垂类大模型”问题，看上去好像已经被解决了——自从 ChatGPT 公测以来，无数的应用案例显示，对于垂类应用场景的最佳解决方案是在一个通用大模型的基础之上微调，而不是专门开发一个垂类大模型。许多上市公司自称，为自己所属行业“量身定做”了大模型，但是这些大模型往往只是基于开源通用大模型的二次开发，不具备多少技术独特性。在通用大模型越来越聪明、覆盖的知识范围越来越广的趋势下，坚持研发垂类大模型，除了在资本市场制造噱头，似乎没有多少其他价值。

不过，有两个领域可能是例外：计算机编程领域，以及与此密切相关的数学、物理学等自然科学领域。还记得吗？OpenAI 当初接到了微软的“命题作文”，为 GitHub 开发编程大模型 Codex，这很可能促进了 OpenAI 整体技术水平的提升。开源大模型技术平台 Hugging Face 牵头组织了一个名为 BigCode 的工程，其主要成果是 StarCoder 系列代码大模型——当然也是开源的。写过代码的人都知道，计算机程序代码是一种相当特殊、实用价值相当高的语言门类，而且分为数以百计的分支语言。GPT-4 及 Codex 比较擅长的是 Python、JavaScript 等互联网时代的常用语言，对于稍微“老旧”一点的语言就不一定能胜任了。要知道，许多已经有六七十年历史的“上古”编程语言，至今还在一些应用场景中发挥着举足轻重的作用，例如，应用在商业场景中的 COBOL，以及应用在科学场景中的 Fortran，等等。想让通用大模型“理解”所有主流编程语言，都是一个很难完成的任务，遑论让其基于这些语言编写代码。

Hugging Face 牵头研发了编程垂类大模型 StarCoder 2

因此，为计算机编程这一应用场景开发垂类大模型，是十分必要的，也是很多人正在做的。编程在本质上是一种“工程”行为，那么对于其他工程场景，是不是也应该开发垂类大模型呢？例如建筑及土木工程、机械工程、电子工程、汽车工程、航空航天工程。在我撰写本书的时候，让大模型去处理实际的工程需求，还近乎天方夜谭——你能想象一个工程师把航空发动机的设计图和设计思路“喂”给 ChatGPT，期待它提出建议吗？工程技术人员在工作中肯定会向 AI 大模型求助，就像向搜索引擎求助一样，可是 AI 需不需要直接地、实际地介入他们的专业行为呢？更进一步，像医疗这样高度管制、“人命关天”的应用场景呢?

2011—2019 年，IBM Watson 曾经大举进军医疗行业，而且直接介入难度最高的癌症治疗领域。事实证明，那是一次失败的冒险：医疗行业的信息化程度不够高，也不够标准化，条条框框太多，而且 AI 判断病历的效率并没有达到资深医生的水平，最多只能作为普通医生的替代品（还不能完全替代，因为只有人类能负责）。时至今日，基于神经网络的 AI 大模型的知识水平远远超过了 Watson，它能否完成后者未能实现的夙愿?至少在理论上是可能的。如果“垂类大模型”真的存在大面积落地应用的机会，那么最有可能是在工程、医疗等高度复杂的实用领域。当然，进展应该不会很快，而且一路上的挫折应该不会太少。

与工程场景相比，科学研究是一个更加“形而上”、更加依赖专业符号的场景。以数学为例，当代的纯数学研究几乎完全脱离了“数字与图形”的直观场景，成为基于一系列范式、一系列逻辑框架的脑力游戏。在 2023 年 11 月的 OpenAI“宫廷政变”中，路透社提到：OpenAI 正在开发一个用于数学和自然科学场景的“Q*”工程，正是在这个工程中，出现了足以威胁人类存在的重大发现。遗憾的是，OpenAI 只是在一封内部信中斥责其为“谣言”，没有提供任何细节。“Q*”真的存在吗? 如果存在，它是一个独立的大模型，还是建立在 GPT 基础上的一个应用? 根据 OpenAI 最近几年的沟通风格，任何一个开发项目在初具规模，至少可以投入内测之前，大概率是不会对外公开的。哪怕公开了，也不会披露其技术细节。

一般人可能没有意识到，学术界（尤其是自然科学界）其实非常需要 AI 进行人力替代。无论是在欧美还是在中国，仔细观察学术界的构成，我们不难发现：以“终身教职”(Tenure-track) 为代表的既稳定又受人尊敬的学术岗位数量，要远远多于中基层的青年研究者数量，后者又远远多于各大实验室里的在读博士生、博士后人员数量。假如 AI 大模型能胜任自然科学垂类场景的需求，就将从根本上打破上述基本矛盾，也就是打破学术界的恶性循环。

上面列举的三个问题，当然不是目前大模型领域仅有的技术路线问题，而只是诸多技术路线问题的代表罢了。毕竟，从 2012 年神经网络研究成为“显学”至今，才过去了十多年；从 2017 年谷歌发布 Transformer 技术以来，经历的时间就更短了。前面的章节曾写道：大模型领域最关键的技术问题已经由 OpenAI 解决——这个论断的前面，还应该加上“现阶段”三个字。归根结底，生成式 AI 还是一门相当年轻、未知领域相当广阔的学科，一个阶段之后又是另一个阶段。我们只知道终极目标是做出对人类既有益又安全的 AGI，至于如何达到这个目标、途中要经过哪些过渡性目标，大家都还知之甚少。多年以前，日本围棋大师、多次组织棋手访华交流的藤泽秀行有一句名言：“棋道有百，我只知七。”这话在当时看来是谦虚的体现，不过在 AlphaGo 诞生之后，人们惊奇地发现，整个人类对围棋之道的认识恐怕确实只有百分之七。我们今天对生成式 AI 的认识，又能达到百分之几呢？

对于 AI 从业者，以及有志于投身 AI 领域或者想用 AI 改进自己业务模式的人而言，这是一个好消息。未开垦的处女地越多，留给后来者的机遇就越大。据说，马其顿王国的亚历山大大帝在小时候，听到自己的父亲腓力二世出征取胜的消息后，总是会担心：世界被父亲征服完了，还有自己建功立业的机会吗？如今的我们却大可不必有这样的担心——OpenAI 在技术上的绝对领先只是“现阶段”的领先，在下一阶段未必就是如此，至于应用层的机会就更多了。

留给我们的世界很大，任何人都征服不完。

科技巨头的困局：是自研、合作，还是拥抱开源生态

2024 年 3 月，苹果不声不响地发表了一篇关于多模态大模型的论文，其中首次提到了自己研发的名为 MM1 的大模型。此后不久，市面上又传出了苹果正在与谷歌洽谈把 Gemini 深度嵌入 iOS 生态，以及与百度洽谈把文心一言嵌入中国区 iOS 生态的说法。这些传闻并未得到苹果官方的承认或否认，但应该不是向壁虚构。有一点是肯定的：对于生成式 AI，苹果必须制订一个详细的、可行的应对计划，可是它在这个方向上做的准备还远远不够。这种情况绝对不应该持续下去。

同样是在 2024 年 3 月，摩根士丹利发表的一份研究报告指出：苹果向鸿海精密（富士康的母公司）订购了 2 万台 AI 服务器，其中 40% ~ 50% 是搭载英伟达 H100 显卡的服务器。一般而言，一台 AI 服务器可搭载 8 张显卡，也就是说，在上述订单完成之后，苹果将新增约 8 万张 H100 显卡，从而具备比较强大的 AI 相关算力。那么，苹果究竟打算如何使用这些算力？至少有两个可能的选择。

◆ 苹果可以把大部分算力用于自研大模型的训练。尤其是多模态大模型，其训练需求动辄达到上万张显卡级别，“万卡集群”早已屡见不鲜。截至 2024 年上半年，苹果尚未正式发布自研商用大模型，若想迅速填平鸿沟，就必须调用海量的算力。

◆ 苹果还可以在训练和推理之间比较均衡地分配算力。假设它真的要与谷歌合作，在 iOS 系统中嵌入 Gemini，由此产生的用户推理需求将非常庞大。问题在于，训练和推理究竟要如何分配算力？后者分得多了，前者可能就不够了，从而影响苹果自研大模型的追赶步伐。[1]

苹果将以什么方式应对生成式 AI 的挑战，
可能是最值得全球科技行业关注的话题之一

归根结底，有一个争议尚未解决：像苹果这样的消费电子及消费互联网巨头，到底该不该研发自己的 AI 大模型？AI 大模型是一种技术基础设施，是许多应用服务的基础，这一点我们都知道。可是，云计算也是一种技术基础设施，是几乎所有互联网服务的基础，而苹果并没有建立自己的

1　关于训练和推理对算力的需求、英伟达不同型号的显卡及竞争对手的显卡之间的区别，以及科技公司使用算力的具体方式，这些话题将在下一章集中讨论。

公有云计算平台，Meta 也没有。科技巨头甚至可以毫无心理负担地使用竞争对手的云服务，例如，索尼 PlayStation 网络服务使用的就是微软 Azure 云服务，而索尼和微软是游戏主机市场的冤家对头，刺刀见红的竞争已经持续了二十多年之久。按照同样的逻辑，苹果、亚马逊等在 AI 大模型方面技术储备较弱的公司，完全可以使用市面上比较成熟的大模型。即便它们不愿使用 GPT 从而受制于微软，也还有大量其他可行的选择。

前面章节提到，在大模型研发方面，科技巨头相对于创业公司处于不利地位，前者不具备后者的冒险精神和灵活性。然而，即便认识到了这一点，巨头往往也不愿意直接“竖白旗”，因为生成式 AI 实在太重要了，兴起的速度又太快了。这与当年云计算的兴起过程形成了鲜明对比：从亚马逊提出云计算的概念，到云计算真正获得大部分企业用户的认可，经历了大约十年，此过程中没有一个类似 ChatGPT 的“转折事件”，一切是潜移默化、自然而然发生的。微软因为企业用户规模庞大，而且较早意识到云计算模式的潜力，成为仅有的能与亚马逊掰手腕的公有云巨头；谷歌因为反应速度太慢，落后幅度就很大，而比谷歌反应速度更慢的就更不用说了。但是，在生成式 AI 的发展过程中，ChatGPT 的转折意义过于明显，所有人都意识到了盛宴即将来临，没人愿意错过盛宴——自研大模型肯定要尝试，万一成功了呢？

具体来说，在生成式 AI 的应对上，硅谷的科技巨头可以分为三个不同的层次或团体，它们分别具备不同的资源禀赋和拥有不同的核心利益。

- 微软自成一体，战略态势最好。虽然它无法控制 OpenAI，但能对后者施加深刻的影响力。GPT 系列大模型跑在微软 Azure 云上，仅此一条就能带来巨大的收入。微软还率先把 GPT-4 植入了 Bing、Office、Teams 等商业应用之中，这也是任何竞争对手难以做到的。微软内部也有其他团队在进行大模型研发，例如，2021 年微软与英伟达联合发布了 Megatron 模型，2024

年与理海大学（Lehigh University）联合发布开源文生视频大模型 Mora，等等。

- 谷歌和亚马逊是第二梯队，前者曾经是 AI 王者，后者在机器学习方面也有较深厚的技术积累（虽然不及前者）。它们都有庞大的云计算业务，都需要为自己的客户提供生成式 AI 解决方案，否则就只能坐视客户转投微软。它们的消费级业务也与生成式 AI 密不可分，谷歌的搜索引擎就不用说了，亚马逊的电商搜索、推广和客服也离不开强大的 AI 助理应用。
- 苹果则处于第三梯队，它在历史上对 AI 技术的积累不深，没有云计算等企业级服务。虽然它的消费业务肯定用得上生成式 AI，但是好像没有谷歌、亚马逊那么迫切。所以，在生成式 AI 的浪潮中，苹果明显犹豫不决，抱着“一停二看三通过”的心态。奈飞等二线消费互联网巨头也可以归入这个梯队。理论上讲，Meta 也应该属于这个梯队，不过它在开源大模型方面的大举投入使其进入了第二梯队。

对于谷歌和亚马逊而言，大模型是一场输不起的战争：它们可以拿不出世界上最强的大模型，但一定要拿出“够用”的大模型。谷歌 Gemini 1.0 已经算“够用”了，不知道后续版本能否更进一步；亚马逊 Titan 则还算不上“够用”，所以它正在研发号称拥有 2 万亿个参数的 Olympus 大模型，企图一举拉近与 OpenAI 的差距。除了自研大模型，更重要的是把第三方大模型（不论是开源还是闭源大模型）聚拢到自己的生态系统中，为客户提供更多更先进的技术解决方案。谷歌和亚马逊围绕 Anthropic 的争夺战就是一个典型案例：2023 年初，谷歌向 Anthropic 投资 3 亿美元，条件是要求后者采购谷歌云平台的算力；2023 年 9 月，亚马逊又向这家大模型创业公司投资了 12.5 亿美元，并保留再投资 27.5 亿美元的权利，条件是 Anthropic 的 Claude 大模型必须使用亚马逊 AWS 云平台，并且向 AWS 客户提供服务。当年 10 月，谷歌又向 Anthropic 追加了 5 亿美元投资，后续还会追加 15 亿美元投资，但还是无法重新占据上风——

Anthropic 仍然使用 AWS 云平台，成为亚马逊 AI 生态的一部分。

科技巨头不愿意错过任何一个增强自身 AI 生态系统的机会，结果就是，市面上稍微靠谱一点的大模型创业公司都拿到过不少巨头的投资：Mistral 拿到了微软的投资并加入了 Azure 云平台；马斯克创立的 xAI 于 2023 年 12 月宣布完成了 1.35 亿美元的对外融资，不过没有披露投资人信息；Databricks 在开发大模型之前已经有十年历史了，早已拿到过亚马逊、谷歌的投资，2023 年又拿到了英伟达的投资。如果苹果真的要大举加入自研大模型战局，它几乎肯定会花费重金进行并购，就像 2010 年并购 Siri 一样——当时做决定的人是史蒂夫 · 乔布斯。砸钱不一定能解决问题，可是在大模型研发的赛道上，巨头唯一不缺的也就是钱了，所以一定要先把钱“砸”出去再说。

上面列举的都是公认的“科技巨头”，但比它们地位更尴尬、更不知所措的，则是那些在规模上无法达到“巨头”层级，主要从事企业级业务，在某些领域颇具影响力的“二线巨头”：IBM、甲骨文 (Oracle)、Salesforce……均是其中的典型。它们不像微软、谷歌或亚马逊那样有无穷无尽的资源，又不可能完全放弃 AI 大模型的基础研发。Salesforce 在科技创投领域一直比较活跃，参与了对 Mistral 和 Databricks 的投资，而且由于其商业模式是基于 SaaS（软件即服务，Software as a Service）的，在大模型基础设施上面欠缺一点也不是很要紧。相比之下，IBM 和 Oracle 的处境算是最尴尬的：它们都是聚焦于信息技术基建的公司，都错过了发展云计算的最佳时机，导致被新一代巨头拉开了较大差距；如果再错过生成式 AI 这一波，就连生存都有可能受到威胁。

因此，从 2023 年以来，IBM 和 Oracle 都把面向企业的“生成式 AI 服务”作为战略重点，试图推出与亚马逊、微软、谷歌竞争的解决方案。问题在于，生成式 AI 的基础是大模型，最优秀的大模型早就被巨头瓜分了：GPT 和 Mistral 都与微软绑定，Claude 与亚马逊绑定，Gemini 当然是与谷歌绑定。IBM 和 Oracle 能提供给客户的，主要是两种大模型：首先是开源大模型，最主流的当然是 Meta 的 LLaMA-2；其次是自己开发或独家合作的大模型，包括 IBM 自研的 Granite，以及 Oracle 投资的 Cohere。不用说，这些大模型的技术水平肯定达不到业内最领先的水平，IBM 和 Oracle 只能努力把它们与自身已有的产品和服务结合起来，向客户提供“协同服务”，以实现所谓差异化竞争。

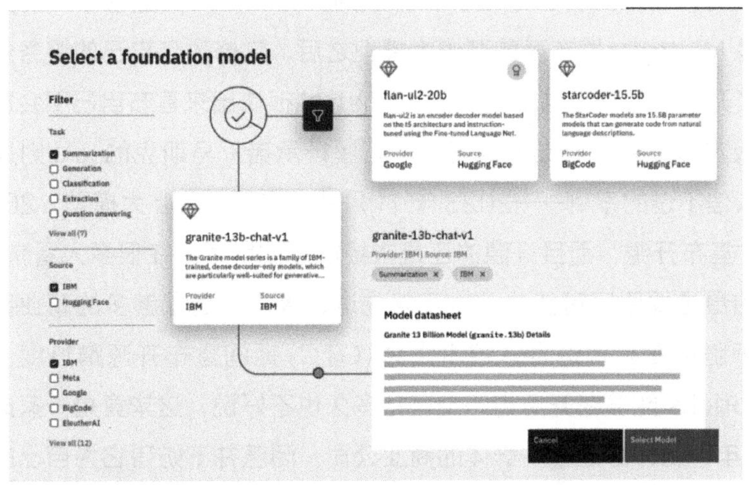

IBM 通过 Watsonx.ai 平台为企业客户提供生成式 AI 服务；
虽然与微软、亚马逊、谷歌相比，它已经落后很多，但它没有放弃希望

细心的读者肯定会产生一个疑问：既然开源大模型数量很多、生态很发达，为什么科技巨头及二线巨头不完全依托开源大模型做业务呢？对苹果这样的消费科技公司而言，为什么不把 AI 助理应用建立在 LLaMA-2 或 DBRX 这样的开源大模型基础上？对 IBM、Oracle 这样的企业服务公司而言，为什么不把生成式 AI 服务平台建立在开源生态的基础上？还要费时费力地开发或者通过并购取得“自研大模型”，图的是什么呢？有人可能会认为，开源大模型的安全性难以保证——但是历史一再证明，开源软件的安全性往往比闭源软件还强，欧美各国的法律体系也决定了开源软件开发者一般不敢“造次”。我相信，苹果肯定反复评估过拥抱开源大

模型的利弊，那么是什么导致它最终还是选择走上自研大模型的道路呢?

答案很简单，主要有三点：因为开源不一定可持续；因为开源的功能不够强；因为现在的开源大模型其实都是“半开源”或“伪开源”。经常接触开源社区的读者应该很容易理解，下面逐一说明。

首先，开源软件开发者，无论是“为爱发电”的业余人士，还是某家商业公司，都不负有长期维护和升级的义务。在大模型领域，最典型的例子是 Mistral：发布两款开源大模型之后，它修改了自己的服务条款，引发了开源社区的普遍担忧。虽然 Mistral 很快出来宣布自己不会放弃为开源版本做升级，但谁能保证它一直履行承诺？马斯克的 xAI 则是一个更让人信不过的案例——2023 年 11 月就公布了 Grok 大模型，2024 年 3 月才宣布开源，而且开源的还是未经微调的版本。在很多人看来，xAI 开源的最重要原因可能是技术不够先进、吸引不到足够多的商业客户，不如干脆选在英伟达全球技术大会 (GTC) 期间宣布开源蹭热度。至于 Databricks 能够在开源道路上坚持多久也不好说，这毕竟是一家成立于 2013 年、拥有稳定客户群体的商业公司，闭源并不妨碍它为自己的客户服务。

Meta 的情况也好不到哪里去，自从 2023 年 7 月发布 LLaMA-2 大模型之后，长达近一年的时间里，它没有对这个开源大模型进行升级。就连 Meta 官方都承认，它手头还有 LLaMA 的其他版本（可能更强大），但截至本书截稿之日仍未发布。不过，相对于其他公司，Meta 已经是开源大模型领域最值得长期信任的开发商了，所以各大云计算平台首选的开源大模型都是 LLaMA-2。

前面的章节提到，对企业客户而言，开源大模型有一定的意义，因为方便根据企业自身数据和应用场景进行微调，即所谓“量身定做”。不过，对消费者而言，几乎不存在“量身定做”大模型的需求，开源大模型的优势近乎于零。从这个角度讲，苹果比 IBM、Oracle 更需要自己能完全掌控的大模型，在短期尚可以用谷歌 Gemini 应付一下，在长期，自研可能是最优解。

其次，单纯从技术水平看，世界上最优秀的大模型肯定都是闭源的，越是优秀的大模型就越倾向于闭源——因为大家都要赚钱。看起来，好像有一个解决方法：能不能以一个开源大模型为“基座”，以此为出发点训练更先进的大模型，从而不断逼近世界领先水平呢？其实，这样做的人不少，各种各样的创业团队每天都在基于 LLaMA、通义千问、Mistral 等开源大模型做“二次训练”，其中有些还取得了不错的成果。但是，这种开发路线只能做到“量的提升”，而很难做到“质的飞跃”，据此挑战世界领先水平更是不太可能。为什么？这就涉及第三个问题：“伪开源”。

一个开源大模型，“开源”的到底是什么？一般而言，是指技术框架和参数权重。训练所使用的语料库，一般是不公开的；训练所必需的“工具模型”或曰“脚手架模型”，包括语料质量模型、语料相似度检测模型、语料清洗模型，以及用于“对齐”人类价值观的 Reward 模型，也统统是不公开的。Meta 比较良心的地方是公开了一个 LLaMA-2 的语料库，但是这个语料库也不是 LLaMA 训练用到的全部数据。问题就出在这里。现在所谓的开源大模型，就相当于学霸把自己的考试答题卡打开让人抄答案，却不告诉对方得出答案的过程。普通人抄了答案固然可以一次性地提高学习成绩，学到的真本领却相当有限。

有没有人愿意把全套方法论都公布出来，为人类做贡献呢？很遗憾，至少在当前的主流开发商当中，没人愿意做。说一千道一万，大模型开发实在太烧钱了，既没有办法由草根爱好者主导，也不可能作为大公司的一项“业余爱好”推进下去。操作系统的开发没那么烧钱，所以开源的 Linux 构成了当前全球操作系统的半壁江山；数据库的开发也没那么“烧钱”，所以以 MySQL 为代表的开源数据库软件相当流行。等到大模型不再“烧钱”的那天，开源可能会成为主流，但那应该是多年以后的事情了。

既然如此，在未来相当长的一段时间里，无论是苹果这样纯粹的消费科技公司，还是 IBM、Oracle 这样纯粹的企业服务公司，抑或是亚马逊这样同时具备强大的消费级和企业级业务的公司，都不会把自己的命运寄托在开源大模型上。自研是“亲儿子”，尽管亲儿子不一定有出息；投资合作对象是“干儿子”或“女婿”，可以在一定范围内择优录取；开源大模型则是外面找来的雇工或义工，虽然能派上用场，但是难以托付重任。经过漫长的磨合，或许亲儿子长大了，或许女婿成为下一代的顶梁柱，又或许雇工终于被承认为家庭的一员——不管怎么说，这肯定是个痛苦曲折的过程，每家的经历都不会一样。

讲到这里，我们不妨全面审视一下 AI 大模型的开源生态，因为这本身就是科技巨头的“角力场”之一。开源软件不是闭门造车，而是与全世界的同行共同切磋，所以需要庞大的支持体系；大模型是一种特殊的软件，有自己的特殊需求。目前全球开源大模型的支持体系可以大致分为如下几个层面。

- GitHub 是一切开源软件的基础设施，用于代码储存、版本协作。它有多种多样的工具和知识库，尽管针对大模型这个垂类的比例很低。
- PyTorch（由 Meta 开发）和 TensorFlow（由谷歌开发）是深度学习的开发框架，支持多种多样的深度学习模型及应用的构建，大语言模型只是其中一种。其中 PyTorch 又是建立在公益性的 Torch 基础上的，而 TensorFlow 是谷歌原创的。
- DeepSpeed 和 Keras 分别是针对 PyTorch 和 TensorFlow 进行优化的开发框架，其目的是提高效率、满足某些特定需求。这样的优化框架还有很多，无法一一列举，其开发者有可能是草根或公益组织，也可能是大公司，例如 DeepSpeed 就是微软开发的。

◆ Hugging Face 是专注于自然语言处理的一种更加特化的框架，哪怕是技术入门者，经过短暂的学习也可以掌握大语言模型的一些基础技术，可以使用、配置各种开源大模型，乃至开发自己的大模型。同时，它还是一个重要的开源大模型讨论社区。

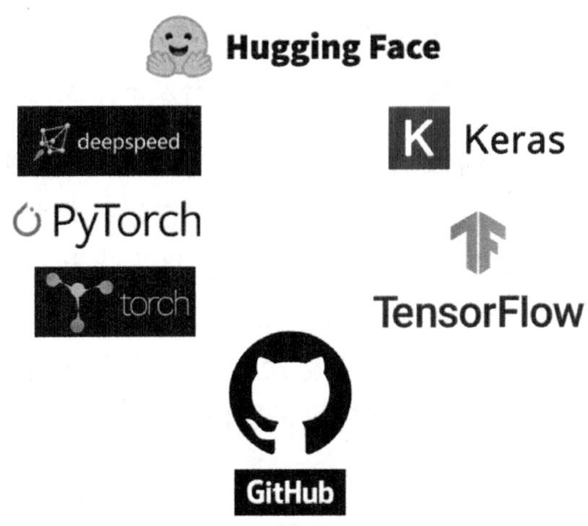

重要的 AI 大模型开源社区及开发环境一览

假设你是一个生成式 AI 技术人员，希望在现有开源大模型基础之上做一个自己的大模型，在开发过程中，你会把代码储存在 GitHub（开发完成后的版本协作也在 GitHub 进行）上；大模型本身主要是通过 PyTorch 实现的，开发成果则会分享到 Hugging Face 上经受大家的检验。上述每一个环节都少不了硅谷科技巨头的身影——GitHub 属于微软，PyTorch 属于 Meta；Hugging Face 是独立创业公司，其投资者包括谷歌、亚马逊、Salesforce、IBM、英特尔、AMD、英伟达等几乎所有与生成式 AI 相关的科技巨头，而且与亚马逊 AWS 建立了合作关系。

理论上，谷歌应该在开源大模型生态当中扮演更重要的角色，因为 TensorFlow 的诞生要早于 PyTorch，而且在 2022 年以前一直领先于后者。可是，自从 ChatGPT 横空出世以来，PyTorch 大幅拉开了与 TensorFlow 的差距，成为生成式 AI 浪潮最重要的受益者之一，也为 Meta 赢得了一张通向未来的门票。这个局面有些匪夷所思：在 AI 技术积累上，谷歌远胜于 Meta，也不缺乏运营开源社区的经验（安卓操作系统就是谷歌主导的开源项目），为什么 Meta 竟然后来居上?

其实，TensorFlow 的失败不是孤立事件，而是谷歌“大企业病”的又一个体现。按照我的一位做过开源大模型开发的朋友的说法：

“TensorFlow 的项目管理太抽象了！天天修改 API 接口，每次升级都不向下兼容，语法又很绕，完全不考虑写代码的人的体验。其灵活度又不太高，高度封装，就是让大家‘快到我碗里来’。而 PyTorch 就不一样了，语法稳定，细节丰富，项目管理得好，自由度很高、允许‘魔改’。我看完一篇大模型方面的论文，大概率可以通过 PyTorch 来修改代码；TensorFlow，根本不能指望。”

至于造成这种现象的原因，我的另一位朋友说得好：

“可能是谷歌当王者的时间太长了，太傲慢了，对标的竞品更新速度又太快，谷歌就被比下去了。”

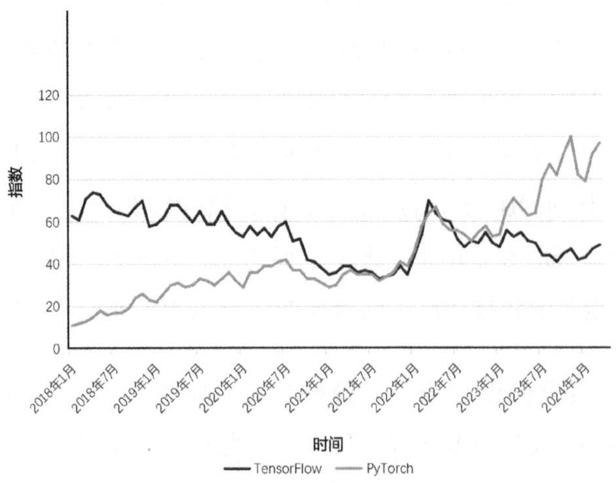

谷歌搜索热度趋势：TensorFlow vs PyTorch

谷歌对大模型开源社区经营不善，引发了一系列连锁反应：因为 TensorFlow 生态不够繁荣，所以谷歌云服务未能吸引大批生成式 AI 开发者，远远落后于微软和亚马逊；谷歌所倡导的、用于替代图形处理单元的“张量处理单元”迄今也是“雷声大雨点小”，甚至可能沦落到“连雷声都没有”的地步。而且，2021 年以来，谷歌就没有发布过新的开源大模型，开源阵营的“旗手”角色早已转移到 Meta 身上了。如果上述趋势不改变，再过几年，谷歌在开源 AI 技术方面的影响力将仅限于少数“传统”领域，例如内容推荐技术。

与苹果达成合作，可能是谷歌在生成式 AI 赛道上破局的一剂“妙药”。问题在于，苹果为什么要选择谷歌作为合作伙伴呢？无论是大模型技术还是云计算实力，谷歌都不是最强的。作为传统科技巨头和苹果的竞争对手，谷歌远没有 Anthropic、Mistral、Databricks 等创业公司那么容易控制。当然，只要条件合适、价钱合理，一切都可以谈。无论这样的合作是否达成，无论科技巨头在生成式 AI 方向上进行什么样的合纵连横，我都不会感到奇怪。最重要的是，任何巨头都不会只在一头下注；牌桌上有多少个下注的位置，它们大概就会下多少注。

应用战场：
微软一马当先，但一切才刚刚开始

生成式 AI 的应用可以划分为两大场景：第一是生产力工具，即帮助人类更好地、更高效地进行工作；第二是泛娱乐应用，即满足人类各式各样的娱乐消费需求。粗略一看，它们似乎恰好对应着“企业级”(To B) 和“消费级”(To C) 两大业务模式，不过事实并非如此。泛娱乐应用固然是完全面向消费端，生产力工具则既可以面向企业端，也可以面向消费端——个人用户购买 Office、WPS 等办公软件的情况就屡见不鲜。我们或许还可以划分出第三大场景，那就是教育方面的应用。互联网教育平台已经开始大规模使用 AIGC 充实其课程内容，今后或许有一天会出现完全由 AI 提供课程的教育应用。当然，从宽泛的角度讲，教育也可以归为一种特殊的“生产力工具”，毕竟大部分人学习的目的是提高自身的生产力。

不可否认，ChatGPT 本身就是一个成功的 AI 大模型应用，每天都有数以百万计的人访问其网页，官方 APP 发布之后长期位居许多国家应用商店排行榜前十名、效率类排行榜第一名。然而，ChatGPT 的缺点相当

明显：应用更新速度太慢，难以适配各种消费者的不同需求。例如，每次升级 iOS 设备上的 ChatGPT 应用之后，往往只适配最新的 iOS 版本，从而拦住了大量来不及更新系统或使用低端苹果设备的用户。因此，在全球应用市场上出现了大量 GPT“套壳应用”：它们提供的都是聊天功能，底层大模型都是 GPT-4（付费版）或 GPT-3.5（免费版），但是更灵活、更注重用户体验。如果我们打开美国或任何一个西欧国家的应用商店，搜索“Chat”（聊天）或“Gen AI”（生成式 AI），位列搜索结果前列的应用可能有三分之一到一半是这种套壳应用。在中国，开发 GPT 套壳应用并“出海”到东南亚等发展中市场，也是一种流行的创业模式。不过，这种模式的上限很低：只要 OpenAI 对用户体验有足够的重视，套壳应用迟早会失去竞争力，逐渐出局。

ChatGPT 和谷歌出品的 Gemini（原名 Bard）都是“通用聊天机器人”，可以处理各种各样的任务。不管你是想跟 AI 随便聊聊，想听 AI 做影视作品推荐，还是想翻译商务邮件或总结领导演讲，它们都能满足需求。那么，通用聊天机器人会不会成为生成式 AI 应用落地的主要场景呢？就像我们经常在科幻电影里看到的一样，一个无所不能的“个人助理”（可能完全虚拟，也可能具备实体）无时无刻不在倾听并答复我们的诉求？这种可能性固然不能排除，但是历史告诉我们，对于新技术的应用往往呈现不断分化、垂类化和复杂化的趋势。通用聊天机器人是“通用”的，所以不能针对所有应用场景进行定制；它们的主要功能是“聊天”，所以一般不具备其他工具属性。依靠一个大而全的机器人帮助人类解决一切问题，仅仅是 AI 发展初级阶段的“梦呓”，因为“大而全”本身就不现实。

以生产力工具为例，ChatGPT 和 Gemini 最大的缺点就是：本身不具备生产力软件功能（或者只具备很弱的功能）。它们无法对文档进行精细排版和出版，无法对图像进行专业处理，也无法直接收发邮件。如果用户想让它们帮忙起草和修改一份商务文件，需要在对话框里输入需求，然后把它们的答案复制下来，再粘贴到文字处理软件（例如 Word）里面，这样实在太麻烦了。至于这份文件该使用什么字体、页边距该留多少、图文混排该怎么实现，就更不是它们能直接解决的了。为了提高效率，我们需要专业化的 AI 生产力工具。由此引出了两种思路。

1. 为现有的生产力软件开发插件或配套应用，赋予其 AI 的力量。
2. 基于 AI 大模型开发新的生产力软件，即所谓“原生 AI 工具”。

微软是第一种思路的代表，因为它拥有包括 Office 办公软件、Teams 管理软件在内的庞大的生产力工具集合（现在统称“微软 365”）。2023—2024 年，微软最重要的任务之一就是实现核心产品的“生成式 AI 化”：2023 年 2 月，微软首先发布了基于 Bing 搜索引擎和 Edge 浏览器的 Bing Chat；同年 3 月，微软又将 Bing Chat 升级为 Copilot，将其与办公软件、管理软件及 Windows 操作系统深度绑定；同年 12 月，Copilot 原生应用全面上架 iOS 和安卓应用商店，而不再是 Bing 搜索应用的一个插件。2024 年初，许多 Windows 11 用户发现，最新一次的 Windows 升级内容包括了 Copilot 预览版，不必付费也能使用其基本功能。对于大多数普通用户而言，他们的生成式 AI 使用习惯更有可能是通过微软而不是 OpenAI 养成的。

从 2023 年四季度开始，微软在逐步推广 Copilot 的付费模式：Copilot Pro 版本，收取每月 20 美元的费用，可以提供更先进的 GPT-4 Turbo 模型的优先使用权，并且允许用户为自己定制聊天机器人。如果用户想把 Copilot 与 Office、Teams 等生产力工具紧密绑定起来，就需要购买企业级的“Copilot for Microsoft 365”服务，每月花费 30 美元而且必须按年付费。这个价钱不便宜，但只要你看过官方演示视频，多半会像我一样，惊叹于它的功能之丰富、使用之便捷。

Copilot 已经成为 Windows 11 最新版的一部分

- 在 Word 文档中，选定任意一段文字，即可对其进行总结、扩写、改写和可视化。比如说，你正在为公司领导拟定出行时间表，只需要输入一大段文本，Copilot 就能将其整理为文中表格并进行排版。至于会议纪要这种标准化任务，就更简单了，几秒内即可完成。
- 在 Excel 表格中，Copilot 可以对任意数据进行统一格式、生成图表、总结，乃至进行一定的数据分析工作，例如统计回归和趋势分析等。一些复杂的 Excel 任务本来需要使用 VBA 编程完成，现在不懂编程的用户也可以使用 Copilot 完成。
- Copilot 能生成可视化的 PowerPoint 演示文件——可以基于现有的 Word 文档或 Excel 表格，也可以基于用户给出的一串提示词。它还可以在用户的指导下，对已经生成的 PowerPoint 文件进行格式、视觉风格及长度方面的修改。
- 通过接入 Outlook 邮件系统，Copilot 可以总结用户收到的邮件内容，帮助用户起草和回复邮件。通过接入 Teams 管理软件，Copilot 还可以帮助用户与自己的同事、上下级进行沟通，辅助处理日程表、文件审批、签到之类的日常事务。

遗憾的是，截至本书截稿之日，“Copilot for Microsoft 365”还没有对个人用户开放，只有规模较大的企业才能批量采购，所以大部分人无法亲身尝试。根据微软自己的说法，“70% 的 Copilot 用户认为自己的生产力得到了提高”，“77% 的用户一旦用过 Copilot 就再也不想放弃了”。上述说法或许有些自卖自夸，但是美国科技媒体和博客圈对微软 Copilot 的评价也主要是正面的；至于负面评价，主要集中在安全性、审核机制等方面，而不是生产力方面——与谷歌类似产品发布初期的恶评如云形成了鲜明对比。不过，公允地说，这首先应该归功于 GPT-4 大模型本身的强大，那是一切生成式 AI 工作的基础；其次才是微软的产品开发与融合能力。

Copilot 究竟具备多大的收入潜力？这无非是一个用户渗透率的问题：微软 Office 的付费用户规模超过 4 亿人（其中约 8000 万人是个人用户，其他是企业用户），Teams 的月活用户数接近 3 亿，Bing 的月活用户数可能在 4 亿到 5 亿之间。如此庞大的用户群，只要有 3% ~ 5% 的人愿意购买 Copilot 付费服务，就可以创造每年数十亿美元的收入；如果有 10% 以上的人愿意购买，年收入就可能超过 100 亿美元。而在 2023 财年[1]，微软的营业总收入为 2119 亿美元，也就是说，经过一段不太长的时间，Copilot 有可能直接为微软创造大约 5% 的收入增量。至于隐性增量，例如促使一部分用户从竞争对手转投微软，就难以估量了。对于微软这个规模的公司而言，这个数字是不可忽视的。

问题在于，真的会有那么多人付费吗？要知道，微软 Copilot 不是唯一一个能与 Office 绑定的 AI 生产力工具。在 Office 自带的“加载项”（插件）应用商店里搜索一下，就能发现数十个基于 ChatGPT 的生成式 AI 插件，大部分采取的是“基本功能免费 + 高级功能付费”模式。其中，既有适用于大部分任务的通用插件，也有五花八门的垂类插件，例如帮

1　微软的财年结束日期是当年 6 月 30 日，2023 财年的持续时间是 2022 年 7 月至 2023 年 6 月。

助撰写政府公文的插件，帮助撰写和评估商业合同的插件，帮助处理数学和科学公式的插件，等等。不论是从功能角度看还是从性价比角度看，微软 Copilot 是不是真的强于这些第三方应用呢？关键是微软无法垄断大模型——OpenAI 曾经与微软签订过 GPT-3 的独家授权合约，但是到了 GPT-4 时代，前者就不愿这么做了，今后应该也不会这么做。无数的开发商都会基于最先进的大模型为 Office、Teams 开发 AI 插件，微软的优势无非是对自家产品更熟悉、对企业客户而言更可信而已。这个优势很大，不过不一定够用。

当然，微软还有一种选择，就是限制或禁止第三方为它的软件开发 AI 插件，但是这意味着巨大的法律诉讼风险。1998—2001 年，美国司法部对微软发起了旷日持久的反垄断诉讼，其导火线就是微软在 Windows 操作系统当中预装 IE 浏览器，被认为对网景 (Netscape) 等第三方浏览器开发商构成了不正当竞争。那场诉讼以双方和解告终，没有达到拆分或重罚微软的目的，但它对微软的业务决策造成了深远的影响。今天的微软管理层肯定不愿重蹈当年的覆辙，何况现在的美国监管部门对于科技巨头的垄断地位仍然很敏感，苹果、谷歌、Meta 都遭遇过各种各样的反垄断诉讼。出于合规考虑，无论是在基础研发层还是应用层，微软都不可能做出垄断生成式 AI 的尝试，因为这样的尝试可能带来无法承受的后果。

对于小公司乃至个人而言，针对大型、成熟的商业软件开发 AI 插件，倒是一个不错的创业方向。一般而言，小公司对终端用户需求的感知更敏锐、反应更快，因为它们自己就是“终端用户”；很多大公司会对各种奇思妙想采取无视的态度，小公司却能严肃对待并将其付诸实践。哪怕在大模型开发这种“烧钱”的赛道上，创业公司也能经常领先于科技巨头，那么在不太“烧钱”的应用赛道上，创业公司的赢面可能更大。不过，那些最优秀的创业团队迟早会想到：为什么一定要围绕大型商业软件做插件，而不是自己做一个独立的、完全建立在 AI 基础上的生产力应用？至少在一些特定垂类领域，这样的生产力应用应该是有市场的吧？

上面的问题已经有了答案：早在 ChatGPT 横空出世之前，欧美市场就存在一些以生成式 AI 为卖点的垂类独立应用，ChatGPT 掀起的浪潮大大加快了它们的发展速度。例如，在市场营销这个垂类领域，至少已经产生了两只“独角兽”——Jasper 和 Copy.ai，它们都致力于为企业营销人员提供“一站式”的解决方案。从产品定位、营销创意、生成素材，到市场活动的各种运营细节（例如搜索引擎优化、网红营销），再到对活动的分析总结，均可以在独立应用平台上完成。假设你是一家消费品牌的市场部门负责人，要在自家的官方社交媒体账号上发表一篇品牌宣传文案，那么从选题到发布的所有流程都可以在 Jasper 或 Copy.ai 的辅助下完成，文章的效果也可以由它们评估。

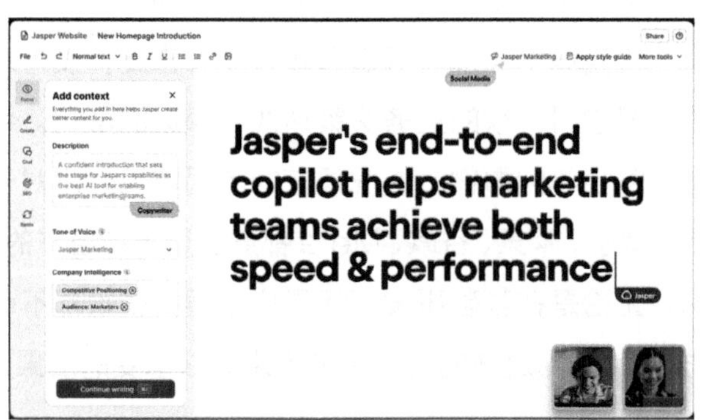

Jasper 应用界面：基于 AI 的市场营销“端到端”解决方案

仔细对比一下 Jasper 和 Copy.ai，我们会发现二者具备相当多的共同点：首先，它们的功能都建立在多个大模型基础之上，不仅包括 GPT，还包括 Claude、Gemini 等，用户可以主动切换不同的大模型，以获得不同的答案。这一点不难理解，市场营销是高度依赖创意的活动，多从不同的视角看待问题总归是好的。其次，它们都通过 API（应用程序编程接口）给了企业客户很高的自主权，企业内部的开发团队可以将其融入自己已有的软件体系。最后，它们提供的不仅是一套工具，还包括庞大的“引导指令库”(Prompt Library) 和内容模板，对应着各式各样的需求和场景——比方说，什么样的文案更适合发布在 Instagram 或者 Twitter，又或者 TikTok？如何生成适合于招聘的帖子？怎么写公关新闻稿？对于刚开始熟悉生成式 AI 的用户来说，这些知识可能比工具本身更重要。

顺便补充一句，在生成式 AI 的时代，“引导指令”(Prompt) 的重要性怎么高估都不过分。AI 大模型是通过接受人类指令来生成内容的，指令的方向、质量、详细程度，决定了生成内容会是什么样子。我们甚至可以将引导指令称为“咒语”，教客户“念咒语”本身就是一个创业方向。关于这一点，后续章节还会深入讨论，在此点到为止。

至此，我们好像又陷入了“科技巨头 vs 创业公司”的叙事范式之中：前者规模巨大、资源近乎无限、生态系统包罗万象，后者则具备主动性、灵活性和雄心壮志，就像电影《星球大战》中的“银河帝国 vs 反抗军”，或者角色扮演游戏当中常见的“大魔王 vs 冒险者”。问题是，这个叙事范式过于简化，尤其是忽略了介于二者之间的“中间力量”——那些既不是巨头也不是创业公司的垂直市场领导者，其中最值得一提的是 Adobe。

从事创意相关工作的人，对 Adobe 肯定不会陌生。在图像处理领域，它开发的 Photoshop、Illustrator 等软件具备非常强大的统治力；在视频处理及特效领域，它推出的 Premiere、After Effects 的统治力要稍弱一些，因为竞争实在太激烈（尤其是在苹果的 macOS 平台上）；在数字出版领域，它制定的 PDF 标准及研发的 Acrobat 编辑器几乎没有像样的对手。进入互联网时代，Adobe 逐渐从一家内容工具软件商扩张为一家“内容生态公司”，向客户提供庞大的内容资料库、内容模板及整体解决方案。从 2012 年开始，它还向企业提供数字化营销工具和分析服务，截至 2023 年，这项业务为它贡献了大约 1/4 的营业收入。上文提到的 Jasper 和 Copy.ai，在这方面也算是 Adobe 的竞争对手。

毫无疑问，Adobe 的业务性质决定了它是生成式 AI 浪潮中最大的潜在受益者之一。自从 ChatGPT 发布之时起，创作者、媒体从业者和投资者的眼睛就紧紧盯着它，等待它的动作。最大的疑问是：Adobe 会依靠自研大模型还是第三方大模型？市面上已经存在几个流行的文生图大模型了，例如 Midjourney、DALL · E、Stable Diffusion，它们都建立了一定规模的创作者生态。然而，Adobe 在生成式 AI 技术上也有较长时间的储备，在 2020—2021 年就开始建立自己的 AI 平台了。2023 年 3 月，Adobe 正式发布了自研文生图大模型 Adobe Firefly，并于当年 6 月开始商业化，从而彻底确定了“大模型与应用开发一体化”的道路。

Adobe Firefly 最大的优势是与 Adobe 软件生态的结合。当你使用 Photoshop 修图，想把图片上的一只猫咪替换成一只狗，或者把猫咪的花色从黑白改成三花的时候，Adobe Firefly 插件可以帮你轻松完成任务。我们知道，绝大多数文生图大模型都只能生成“成图”，不能生成可供修改的“工程文件”。如果你想修改图片，一般只能通过指令引导大模型去修改，其修改效果是不可控的。所以，这些大模型比较适合业余爱好者使用，或者作为一种创意层面的参考提示。专业图像创作者会更青睐 Adobe Firefly 这样的模式：想生成什么样的图像信息，想对哪个图层、哪个对象进行修改，都是高度可控的。这才是真正的“AI 辅助创作”，而不是“AI 在人的指导下自行创作”。

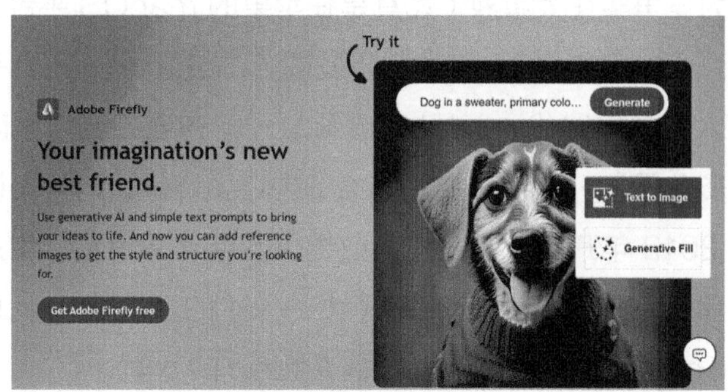

Adobe Firefly 是目前专业领域比较常用的文生图应用

可以想象，等到以 Sora 为代表的文生视频大模型普及之后，关于文生视频的工具类应用也会分为两大流派：业余爱好者或入门级创作者，只需要 AI 根据自己的引导生成“成片”，最多加上一些简单的剪辑修饰功能；专业创作者则会希望 AI 提供详尽的、可以修改各种细节的“工程文件”，同时还要提供强大的专业修改工具。假设你是一个广告制作人，在使用生成式 AI 为客户制作宣传片的时候，客户肯定会对样片提出复杂、细致入微的修改需求。仅仅依靠文本引导大模型修改样片肯定是不够的，剪辑人员得自己动手，甚至本人都要亲自上阵。在这种情况下，我们肯定会希望大模型与 Premiere、Final Cut Pro 或者 DaVinci 这样的专业视频处理软件深度绑定。

总而言之，当生成式 AI 只是一种“西洋景”、一种用于欣赏的“奇观”时，它不需要融入任何现有的工作流，也不需要迁就人类社会的生产方式及习惯。但是，当生成式 AI 成为一种生产力工具时，它就必须顺应人类的习惯，哪怕这种习惯是低效的。比如大型组织内部各个部门、无数成员之间的协同；比如上级和客户提出的永无休止的修改要求；又比如极端复杂的汇报层级和决策流程。所谓“工作流”，很大程度上指的就是一项任务在各个节点和各个经手人之间被推来推去、被改得面目全非的过程。总有一天，生成式 AI 将彻底改变人类的生产方式，降低内耗；可是现在，它还是得遵守各行各业的老规矩。所以，在垂直市场已经建立了强大影响力的软件及服务公司，有希望在生成式 AI 的兴起阶段保持自己的优势。至于它们的长期命运如何，那就无人能断定了。

下面继续说泛娱乐场景。关于生成式 AI 在娱乐内容产业的应用前景，后面的章节会有更全面的讨论，在此先简述一下目前的发展状况。截至本书截稿之日，多模态大模型技术还不算特别成熟，文生视频、文生音频应用还处于初期阶段；比较成熟的生成式功能，主要还是文生文、文生图。在这种条件下，生成式 AI 在娱乐场景中的作用受到了较大限制，目前还是以“聊天”为主，更时髦的说法是“陪伴型应用”。那么问题来了，ChatGPT、Gemini 等通用聊天机器人的“陪伴”功能已经非常强大了，为什么还需要其他的类似应用?

这个问题的答案有两个。第一是“灰色”的或曰“擦边球”的答案：主流 AI 大模型有严格的内容审核机制，需要符合人类的法律制度和价值观，严禁任何色情、暴力、违反公序良俗的聊天内容。如果对 ChatGPT 问了太多不合规的问题，还有可能导致账号被封。这就给其他“陪伴型应用”提供了机会：美国目前最流行的此类应用当中，至少有三分之一是以“无审核、不限尺度”为主要卖点的。不用说，其中充斥着各种“擦边球”乃至赤裸裸的色情及暴力内容。无审核的聊天应用很难在苹果、谷歌等正规应用商店上架，所以主要通过网页端提供服务。所有的新兴互联网服务好像都免不了被人用来“打擦边球”，上一个典型案例是直播，早年的秀场直播平台提供的很多内容，以今天的眼光看，尺度实在是太大了。

第二是“正规”的或曰“可持续”的答案：特定场景、特定设定的聊天功能，比如角色扮演。当然，ChatGPT 也能以角色扮演的形式与用户对话，但是用户可能要输入很长的引导指令，效果还不一定好。以 Character.AI 为代表的“专业角色扮演对话工具”，不但内置了大批已经设定好的角色，还允许用户定制和上传自己的角色——其中既包括爱因斯坦这样的科学家和历史人物，也包括泰勒 · 斯威夫特这样的当红艺人，还包括胡桃、刻晴（均出自游戏《原神》）这样的虚构人物。对于同一角色，可能存在许多不同的“版本”，由用户自行判断哪个版本更好。

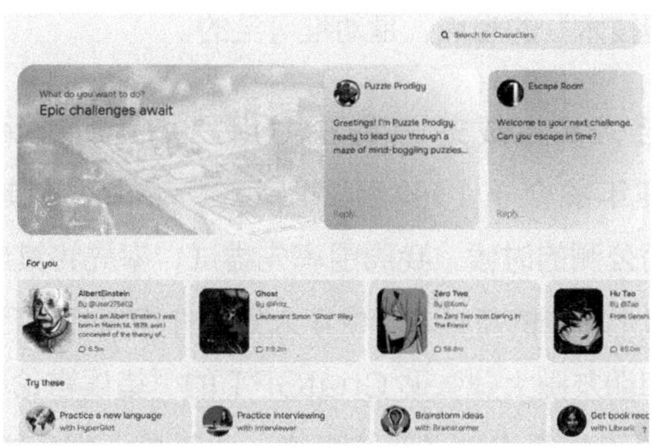

Character.AI 提供与各种“角色”对话的机会，包括爱因斯坦这样的真实人物，以及游戏、动漫、影视作品里的人物

事实上，Character.AI 的功能不仅限于上面所说的，用户和第三方开发者还可以定制一些专门完成特定任务的“原创角色”，例如企业的面试官、某一种外语的教学者、“头脑风暴”讨论的组织者，等等。Character.AI 提供的开发工具功能很强大，允许开发者对参数进行微调，它可以胜任非常复杂的场景和人物构建工作，也因此成为当前全世界最成功的“陪伴型应用”之一。截至 2024 年 3 月，Character.AI 的累计注册用户数已经超过 2000 万，累计有 1600 万个角色被创造出来；用户与虚拟角色的平均对话时长为 25 ~ 45 分钟，对于生成式 AI 应用而言，这是一个非常高的水平，很可能比 ChatGPT 的平均对话时长还要长。

在 AI 产业发展瞬息万变的今天，Character.AI 取得的成绩可能持续，也可能转瞬即逝。最重要的不是 Character.AI 本身，而是它能给我们带来哪些启发。在我看来，重要启发至少有三个。

第一，Character.AI 的两位创始人均来自谷歌，精通 AI 技术，所以 Character.AI 的技术水平远高于那些“套壳应用”。附带说一句，Character.AI 从未披露自己的底层大模型是什么，有可能是自研的，也有可能是 GPT 或某个开源大模型。不管基于什么大模型，应用开发者都需要精通技术，才能给用户和第三方开发者提供更好的体验。那种认为“做应用层可以不懂技术”的观点，是幼稚可笑的。

第二，年轻人是生成式 AI 的主力用户，Character.AI 的用户中有 60% 的人其年龄介于 18 岁至 24 岁。我不由得想起了 2022 年底 ChatGPT 全面公测的时候，我周围率先尝试、率先将其应用于日常工作的，几乎都是二十多岁的年轻人；中年人则往往抱着怀疑乃至嘲讽的态度，甚至在微信群和朋友圈大肆张贴 ChatGPT 的“错误言论”以证明它不会有前途。年轻人天生喜欢尝试新鲜事物，尤其是泛娱乐类型的生成式 AI 应用，在很长一段时间里还是得以年轻用户为核心。

第三，用户的眼睛是雪亮的，对于生成式 AI 应用的好坏，他们心里有数。Character.AI 最重要的新增用户来源，是搜索引擎上对“Character.AI”关键词的直接搜索。虽然市面上类似应用有几百款，但是不妨碍用户准确地选中并找到符合自己需求的那一款。来自 Instagram、YouTube、Twitter 等社交媒体的内容传播发挥了很大作用，“口碑营销”的威力得到了充分体现。

美国是 Character.AI 用户数最多的国家，除此之外还有菲律宾、越南、印度尼西亚、巴西等国，它们也是 Character.AI 用户数较多的国家，它们都是人口大国，但语言和文化背景千差万别。看样子，语言、文化、社会制度和经济发展水平，似乎不构成对生成式 AI 应用传播的“天堑”。一款设计水平高、功能强大的 AI 应用完全可以在不同的国家、不同的区域同时取得成功。因此，除了早已普及的 ChatGPT，生成式 AI 领域还可以诞生更多的全球性超级应用。

生成式 AI 应用发展还处于极早期，就像 2007 年的移动互联网、1990 年的互联网一样。三到五年之后，如果本章节的大部分内容过时了或被证伪了，我也不会感到奇怪。没有人能够准确地预测未来，关键是在寻找客观规律的同时见招拆招。如果本章节的观点能够为读者带来一些思考，其目的就已经达到了。

第四章

算力战争：

争夺第四次工业革命最重要的资源

英伟达：
偶然性与必然性结合的传奇

1993 年，英伟达创立，谁也不会想到三十多年之后它能成为全球市值最高的科技公司之一，而且是全球 AI 算力战争的“风暴眼”。当时几位创始人的想法十分简单，就是为高速发展的电子游戏行业提供视频解决方案。多年以后，这几位联合创始人回忆称：“电子游戏既代表着当时最困难的计算机科学问题，又蕴含着巨大的收入潜力——要找一个同时符合这两项条件的赛道可不容易！”在此后二十多年里，游戏图形解决方案一直是英伟达最重要的收入来源，直到被 AI 驱动的数据中心业务取代为止。

早在 20 世纪 60 年代，电子游戏的雏形就已经在小型机上出现；商业性的电子游戏则起源于 1972 年的街机游戏《Pong》，这是一个模拟乒乓球比赛的双人竞技游戏。从那时起，游戏市场经过了快速而曲折的发展，游戏场景从街机逐渐扩展到了家用主机和个人电脑（PC）。20 世纪 80 年代，日本任天堂公司的 FC（在中国俗称“红白机”）和 SFC 主机统治了全球游戏行业，把游戏带进了美国、欧洲和日本的千家万户；紧随其后的则是日本世嘉公司，它的 MD 主机在北美具备相当高的人气。到了

20 世纪 90 年代初，游戏主机产业已经开始从“第四世代”向“第五世代”过渡，多媒体 PC 的普及则使得 PC 能够运行越来越多的游戏软件。其实，家用游戏主机在本质上也是定制的电脑，由处理器、内存、外存和一系列输入 / 输出设备构成，只是其技术架构往往与主流 PC 不同。游戏技术水平和感染力的提升，必须以硬件算力的提升为前提，当时是如此，现在仍是如此。

英伟达创立之时，游戏行业最大的问题是：如何以最高的性价比实现游戏图形的 3D 化？当时市面上已经有了最早的一批 3D 游戏，例如著名的《德军总部 3D》，不过其图形技术还相当幼稚，基本上都是所谓“伪 3D”或曰“2.5D”：只有背景环境有 3D 建模，敌人和物品则只有 2D 贴图。即便这样原始的 3D 游戏，还是获得了巨大的商业成功——《德军总部 3D》在发布后的 18 个月内就售出了 10 万份，总销量更是超过 25 万份。任天堂马上提出将这款产品从 PC 端移植到自己的 SFC 主机上，由此掀起了主机游戏 3D 化的浪潮。

世界上最早的 3D 游戏之一：1992 年发布的《德军总部 3D》

当时，主流的 3D 游戏技术路线有三种，它们都得到了一定程度的实践。

第一种是“视频方案”。大部分游戏场景仍然以 2D 图形展示，只有过场动画以 3D 方式呈现。因为动画是事先录制好的，不需要实时演算，所以对硬件算力的要求很低，只需要其具备一定的视频解码能力。美国游戏公司3DO于1993年发售的Interactive Multiplayer主机就采用了“视频方案”，在本质上就是一台“可以玩游戏的影碟机”。它既是“第五世代”最早发布的一台主机，也是最早败下阵来的，原因很简单：3D 动画视频无法互动，不具备可玩性，而且与 2D 游戏界面之间严重割裂。在短短两年多的生命周期中，Interactive Multiplayer 只卖出了 200 万台，3DO 因此蒙受了惨重的财务损失，退出了游戏主机行业。“视频方案”由此画上了句号。[1]

第二种是“软加速方案”。硬件提供基本的 2D 图形算力，但是大部分 3D 图形处理任务交给软件进行。这种方案对中央处理器 (CPU) 的要求很高，毕竟“羊毛出在羊身上”，软件不可能凭空变出算力。哪怕在当时性能比较高的 PC 上，“软加速”也难以提供令人满意的结果，何况是主打廉价、走大众市场路线的家用主机。不过，软硬结合的思路倒是可行的，软件可以作为硬件的辅助。

第三种是“硬加速方案”，即通过专业硬件进行 3D 图形的加速处理。1994—1996 年之间发布的索尼 PlayStation、世嘉 Saturn、任天堂 N64 三款主机都具备专门的 3D 图形处理单元，其中 N64 的 3D 性能最出色，是本世代唯一能实现“真 3D”（而非 2.5D）的家用主机。但是，由于任天堂坚持对游戏开发商收取高昂的版权金，以及拒绝使用大容量的 CD 存储器，N64 未能赢得第五世代的主机战争，将游戏主机王者的位置拱手让给了 PlayStation。

1　按照电子游戏行业的共识，家用游戏主机的“第一世代”开始于1972年，当时市场很分散，没有占据统治性地位的公司；第二世代开始于 20 世纪 70 年代后期，占据统治地位的是美国的雅达利 (Altari)；第三世代、第四世代覆盖了整个 20 世纪 80 年代和 20 世纪 90 年代前期，占据统治地位的是日本的任天堂；第五世代开始于 20 世纪 90 年代中期。截至本书截稿之日，我们处于第九世代，本世代的三大主机厂商是日本的索尼、任天堂，以及美国的微软。

用发展的眼光看，第五世代的各款游戏主机使用的 3D 图形解决方案都是非常稚嫩的，很快就过时了。它们都搭载了显示芯片（GPU），但是技术路线都处于探索阶段，GPU 与其他硬件的配合比较复杂，导致游戏开发商无法充分利用其性能。英伟达高层敏锐地捕捉到了一个历史性的机遇：3D 游戏正在走向千家万户，市面上却还没有专业的、以 3D 游戏为主要应用场景的 GPU 及显卡研发公司。当时市面上已经存在一些成熟的显卡开发商了，例如成立于 1985 年的 ATI 公司，不过它们的产品主要聚焦于 2D 图形和非游戏场景需求。显然，谁能较快地推出符合 3D 游戏用户需求的显卡，谁就有可能占领一个百亿美元量级的新兴市场。[1]

在当时，产生类似野心的当然不只是英伟达一家。老一代游戏迷可能还记得 3dfx 这个名字，它被公认为 3D 图形技术的“先驱者”（以及“先烈”）。虽然 3dfx 的成立比英伟达晚一年，两家公司的首款产品却几乎同时上市，都是在 1995 年 11 月。它们代表了当时对 3D 游戏的两种解决思路：3dfx 推出了著名的 Voodoo 3D 加速卡，它独立于 2D 显卡之外，只负责 3D 图形加速；英伟达则推出了同时具备 2D 和 3D 图形功能的 NV1 显卡解决方案。一开始，独立 3D 加速卡的路线似乎是正确的，不过随着技术进一步发展，3dfx 很快与英伟达殊途同归，一起走上了 2D 和 3D 图形功能结合的路线。它们与历史更悠久的 ATI 一道，构成了专业显卡研发资格最老的“御三家”。当然，除了上述三家公司，当时市面上还存在 Matrox、S3、PowerVR 等 GPU 开发商，它们在 1995—2000 年之间发布过一些成功的 GPU，占据了一定的市场份额。站在当时的视角，这些公司也是 GPU 市场领导地位的重要挑战者。

---

1 显卡是以显示芯片为基础的计算机扩展卡。在实用语境中，“显卡”常常被直接称为“GPU”。家用游戏主机由于内部空间和成本限制，其 GPU 不一定呈现为成型的“显卡”形态。当代许多计算机也没配备独立的显卡，其 GPU 是与 CPU 集成在一起的。本书为了方便起见，不严格区分“显卡”和“GPU”两个概念，默认可以交替使用。

20 世纪末期的专业显卡“御三家”

	3dfx	NVIDIA	ATI
成立时间	1994 年	1993 年	1985 年
总部所在地	美国硅谷	美国硅谷	加拿大万锦市
3D 图形时代前的基础	没有	没有	有
首次发布具备 3D 图形功能的 GPU 的时间	1995 年	1995 年	1996 年
GPU 系列	Voodoo/Voodoo 2（3D 加速卡），Voodoo Rush，Voodoo Banshee，Voodoo 3, 4, 5（2D+3D 全能显卡）	NV1 RIVA 128, RIVA TNT，GeForce 系列，RTX 系列，Tegra 系列，Tesla 系列	Mach 系列（仅有 2D 图形），Rage 系列，Raedon 系列，FireGL 系列（2D+3D 全能显卡）
结局	2000 年申请破产	存续至今	2006 年被 AMD 收购

虽然 3dfx 和英伟达的 GPU 在零售市场卖得还不错，可是它们的管理层很清楚，其关键在于家用游戏主机市场。20 世纪 90 年代末至 21 世纪初，PC 游戏还不是十分普及，家用主机的保有量远远超过具备游戏功能的多媒体 PC，游戏大作多半会选择在主机端首发。拿到一家主机大厂的订单，就意味着至少几千万套的销量，足以解决几年内的生存发展问题。而 3dfx 正是在这个问题上栽了跟头，因此退出了历史舞台。

- 1997 年，3dfx 试图为世嘉的第六世代主机 Dreamcast 开发 GPU，双方达成了初步合作协议，可是世嘉最终选择了 NEC 的解决方案。3dfx 十分不满，对世嘉发起了法律诉讼，最后还是不了了之。
- 1999—2000 年，微软计划进入游戏主机市场，取代因为严重亏损而退出市场的世嘉。3dfx 积极争取与微软合作，甚至不惜耗资 1.86 亿美元收购了显示技术公司 Gigapixel，希望借此提高自己的胜算。然而，微软 Xbox 游戏主机最终选择了英伟达，这对于3dfx而言是一次致命打击。

◆ 2000年底，资不抵债的3dfx宣告破产，其知识产权被英伟达收购。至此，第一次“GPU战争”决出了最终结果，英伟达是最大的赢家。

在这段时间里，英伟达也曾面临过生死存亡的危机：1997年，它的第二款商用产品RIVA 128发布前，它一度只剩下40名员工，账上资金只够维持公司一个月的运转。幸运的是，英伟达后续的几款GPU都比较成功，不但收回了足够的资金，还成功建立了自身的品牌声誉。在“御三家”之外的GPU开发商当中，Matrox收缩战线，基本退出了消费级市场，转向企业级显卡市场；S3先是被收购，然后又剥离了图形技术业务，变成了一家消费电子产品公司；PowerVR在高端显卡市场竞争失败，逐渐转向提供入门级和移动GPU解决方案。唯一有可能彻底改变市场格局的是英特尔，1998年它发布了i740 GPU，企图把自己的统治地位从CPU扩展到GPU市场。但是，由于设计缺陷导致的性能不佳，i740 GPU没有取得商业成功，英特尔取消了后续的GPU开发方案，从此退出了独立显卡市场，仅仅专注于与CPU集成的中低端、非独立GPU，或曰“集显”市场——20年后回头看，这可能是历史上它做的最错误的战略决策。[1]

到了2006年前后，躲过了一系列厄运、从持续的行业洗牌当中幸存下来的英伟达，在GPU行业的统治地位似乎已经不可动摇。它进行了一连串成功的并购，不仅包括硬件技术层面，也包括相关的软件层面。它同时赢得了索尼PlayStation 3和微软Xbox 360两款游戏主机的GPU订单。英伟达最大的竞争对手ATI与前者的差距越拉越大，最后于2006年被AMD收购，由此构成了新的双头竞争格局，而AMD也没有能力拉近

1 PC市场使用的显卡分为两种：由英伟达、ATI/AMD等GPU开发商自己提供的“第一方”显卡，以及由OEM厂商采购前者的GPU生产的“第三方”显卡。OEM厂商只发挥组装、市场推广的角色，所以不管显卡本身出自哪家厂商，我们一般会用GPU开发商的名字称呼它，例如“N卡”（英伟达）、“A卡”（ATI/AMD）。

与英伟达的技术差距。然而，仔细研究就会发现，当时的民用 GPU 市场并不是一个特别庞大、特别“肥沃”的市场，英伟达的地位只是看上去稳固，其实并不具备极高的竞争壁垒。具体原因如下。

首先，当时民用 GPU 主要服务于游戏，而游戏显卡市场在很大程度上是割裂的：PC 显卡市场规模较小、发烧友较多，体现为客单价较高、毛利率较高、收入总量有限，是一个典型的“小而精”市场；家用主机显卡市场规模较大、中低端用户较多，而且主机厂商会把成本压缩到极致，所以毛利率较低、收入总量较大，是一个典型的“走量”市场。一款游戏主机的成败与 GPU 技术水平的高低没有直接关系——在“第七世代”的三款主机当中，索尼 PlayStation 3 使用了英伟达 GPU，微软 Xbox 360 和任天堂 Wii 都使用了 ATI GPU，其中销量最大的却是图形处理能力最弱的 Wii。Wii 的成功，主要是由于较低的上手门槛、低廉的价格和独特的体感游戏功能，图形性能反而不是胜负手。这种“割裂”的市场格局，不利于 GPU 厂商形成“技术—产品—市场”的良性循环，技术领先不一定意味着拥有长期竞争壁垒。这对于英伟达而言显然不是好事情。

附带说一句，在第七世代，微软本来想采用英伟达 GPU，只是因为杀价失败，最终选择了 ATI；选用英伟达的索尼则成为“冤大头”，因为硬件成本过高，初期损失惨重。公允地说，这不是英伟达的错，而是索尼整体设计失败的结果，可是英伟达的声誉还是不可避免地受到了影响。直到 2016 年，当任天堂 Switch 主机采用英伟达解决方案时，许多资深游戏迷还调侃任天堂“终于还是上了英伟达的当”。从这里也可以看出，游戏主机厂商对于 GPU 开发商而言实在算不上什么优质客户。在第八世代，英伟达把索尼和微软两个大客户拱手让给了 AMD，后者的江湖地位也没有什么本质性的提升。

其次，自从 2007 年苹果发布 iPhone 以来，移动游戏就成为游戏行业增长最快的细分市场。英伟达意识到了移动端的潜力，于 2008 年推出了基于 ARM 架构的 Tegra 解决方案，这是一个结合了 CPU 和 GPU 的单片系统 (System on a Chip)。问题在于，智能手机市场的领导者——苹果，拥有自己的芯片设计部门，从初代 iPhone 开始就使用自研芯片；全球最大的安卓智能手机厂商——三星，也因为成本等复杂因素，对英伟达 Tegra 的使用范围比较小。在本质上，智能手机是一种性能较低、以轻便灵活为核心竞争力的计算平台，英伟达的竞争优势在这个平台不能充分发挥出来。从现实看，Tegra 的主要应用场景还是平板电脑、智能电视和智能汽车；任天堂 Switch 游戏主机使用的也是 Tegra 解决方案。这几个市场不算小，但是给英伟达带来的增量还远远不够。

那么，还有哪些场景用得上 GPU 呢？军队和航空业需要使用专业级的 GPU 进行飞行训练，不过这个市场太小了。企业内部也有一定的图形处理需求，例如建筑、设计、地质勘探等领域，不过这个市场同样太小了。自从 GPU 这个概念产生以来，用于上述“专业图形处理”的 GPU 比例可能从来没有超过 5%。英伟达还能找到别的出路吗？在 2006 年，答案似乎是悲观的。但是，伟大人物的一个特点是愿意在短期内看不到明显成果的方向上进行投入，只要这个方向具备足够的长期意义，并且与自身一贯的资源禀赋相匹配。所谓“精致的利己主义者”，是那些今天投入了、明天就一定要看到成果的人，所以他们不可能成为伟大人物。当然，那些乐意为了长期意义而投入的人也不一定能成功。回顾历史，他们的尸骨堆满了人类成就高峰之下的每一个深谷，可是他们当中的幸存者登顶了，人类的每一次进步都是由这些幸存者缔造的。

在 2006 年，英伟达高层的选择是：探索 GPU 在通用计算领域的应用方向；所谓通用计算，就是与图形处理没有直接关系的计算任务。GPU 被设计出来是为了显示各种图形，因此它具备很强的并行计算功能。举个例子，一款最简单的 3D 游戏，每时每刻也要生成数以千计的多边形，这就是典型的“并行任务”。为了执行并行任务，GPU 拥有很多个核心；虽然当代 CPU 也走上了多核道路，但是其核心数量和处理并行计算的能力还是无法与 GPU 相比。我们不妨拿做数学题打比方：CPU 像一个老资格的数学教师，擅长解复杂的“大题”，能够在高考当中取得好成绩；GPU 像一群具备基本数学知识的学生，擅长解大量的“小题”，他们在专业考试中的成绩无法与老师相比，可是若要比赛做一百道、一千道四则运算题，那么老师几乎没有获胜的可能性。

早在 2003 年，就有科学家发现：GPU 计算某些特定代数问题的速度比 CPU 更快，尤其是高等代数问题，涉及矩阵和向量计算，特别适合由 GPU 以并行方式完成。在学术界和开源社区，出现了最早的利用 GPU 执行科学计算任务的应用和编程环境。英伟达当然不会忽视这个趋势。虽然看起来，这还是一个非常小、非常新、前途未卜的趋势，但它还是决定在此押下一些赌注。于是，在 2006 年，CUDA 诞生了——现在，它已经构成了英伟达最重要的、不可逾越的两大“护城河”之一。

让我们先来理解 GPU 是怎么工作的。在执行任何计算任务的时候，CPU 都是“指导者”，负责任务调度和复杂指令，同时处理系统后台的事务；GPU 是实际计算的“执行者”。任务开始时，计算机的主内存要先把运算所需数据复制到显示内存（显存）当中，以便 GPU 处理；CPU 要向 GPU 下达具体的指令；GPU 从显存中读取数据，通过多核并行运算的方式完成任务，又将结果存储到显存中；主内存再从显存中把结果复制出来。这一套流程需要 CPU、主内存、GPU、显示内存四个节点的配合，GPU 内部的多个核心也需要分工和配合。

通俗地说，CUDA 就是一套允许软件开发者高效驾驭上述流程、完成计算任务的平台和工具。而且，CUDA 不需要开发者对 GPU 的结构和功能有深刻理解，即便是入门级程序员，也可以在不太长的时间内掌握其基本用法。

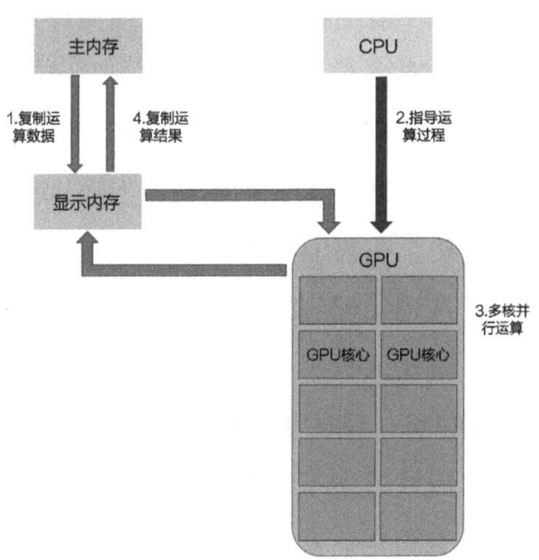

GPU 的工作模式及其与 CPU 的配合机制

从 CUDA 推出之日起，英伟达向世界各地的大量高等院校、科研院所捐献了用于通用计算的 GPU，以及在此基础上组装的工作站和超级计算机。数以千计的研究生乃至本科生在读书阶段就大量接触 CUDA，当他们毕业成为科研人员或工程师之后，自然而然地都会用 CUDA 写代码，并且会带着自己的后辈、下属走上同一条道路。毫不夸张地说，CUDA 的成功有一半是英伟达对专业人员教育的成功，而且这种教育是不计成本、不求当期回报的！毕竟，当时的市场主流观点是：GPU 通用计算是一个高度专业化的狭窄赛道，不一定就比军队、航空等专业图形处理市场的规模大多少。作为 GPU 双雄之一的 AMD，没有在这个方向上投入多少资源。另一个巨头英特尔没有选择重返 GPU 市场，而是试图依托 CPU 开发通用计算产品——这个思路被事实证明是错误的，而且英特尔投下的赌注也不够多。

2013 年 9 月，小米手机 3 的新品发布会在北京国家会议中心举行，英伟达一位联合创始人出席了这次活动，全程使用英文与小米用户热烈沟通。当时他的两句台词给人留下了深刻印象，并将在十多年后被媒体一次又一次地翻出来炒作——“请给我一个机会介绍英伟达！”以及“我也是米粉！”当时，英伟达的市值仅为 90 亿美元，小米的一级市场估值则高达 500 亿美元。那时恰好是英伟达的一个青黄不接的时期：对通用计算市场的耕耘已经持续了七年，产生了一些效果，但还远远不够；对移动端的开发只取得了有限的成功，在最流行的移动智能设备中，大部分没有搭载英伟达的单片系统；第八世代已经发布的三款游戏主机（任天堂 Wii U、索尼 PlayStation 4、微软 Xbox One）均采用了 AMD，而不是英伟达的 GPU。对于英伟达而言，最炙手可热的新需求来自数字货币圈子，因为“挖矿”需要使用大量算力。不过，“挖矿”是一种相对简单粗暴、对软件生态要求不高的计算任务，英伟达通过 CUDA 积累的技术生态优势发挥不了太大的作用。

2012 年底，来自多伦多大学的科学家们在沉寂多年的神经网络研究方面取得了重大突破，并且再次证明了GPU比CPU更适合训练神经网络。从 2013 年开始，互联网平台逐渐把自己的核心业务与神经网络结合，尤其是以深度学习方式进行内容和商品的推荐，由此迸发出了对 GPU 算力的巨大需求。在中国，像字节跳动、快手这样建立在深度学习算法基础上的内容平台，也在此期间异军突起，把传统内容平台打得节节败退。这些新兴平台的血脉里流动的是数据，指挥数据流动的是算法，而驱动算法运转的则是搭载了大量 GPU 的工作站或超级计算机。

2017 年，英伟达正式在财报中把数据中心业务分列出来，单独披露其收入。与此同时，智能驾驶厂商对 GPU 算力的需求也在逐步提升。到了 2019 年，包括数据中心业务和汽车业务的“计算与网络业务”对英伟达收入的贡献已经达到三分之一。数据中心业务真正大显神威还要等到 2022—2023 年，随着生成式 AI 浪潮的推进，它彻底取代传统图形业务（包括游戏和专业视觉解决方案），成为英伟达的收入和利润担当。如果没有通用计算需求带来的数据中心业务需求，那么在 2022 年以后全球游戏行业陷入周期性需求不振的情况下，英伟达的营业收入将会连续两年甚至更长时间下跌，其在资本市场的表现不会比 AMD 和英特尔好到哪里去，更不要说成为全球第三家市值突破 2 万亿美元的公司了。

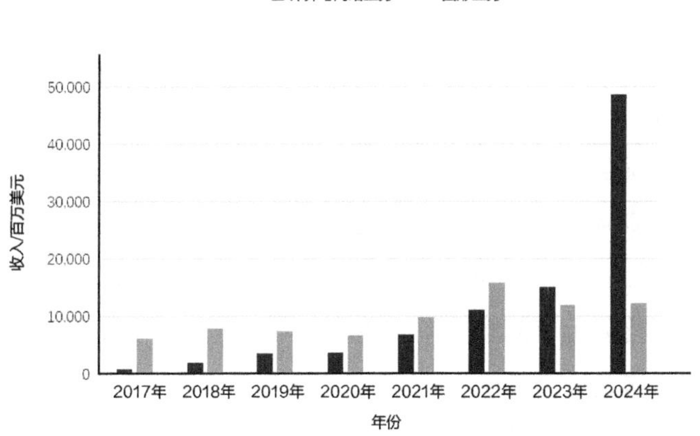

英伟达两大主营业务历年的收入变化趋势[1]

华为创始人任正非在 2023 年 9 月说：“我们即将进入第四次工业革命，基础就是大算力。”这个判断是正确的，我还想补充一句：“‘大算力’的核心是处理并行计算任务的能力，以及大量算力芯片组成集群、以海量的‘算力池’处理海量的计算任务的能力。”GPU 在本质上最适合执行这些任务，而英伟达通过多年的技术开拓和积累，使得自家的 GPU 成为“第四次工业革命”时代的最佳算力担当。对于这一点，后续的章节还会展开讨论。在 2023 年 9 月，能够意识到大算力是下一次工业革命的基础，可谓切合时代。可是如果能在 2006 年就意识到这种可能性，并且十多年如一日的未雨绸缪，那就可谓真正的“未卜先知”。

不要误会，英伟达从 2006 年起对通用计算领域的耕耘也很难说是精心计划的结果。在 21 世纪的前十年，全球芯片行业的发展方向有很多，

1 英伟达财报的结束日期是每年 1 月底，2024 年财报实际记载的主要是 2023 日历年的经营情况，以此类推。

例如智能手机的蓬勃发展，笔记本电脑的轻薄化和进一步普及，以及物联网技术带来的新需求。这十年当中，资源最丰富、最有资格在多个战略方向上同时进行探索的，肯定是英特尔——但它彻底打烂了一手好牌。21 世纪初期，它试图从半导体行业扩张出去，实现多元化增长，事后被证明纯属浪费资源；2007 年，它出售了 ARM 架构的芯片业务，专注于自己精通的 x86 架构，从而基本错过了后来的移动智能设备浪潮；2011 年，它又投入大量资源推广主打“轻薄 + 高性能”路线的“超极本”(Ultrabook)，但是超极本的实际发展只能说是乏善可陈。2012 年以后，深度学习技术蓬勃发展，GPU 在通用计算领域的广泛应用已成定局，英特尔仍然有能力、有时间在这个赛道上奋起直追。它做出了一些努力，例如推出 Xeon Phi 系列处理器，这是一个基于 x86 架构，结合了 CPU 与 GPU 运行特点，适用于工作站和超级计算机的产品线。然而这些努力还是不够，英特尔无力在通用计算 GPU 领域与英伟达竞争，差距被越拉越大。

英特尔的失败有很多原因，包括连续几任 CEO 决策失误，公司规模过大导致效率低下，以及芯片设计与芯片制造业务结合产生的问题。但是，更重要的是历史上的成功带来的包袱：在 x86 架构的 CPU 市场，英特尔实在太成功了，老对手 AMD 根本无法威胁它，只能给它制造一些麻烦。进入 21 世纪以后，英特尔在芯片领域的所有决策都基于同一个指导思想：如何最大限度地利用自己在 x86 市场的优势？所以，英特尔放弃了自研 ARM 芯片，迟迟不愿重启对独立 GPU 的研发，一厢情愿地停留在自己的“舒适区”。相比之下，AMD 倒是没有多少可以指摘的，它进入 GPU 行业的时间太晚了，在自己的老本行 CPU 行业又一直忙于抵御英特尔，未能及早占领通用计算 GPU 的制高点实属情有可原。

英伟达的成功之处在于：既坚持做自己擅长的事情，又愿意离开“舒适区”。设计和研发 GPU 是它擅长的事情，提供游戏图形解决方案是它的“舒适区”，试图用 GPU 解决通用计算问题则是向“舒适区”之外的扩张。在执行通用计算战略的过程中，英伟达善于倾听来自用户和开发者社区的观点，不停地吸取应用端的反馈以改进产品，从而形成了产品迭代的良性循环。作为一家早在 1999 年上市、多数股权被公众投资者持有的公司，英伟达的管理层很少屈从于资本市场的短期压力，乐于在那些三年、五年乃至十年后才会开花结果的赛道上花费工夫。

英伟达走向硅谷乃至全世界之巅，带有一定的偶然性。然而，震惊世界的重大变革只能由各领域先驱做出，又是历史的必然性。有些人走遍千山万水，承担来自四面八方的压力和质疑，只为追寻看似遥不可及的创新机会。他们热衷于创新，不仅因为创新能够带来巨大的经济利益，而且还因为创新本身就是最大的乐趣，也能带来最大的成就感。如果创新之路遭遇阻碍，哪怕是荣华富贵的生活，也不会让他们满意。如果创新之路的前方真正出现了曙光，他们就会像小孩子一样激动不已、宠辱皆忘。

台积电：难以逾越的全球芯片供应瓶颈

2022 年 11 月 30 日，ChatGPT 的发布，使得全球科技巨头正式进入了疯抢算力的时代。承载 AI 大模型训练及推理任务的芯片，主要是英伟达的 GPU，陷入了持续性的供货紧张状态。英伟达用于数据中心业务的旗舰产品，例如著名的 H100 显卡，往往需要客户排队几个月乃至几个季度才有希望拿到。可是英伟达并不能为全球芯片短缺负责，因为它是一家纯粹的芯片设计公司，不具备生产能力；它的数据中心业务的芯片几乎全部是台积电生产的。事实上，早在 AI 大模型浪潮来袭之前，台积电的战略地位就得到了全世界的广泛重视：它是全世界产能和收入规模最大的半导体代工公司，是中国台湾市值最高的公司，贡献了当地 GDP 的大约四分之一。毫不夸张地说，台积电几乎以一己之力，把半导体代工产业拉升到了当地“支柱产业”的地位，并且深刻地改变了全球半导体产业链的面貌。对 GPU 的汹涌需求不但让英伟达赚得盆满钵满，也让台积电陷入了高端产能严重紧缺的甜蜜烦恼之中。

1987 年，台积电成立，这是全球第一家专注于半导体代工的制造业企业。我们都知道，半导体产业可以大致划分为设计、制造、封测（封装测试）三个环节。而在 20 世纪 80 年代，全球半导体产业链还处于“垂直整合”的时代，同一家公司既做设计又做制造，还做封测，是常见现象。从美国到日本，从处理器到存储器行业，随处可见这样的垂直一体化公司。这种垂直整合模式看似高效，其实隐藏着许多问题。

- 芯片设计、制造和封测，对人才的要求是不一样的。就好比服装行业，服装设计师和裁缝显然不是同一工种，所以高端服装品牌一般不会自己运营服装厂。让专业的人去做专业的事，永远是最高效的；强行把两个工种捏合在一起，往往会导致组织复杂度提升、效率下降。
- 芯片设计是轻资产行业，有办公室、有人才、有电脑和设计软件就能做了；芯片制造则是典型的重资产行业，仅仅是制造设备（包括但不限于光刻机）就十分“烧钱”，更不要说对车间环境近乎吹毛求疵的要求了。商业的历史一再证明，重资产行业与轻资产行业的结合不是好事，后者往往会被前者拖垮。
- 垂直一体化厂商面临的最大问题是：自己的产能有时候足够自己使用，甚至绰绰有余，有时候又不够自己使用。换句话说，终端用户的需求与制造产能不一定匹配，呈现周期性波动的趋势。这些厂商往往需要在“高峰期”租用外部代工厂的产能，在“低谷期”把自己的产能出租出去。既然如此，为什么不干脆把制造产能剥离出来呢？

绝大部分中高端制造业在发展到一定阶段之后，都会出现品牌设计职能与制造分离的情况。前者依靠创意、基础研发和市场营销来维持竞争力，后者则托于规模优势和生产技术积累，两者不一定存在严格的优劣之分。20 世纪 80 年代以来，美国等西方国家的“去工业化”，其实就是品牌设计职能与制造职能分离在宏观经济上的一种表象。芯片产业是这一过程的最典型案例：在 20 世纪 90 年代以前，美国是全球芯片制造的重镇，但是它在成本、基础设施和人才储备上都无法与日本和后起的韩国、中国台湾竞争，美国芯片厂商（除了英特尔）于是逐渐放弃或剥离了制造业务。

垂直一体化芯片厂商的时代结束了，21 世纪新兴的概念是“无厂（Fabless）半导体设计公司”，英伟达就是其中的佼佼者。

话说回来，当初台积电成立时，“无厂半导体”的概念尚未诞生，专业的半导体代工厂能走多远实属未知数。成立初期的台积电确实步履维艰，筹资十分困难，依靠中国台湾经济主管部门的扶持及荷兰科技巨头飞利浦（Philips）的合作才勉强走出了第一步。不过，台积电的创业团队从一开始就坚信，只要半导体代工产业发展起来，中国台湾一定能扮演非常重要的角色——因为中国台湾不缺乏人才，华人工程师被一再证明是世界上最聪明、最勤奋、最注重细节的；中国台湾的基建比较发达，地狭人稠，方便半导体产业链形成密集效应；中国台湾大部分地区靠近海岸线，也方便把芯片产品廉价地运输到世界各地。在此后的三十多年当中，除了台积电，联华电子（简称联电）等半导体代工厂也蓬勃发展了起来，只是其他代工厂都远远比不上台积电的规模和技术水平。

进入 21 世纪，主流民用芯片的制程不断进化，从 32/28 纳米一路进化到 7 纳米，进化的过程伴随着资本开支的激增。以台积电为例，2012 年的资本开支为 84 亿美元，2013 年上升到 98 亿美元，2016 年又进一步上升到 103 亿美元，从此再也不曾低于 100 亿美元！需要指出的是，在财务上，“资本开支”仅仅包括兴建厂房、购买设备等固定资产的支出，尚不包括人员成本及新产能调试过程中的成本。结果就是“玩得起”的制造公司越来越少：“32 纳米”时代，全球数得上的芯片制造大厂至少有十家，遍布于美国、韩国、欧洲、日本、中国；到了“10 纳米”时代，就只剩下中国的台积电和中芯国际、韩国的三星、美国的英特尔了。顺便说一句，到了 2023 年，台积电的资本开支高达 330 亿美元，2024 年估计与此相仿。按照本书截稿之日（2024 年 4 月）的股价，台积电每年用于扩产的花费足以买下百度、携程或者快手当中的任何一家。

由于跟不上烧钱的军备竞赛，传统芯片公司纷纷出售或拆分了自己的制造产能，例如 AMD 于 2008 年将旗下的制造业务拆分，成立了格芯 (Global Foundries)，IBM 也于 2014 年把自己的芯片制造业务出售给了格芯。松下自从二战结束以后，持续经营半导体制造业务长达近 70 年，但还是从 2015 年起逐渐收缩这项业务，最终于 2020 年彻底撤出。承载了整个欧洲半导体行业希望的意法半导体，逐渐专注于传感器、功率半导体等细分市场，客户以汽车行业为主，不再参与先进制程的竞争。时至今日，英特尔居然成为硕果仅存的坚持垂直整合模式的先进半导体大厂。

在能够胜任 10 纳米制程芯片制造的四个大厂当中，中芯国际由于受到美国的技术封锁，向上突破的进程暂时被打断，近年来只得专注于 28 纳米等比较成熟的制程。台积电、三星、英特尔构成了先进芯片制造的“御三家”，其中台积电的技术领先程度较大。在 2023 年四季度财报电话会议上，台积电总裁魏哲家表示：“几乎所有人都在跟台积电合作……时至今日，你所能看到的关于 AI 的一切都来自台积电。”这不是自我夸耀，而是事实陈述！无论是英伟达的数据中心芯片，还是其最大竞争对手 AMD 的同类产品，均来自台积电。因此，当 2024 年 4 月中国台湾花莲海域发生地震时，太平洋两岸的投资者和科技从业者都为之紧张了一阵子——台积电只要打个喷嚏，全球 AI 行业就有感冒的风险。幸运的是，自从 1999 年中国台湾“921”大地震以来，台湾地区半导体产业高度重视地震防范，花莲海域附近的地震只对台积电造成了几小时的影响。

台积电是怎么取得今天这种不可替代的地位的？我们可以换一个问题：英特尔和三星是怎么掉队的？对于英特尔而言，最大的问题是：它本身就是世界上最成功的芯片设计公司之一，所以竞争对手很难放心把自己的芯片交给它生产。AMD 自不用说，与英特尔的搏斗持续了 40 年，即便在剥离制造工厂之后也很难信任这个老对手；英伟达虽然聚焦于 GPU 市场，但是也时刻面临来自英特尔的“集显”，以及 Xeon Phi 通用计算解决方案的压力。哪怕竞争对手愿意彻底相信英特尔，英特尔的产能也要第一时间保证自身产品的生产，外部客户很难获得更高的优先级。反观台积电，根据它自己的说法，它是一家“专业集成电路制造服务公司”，除代工（以及帮助客户设计）之外没有其他任何业务，理所当然地更有利于获得客户信赖。

随着芯片制程不断进步，合格的代工厂越来越少了

32/28 纳米制程芯片制造代工厂	22/20 纳米制程芯片制造代工厂	16/14 纳米制程芯片制造代工厂	10 纳米制程芯片制造代工厂	7 纳米制程芯片制造代工厂	5 纳米制程芯片制造代工厂	3 纳米制程芯片制造代工厂
台积电	台积电	台积电	台积电	台积电	台积电	台积电
三星	三星	三星	三星	三星	三星	三星
英特尔	英特尔	英特尔	英特尔	英特尔	英特尔	英特尔
格芯	格芯	格芯	中芯国际			
联电	IBM	联电				
中芯国际		中芯国际				
IBM						
华虹						
意法半导体						
松下						

至于三星的半导体业务，在 2015 年以前一度与台积电斗得难解难分，在某些方面还略微领先。在 2014 年以前，苹果是三星半导体最大的客户，绝大部分 iPhone 的芯片均出自三星代工厂；可是从 2010 年开始，苹果不断加强与台积电的接触，最终于 2015 年把芯片代工订单全面转移到了台积电，这也成为三星和台积电此消彼长的分水岭。为什么？作为韩国乃至整个亚洲最大的综合性财团之一，三星的业务非常庞杂，而这正是问题所在。

◆ 三星是全球最大的安卓手机厂商之一，所以是苹果最大、最危险的竞争对手。双方就外观设计等知识产权问题展开过一连串法律诉讼。理论上，三星半导体和手机业务是分离的，但谁能

保证苹果的知识产权不会在代工过程中受到侵害？出于类似原因，早在2012年，苹果就停止了从三星采购手机屏幕的业务，并且尽量减少从三星采购内存、闪存。

- 当苹果于2011年开始接触台积电时，台积电管理层迅速实现了它的每一个要求：保证最先进的产能供给；为苹果设立专门的生产区域；设立最严密的知识产权保护措施，防止泄密。三星的内部汇报链条太长、动作太迟缓，只有台积电这样的"专业代工厂"能够如此高效地满足苹果的需求。
- 具体到三星半导体业务，其最大、最重要的产品线是存储芯片，而不是逻辑芯片（可以通俗地理解为处理器）。就算失去了iPhone的芯片代工订单，对它的影响也不至于"伤筋动骨"。直到今天，三星仍然是全球最大的存储芯片制造厂。而台积电则基本聚焦于逻辑芯片，将力量集中在一个特定赛道上的结果就是最大限度的专精。

在把订单迁移到台积电之前，苹果也考虑过英特尔。从2005年起，苹果电脑的处理器从IBM PowerPC架构换成了英特尔x86架构，事后证明这是一次成功的变革，两家公司建立了密切的合作关系。英特尔固然不像三星一样与苹果直接竞争，却也无法像台积电那样快速、全面地解决苹果关心的一切问题，因此最终落败于台积电。站在"事后诸葛亮"的角度，苹果还真是选对了，因为2016—2018年英特尔转向10纳米制程的时候出现了严重问题，直到2019年9月才真正实现10纳米芯片的量产，是"御三家"当中最晚的一个。英特尔为什么出现如此严重的问题？可能是因为技术路线过于激进，也可能是执行力低下，不过这些都不重要了。重要的是，从那以后，更无人能撼动台积电的地位了。

芯片制程进入"5纳米"乃至"3纳米"时代之后，台积电的竞争优势呈现越来越稳固的趋势。英伟达于2020年发布的数据中心级GPU Ampere系列，采用7纳米制程，还是由台积电和三星联合代工的。到了2022年发布的Hopper系列，换用5纳米制程，就改由台积电单独代工了。

三星和英特尔经常宣称能够在几年之内赶超台积电，可是只要详细对比一下三家公司已经公布的制程进化路线图，我们不难看到：在晶体管密度、性能等硬指标方面，台积电的领先幅度往往可达 1 ~ 2 年甚至更多。2024 年初，英特尔管理层告诉投资者："我们在 2 纳米制程上领先于台积电。"而台积电管理层则毫不客气地评论："他们宣称自己的新技术能在 2025 年实现量产，但是到了那时，台积电的类似技术已经进入量产第三年，各个晶圆厂的产量将会非常高。我们在技术成熟度上拥有很大的优势。"[1]

半导体代工"御三家"的制程路线图，台积电领先一个身位

	2023 年	2024 年	2025 年	2026 年	2027 年	2028 年
英特尔	i4/i3	20A/18A				
工艺	FF	HNS(4)				
背面供电	无	有				
晶体管密度	130/143	NA/195				
性能	1.86/2.20	2.53/2.78				
三星	3E	3	2	2P	1.4nm	
工艺	HNS(3)	HNS(3)	HNS(3)	HNS(3)	HNS(4)	
背面供电	无	无	无	有	有	
晶体管密度	159	178	187	198	243	
性能	1.77	1.87	2.02	2.11		
台积电	3	3E	2	2P		14A
工艺	FF	FF	HNS	HNS		HNS
背面供电	无	无	无	有		有
晶体管密度	283	273	313	349		392
性能	1.86	1.95	2.20	2.44		

1 "5 纳米"以下的制程的名称只具备商业宣传意义，并不意味着制造工艺的尺度真的是 5 纳米或更低。不同的制造企业的"5 纳米"制程可能存在本质上的技术差别，只能粗略地对比，不能视为同一种工艺。

此时此刻，对台积电收入贡献最大的行业是智能手机和高性能计算（包括数据中心、工作站、超级计算机等），两者难分伯仲。前者最重要的客户自然是苹果，后者则同时包括英伟达和 AMD，甚至包括英特尔——由于英特尔的先进制程技术水平不及台积电，所以它既是台积电的竞争对手，也是其客户。物联网和汽车行业，以及除了智能手机的消费电子产品则贡献了其余的收入。台积电面临的最大的问题是先进制程产能不足：英伟达的数据中心 GPU 主要使用 7 纳米和 5 纳米制程，以后会逐步进化到 3 纳米制程，这样的先进制程产能不是想扩张就能扩张出来的。

归根结底，生成式 AI 浪潮来得太快了，不仅打乱了算力需求端的节奏，也打乱了供给端的节奏。英伟达的财报显示：2024 财年第二季度（相当于 2023 年 5 月至 7 月），数据中心业务的收入环比上涨了一倍多；第四季度数据中心业务的收入在此基础上又增长了约 80%。人们如梦初醒地发现，台积电才是全球算力供应的真正瓶颈。英伟达的竞争壁垒固然很高，可是在理论上还是存在被替代的可能性，假如用户愿意接受较低的效率、较弱的开发环境和软件社区，AMD 的竞品还是可以拿来对付一下的。台积电则在理论上都不存在被替代的可能性，就算三星和英特尔真的能完成自己宣称的愿景，那也得再过 2 ~ 3 年才能实现对台积电的部分替代，何况头脑正常的人都不会相信它们能完成自己宣称的愿景。只要半导体技术不出现突然的飞跃，未来很长一段时间，台积电的扩产速度将始终落后于需求激增的速度。

其实，台积电已经在很努力地扩张先进制程产能了。2023 年一季度，3 纳米制程还没有大规模量产，5 纳米制程也仅占据营业收入的 31%；到了 2023 年四季度，3 纳米和 5 纳米制程对收入的贡献已经分别上升到了 15% 和 35%。半导体行业与生俱来的特点是技术进化极快，所谓“成熟”制程很快就会变成“落后”制程，“落后”制程很容易陷入产能过剩，而先进制程永远处于产能不足的状态。就台积电自身而言，何尝不是如此？在实践中，不同制程的产能可以互相转化，例如台积电就计划把一部分 5

纳米产能转化为 3 纳米，不过需要大量的时间和资源投入。怪不得在每次台积电财报发布会上，分析师总是会如饥似渴地提问：“产能在哪里？新的产能什么时候投产？什么时候达产？”这些问题不仅对台积电很重要，对它的客户（英伟达）及客户的客户（微软、亚马逊、Meta、谷歌，等等）更是至关重要。可惜的是，台积电管理层的答复无论如何都不可能让市场满意。

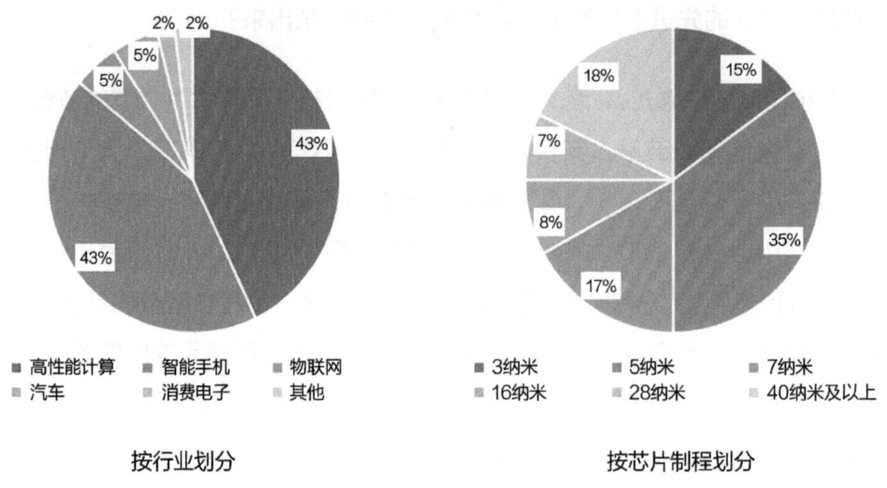

2023 年四季度，台积电收入构成

台积电扩产的瓶颈具体在哪里？在一部分人看来，芯片制造的唯一瓶颈是光刻机，中芯国际乃至整个中国大陆半导体产业之所以不能更进一步，仅仅是因为美国主导的光刻机禁运。不管这个说法有没有道理，至少对于台积电而言，是不成立的：它没有受到美国禁运的影响，而且与阿斯麦(ASML)这个荷兰光刻机巨头的关系一贯很好，总是能拿到最先进的设备，有些设备的实验阶段就是在台积电的车间完成的。三星和英特尔同样不会缺少光刻机供应，就算比台积电慢一点，也慢不了多久。至于芯片生产所需的配套技术和辅料，芯片制造“御三家”也都不缺乏。那么，究竟是什么因素导致了三星和英特尔无法像台积电那样提供最先进的产能，就连台积电自己也不能为所欲为地扩张先进产能呢？

这就涉及所谓“先进制造业”的本质：设备很重要，人很重要，环境也很重要，三者缺一不可。在第一次工业革命之前，现代工业并不存在，只有手工业体现为“师傅带徒弟”，充斥着各种“玄学”。近现代的大机器工业则呈现标准化、流水线化乃至“去人性化”的特征，工程师和技术工人都只是螺丝钉，同类工厂在很大程度上是可以互相替换的。然而，最先进、最尖端的工业，往往会呈现某种“返祖效应”，不是所有东西都可以轻易复制、轻易替换；等到它完全标准化、流水线化的那一天，它也就不再是最先进的工业了。因此，“工业皇冠上的明珠”总是不断变化的，就拿半导体产业来说，只有最先进的制程才是“皇冠上的明珠”，“成熟”及“落后”制程则是可有可无的筹码而已。

现代工业之所以能标准化、“去人性化”，是因为前人的经验积累得足够多，任何生产环节的最优解都找到了，人们只需要不折不扣地予以执行。可是在最先进的工业赛道上，哪里有前人的经验？开拓者自己就是“前人”，要通过无数次试错去寻找“最优解”，乃至在尚未找到“最优解”的情况下开始量产。越是先进的芯片制造工艺，就越是像“玄学”：设备摆放位置和朝向的一丝一毫变化，都可能导致良品率的剧烈波动，更别说换一个生产地点了。英国科幻小说家阿瑟·克拉克 (Arthur Clarke) 有一句名言：“任何足够先进的技术，看上去都与魔法无异。”我还想补充一句：“魔法是不可标准化、带有深刻的个性烙印的。”在我们的时代，还有比先进制程的芯片制造更接近魔法的技术吗？这样的技术注定不可能通过传统工业的方法实现批量复制。

台积电的专家表示，中国台湾半导体制造业最大的优势在于拥有勤奋刻苦的工程师——台积电员工经常在半夜 12 点接到电话，从被窝里爬起来去现场解决问题，美国工程师绝对不可能如此勤奋。而且中国台湾的基建相对于欧美而言算是比较发达的了，半导体产业链上的各个公司可以迅速地互相响应，这一点在地广人稀的美国很难想象。很多专家并不看好美国近年来提倡的芯片制造产能回流本土，反而认为日本、韩国和新加坡更有可能成功。他们认为，对中国台湾半导体产业挑战最大的还是韩国，因为韩国的职业经理人、工程师的工作效率与中国台湾很接近，而且三星本来就是与台积电差距最小的竞争对手。

台积电的众多先进制程生产车间之一

台积电还在中国大陆、日本、美国、新加坡等地拥有较大规模的产能，其中最引人注目的无疑是位于美国亚利桑那 (Arizona) 州的工厂。2020 年 5 月，台积电宣布将在亚利桑那州首府菲尼克斯 (Phoenix) 投资 120 亿美元建设代工厂；2022 年 12 月，又宣布将在同一地点建设第二家代工厂，投资总额扩展到 400 亿美元；到了 2024 年 4 月，又与美国商务部共同宣布建设第三家代工厂，投资总额将超过 650 亿美元，累计创造约 6000 个工作岗位。这将成为亚利桑那州历史上规模最大的外国直接投资案例，没有之一。

2020 年，台积电对亚利桑那州的投资决策可能主要还是出于经济考虑，但是后面两次追加投资显然受到了政治因素的影响。尤其是 2024 年的追加投资，明显得到了美国《芯片与科学法案》（简称《芯片法案》）

的资助，美国商务部发挥了举足轻重的作用。台积电明确表示，亚利桑那州的一号代工厂将使用 N4（5 纳米以下）技术，二号代工厂将使用 N3（3 纳米）及 N2（2 纳米）技术，三号代工厂则将使用“2 纳米乃至更先进的技术”。耐人寻味的是，就在台积电不断增加对美国投资的时候，相关专家一再表示不看好半导体制造业回流美国，认为美国更适合芯片设计而非制造。台积电的现任管理层表示，亚利桑那州制造基地的客户将“包括所有人”，但是“主要是美国客户”。

无论如何，台积电对美国的投资不会对芯片供给格局产生立竿见影的影响：亚利桑那州一号工厂要到 2025 年投产，二号工厂要到 2028 年才投产，三号工厂（就是最先进的那个）还没有具体的投产时间表。从投产到大规模量产、达产，还要经过更长的时间。美国的职业经理人和工程师究竟够不够勤奋刻苦，美国西部的基建水平是否足以支撑先进半导体制造产业，答案只有到那个时候才能揭晓。美国政府对半导体制造业回流本土的希望是殷切的，给出的补贴和政策扶持是诱人的——但是它最大的希望还是得寄托于台积电，而不是英特尔或其他本土公司，这恰恰证明了台积电是多么不可或缺。

2023 年 10 月，台积电的管理层表示：再过二三十年，中国台湾半导体制造产业的优势恐怕会丧失，就像当年美国半导体制造产业被韩国等所取代一样。至于未来取而代之的会是谁？得到的回答是：“也许是印度、越南、印尼，但这谁知道呢？”不过，台积电的管理层并未进一步说明，届时承接先进芯片产能的会是台积电在当地的分支机构，还是当地土生土长的公司。不管怎么说，二三十年后才会发生的事情，对今天的算力战争几乎没有影响。过去、现在和可见的未来，台积电位于中国台湾新竹工业园的代工厂都是全球绝大部分 AI 算力的生产地，也是算力供给的瓶颈所在。所有人对这个局面都不太满意，但是没有人知道如何解决。

全球科技巨头的 AI 算力争夺战

AI 大模型所需要的算力分为两种：第一种是训练，第二种是推理。顾名思义，训练就是用大量数据让大模型学习知识、提升能力；推理就是在现实中解决问题。一个高中学生，每天做作业，演算习题，根据参考答案检讨自己的答题技巧，这就是训练；等到参加考试的时候，没有参考答案了，接触的既有全新的题目，也有以前作业中出现过的老题目，这就是推理。训练不是一劳永逸的，在生成式 AI 技术突飞猛进的今天，主流大模型要永无休止地进行训练，才能保持领先优势；后发的大模型则要进行更高强度的训练，才有可能缩小与领先者的差距。经历过高考的读者，不妨回想一下自己的高三岁月：昼夜不息地在题海之中进行“训练”，隔三差五地在大考小考之中检验自己的“推理”能力，如此反复。不同之处在于，高三学生的旅程总会在高考后画上休止符，而大模型的旅程则看不到终结的那一天，至少目前如此。

“训练”和“推理”的算力需求早在生成式 AI 浪潮到来之前就存在了。事实上，在 2022 年以前，主流互联网平台都部署了大量算力用于内容分发系统，尤其是所谓“算法推荐”。向用户推送内容所使用的算法，本质上也是复杂的神经网络，也是通过深度学习训练出来的，算法应用的过程也是推理的过程。每当你在短视频平台上下滑动更换内容，或者在电商平台漫无目的地闲逛时，你都在不知不觉地调用平台的算法推荐系统，无声无息地消耗着后台算力。只是这种算力的消耗相对较小、容易预测，在互联网平台的成本结构中占比不高，所以很少有人将其视为一种“战略资源”。

生成式 AI 引发的算力需求则完全是另一回事。我们或许可以将其比拟为 20 世纪初海军舰艇燃料从煤炭到石油的进化，作为一种战略资源，石油的地位大幅提升，对石油的争夺在很大程度上决定了第二次世界大战的走向。不同的是，海军从“烧煤”转向“烧油”是在十多年中慢慢完成的，生成式 AI 对算力需求的暴增则是骤然发生的。英伟达的财报显示，从 2023 财年第四季度（2022 年 11 月至 2023 年 1 月）到 2024 财年第四季度（2023 年 11 月至 2024 年 1 月），数据中心业务的收入上涨了 4.07 倍，其中与算力直接相关的收入更是上涨了 5 倍多。“我们预计下一代产品仍将供给不足，因为需求远远超过了供给。”英伟达管理层在财报电话会议上如是说。

在英伟达的所有算力产品中，最紧缺的是所谓“大卡”。通俗地说，“大卡”就是产品名称后缀为 100 或以上的显卡，例如 2020 年上市的 A100、2022 年上市的 H100、2024 年 3 月官宣但尚未发货的 B100，等等，它们都是英伟达历代数据中心级 GPU 架构下的旗舰产品。与此相对的“中卡”“小卡”，则是指那些名称后缀小于 100 的数据中心级显卡，例如 H40、L40，以及一些高端桌面级显卡，例如 RTX4090。“大卡”具备下面几个鲜明的、不可替代的特征。

◆ 显存容量大，H100 拥有 80 GB 显存，Blackwell 更是拥有 192 GB 显存。相比之下，“中卡”的性能最强者之一 L40 仅拥有 48 GB 显存，仅相当于比它早两年多发布的“大卡”A100 的低配水平。

- 显存位宽（一瞬间所能传输的数据宽度）、显存带宽（一段时间内所能传输的数据量）明显较高，H100 的这两项指标分别是 L40 的 13.3 倍和 3.9 倍。
- 支持 NVLink 互联，即英伟达独家的多个 GPU 之间、GPU 与 CPU 之间的高速数据传输技术。“大卡”的互联速度可达每秒数百 GB 乃至 TB 级别，而“中卡”“小卡”要么不支持 NVLink，要么只支持较低速度的互联。
- 其他技术指标倒不是特别重要。从下表可以看到，L40 的时钟频率、显存频率、缓存容量等技术指标相比 H100 没有明显劣势，甚至有优势；但前者依然是“中卡”，后者依然是“大卡”。

英伟达历代“大卡”，及其与“中小卡”的技术参数对比[1]

架构	Ampere	Hopper	Blackwell	Ada Lovelace
上市时间	2020 年 5 月	2022 年 9 月	尚未发货	2022 年 10 月
旗舰型号	A100	H100	B100	L40
CUDA 核心数	6912	16896	未知	18176
时钟频率	1410 MHz	1780 MHz	未知	2520 MHz
显存	40–80 GB	80 GB	192 GB	48 GB
一级缓存	25344 KB	20736 KB	未知	18176 KB
二级缓存	51200 KB	40960 KB	未知	98304 KB
显存频率	2.4–3.2 Gbit/s	4.8 Gbit/s	8 Gbit/s	9 Gbit/s
显存位宽	5120-bit	5120-bit	8192-bit	384-bit
显存带宽	1.52 TB/s	3.35 TB/s	8 TB/s	0.85 TB/s
NVLink 互联速度	600 GB/s	900 GB/s	1.8 TB/s	不支持
单精度浮点运算能力	19.5 TFLOPS	67 TFLOPS	未知	90.5 TFLOPS
双精度浮点运算能力	9.7 TFLOPS	34 TFLOPS	未知	1.4 TFLOPS

较大的显存，意味着显卡可以处理较多的数据；较高的显存带宽，意

1　英伟达数据中心级 GPU 的架构名称 Pascal、Volta、Ampere、Hopper、Blackwell 和 Ada Lovelace 都是历史上著名的数学家或科学家的名字。这一系列 GPU 的总称为 Tesla，是历史上一位重要发明家的名字，与生产电动汽车的特斯拉公司没有关系。

味着显卡可以以较快的速度处理数据；支持高速的 NVLink 互联，意味着多张显卡可以组成同一台计算设备，这些计算设备又可以彼此连接起来，构成一个“算力集群”。英伟达于 2021 年发布的超级计算机 SELENE 含有 4480 张 A100 显卡；2023 年发布的 EOS 则含有 10752 张 H100 显卡。现实中最常用的 AI 训练服务器一般包含 8 张“大卡”，一百台服务器就意味着 800 张“大卡”，以此类推。

可不可以用“中卡”“小卡”做训练呢？理论上当然可以，但是速度很慢、效果不好。“中卡”“小卡”的产品定位就是执行 AI 推理任务或专业图形计算任务，强行用它们做训练，就好比打海战的时候强迫驱逐舰、护卫舰去履行主力舰的职责。在大模型技术进步速度很快的情况下，拿不到足够的“大卡”，训练速度就会比对手慢；假设每一代慢半年，四代积累下来就会慢两年，十代以后就会慢五年，已经完全不在一个重量级上了。而且，随着英伟达产品线的进化，上一代的“大卡”的地位会逐渐降低，例如进入 2024 年以后，A100 往往不再被视为“大卡”了，科技巨头都在争抢更强大的 B100/B200。如果仅仅使用“过气大卡”进行训练，在长期也是会落后的。

那么问题来了，大模型训练究竟需要多少算力？根据英伟达官方在 2024 年全球技术大会 (GTC) 上的估算，训练一个 1.8 万亿个参数、混合专家架构的 GPT 模型（应该就是指 GPT-4），需要 8000 张 H100 显卡，用时 90 天，或者 2000 张 B100 显卡，用时 90 天。当然，由于大模型开发者的技术路线和技术水平各有区别，实际训练消耗的算力也千差万别。Databricks 于 2024 年 3 月发布的 DBRX 开源大模型，就只使用了 3072 张 H100 显卡，用时 75 天，这可能与 Databricks 在数据技术方面的积累有关。不要以为训练完就一劳永逸了，训练是永不停息的，因为一旦你停下来，对手就会领先。所以对训练算力的消耗也是无穷无尽的。

2024 年以来，全球科技巨头的算力争夺战进入了新的白热化阶段。

虽然英伟达从未披露“大卡”的具体出货量，也没有披露各家客户的具体采购量，但是从公开新闻中可以直观感受到算力战争的残酷程度。

- 2024 年 1 月，Meta CEO 扎克伯格宣布将在当年内采购 35 万张 H100，“到 2024 年底，如果加上其他 GPU，将拥有近 60 万张 H100 的算力”。Meta 旗下的开源 AI 社区 PyTorch 负责人还透露，LLaMA-3 大模型的训练使用了 24576 张 H100，这是第一个官方承认使用“万卡集群”训练的大模型。
- 2024 年 2 月，字节跳动与北京大学共同发表的一篇论文透露，字节跳动已经于 2023 年 9 月组建了 1.2 万张 A100 的“万卡集群”，并且正在建设类似规模的 H100 集群。这是中国互联网大厂第一次公开自己的“万卡集群”，可惜 A100 的算力要明显弱于 H100。
- 2024 年 3 月，摩根士丹利指出苹果从鸿海（富士康的母公司）一次订购了 2 万台 AI 服务器，其中 40% ~ 50% 是 H100 服务器；如果消息属实，那就意味着订购了 6.4 万至 8 万张 H100。这笔订单显然不会是苹果唯一的算力大单。
- 2024 年 3 月英伟达 GTC 大会期间，亚马逊宣布将采购 2.07 万张 GB200“超级芯片”；每张 GB200 包含两个 B200，B200 的算力约为 H100 的 4 倍，仅此一笔订单就将为亚马逊增加相当于约 16 万张 H100 的算力。

科技巨头抢购“大卡”，有三个主要目的。首先当然是训练自家的大模型，谁也不愿意在大模型技术上受制于人，就连以前一直比较谨慎的苹果都在 2024 年 3 月公开了自研多模态大模型。其次是出租给客户做训练，尤其是微软、亚马逊、谷歌三大公有云平台及国内的阿里云，必须有能力向客户提供高质量的大模型训练解决方案，而算力是一切的基础。最后是执行推理任务，虽然一般的推理使用“中卡”就够了，但是近来的新趋势是把训练和推理任务统一交给“大卡”执行。这样做的好处有很多：有利于统一算力硬件配置，根据需求实现算力的动态调配，还能提高推理任务的执行速度。如果说有什么坏处，那就是过于“烧钱”。所幸科技巨头最不缺的就是钱，因此导致了“大卡”需求的进一步飙升，在一定范围内有替代“中卡”之势。

英伟达 GB200 超级芯片，含有 2 个 B200 GPU、1 个 Grace CPU，亚马逊已经预订了 2 万多张

在这场算力战争中，到底谁的采购量最大，谁家的算力储备最雄厚呢？网上最常被援引的，是英国咨询公司 Omdia 发表的研究报告——它估计整个 2023 年英伟达的 H100 出货量约为 100 万张，其中最大的客户是微软和 Meta，各买走了 15 万张；谷歌、亚马逊、Oracle 和腾讯的采购量都在 5 万张左右；采购量在 1 万张以上的还有百度、阿里、字节跳动、特斯拉等。

Omdia 的估算产生了很大的影响，仅仅在中文互联网上，我就数十次看到有媒体转发其估算的数据，并且据此推测美国和中国互联网大厂的算力储备。很可惜，无论从公开信息看，还是我个人调研所掌握的情况看，上述估算都存在较大的误差。对部分大厂的采购情况估计可能是正确的，但更多是不正确的。下面就展开讨论。

首先，英伟达的 2024 财年（相当于 2023 年 2 月至 2024 年 1 月）年度报告披露，最大的一家客户对营业收入的贡献为 13%；除此之外，没有客户对收入的贡献超过 10%。外界普遍认为，“最大的一家客户”就是微软。由于 OpenAI 开发的 GPT-4 大模型跑在微软 Azure 云上，凡是需要定制和深度使用 GPT-4 的企业客户肯定都要租用微软的算力；OpenAI 的成功，也吸引了很多大模型创业公司使用微软算力进行训练。反观 Meta，虽然在开源大模型领域是一股不可忽视的力量，但是并不运营公有云平台。我们很难相信 Meta 的 H100 采购量能够与微软一模一样、达到亚马逊的 3 倍。尤其是亚马逊从 2023 年二季度奋起直追，通过与英伟达加深合作、投资 Anthropic、推出自研大模型 Titan，努力拉近自己在 AI 赛道上与微软的差距。从各种迹象看，亚马逊的 H100 采购量就算少于 Meta，也不至于低到只有后者的三分之一。

其次，在中国，对外出租 AI 算力规模最大的云平台是阿里云，而不是腾讯云。向第三方提供 AI 开发环境和算力并不是腾讯云的战略主攻方向，大模型创业公司使用腾讯云的案例也不如使用阿里云的案例多。腾讯自研的混元大模型的发布时间晚于阿里的通义千问，而且截至本书截稿之日，其应用范围尚不广泛，技术迭代速度亦有待提高。在其他中国公司当中，百度和字节跳动的算力储备也很高，虽然难以确定是否超过了腾讯，但是应该与之在同一数量级。Omdia 的研究却认为腾讯的 H100 采购达到了百度和阿里之和，与亚马逊和谷歌相仿，这是很难站住脚的。

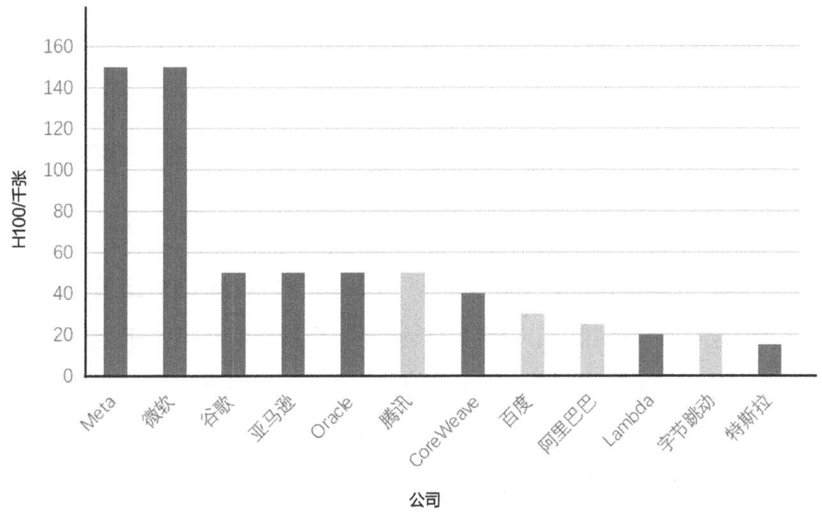

国家第三方估计的 2023 年采购英伟达 H100 的客户情况，
可能存在较大误差

那么，截至 2024 年上半年，国内企业究竟储备了多少“大卡”？我咨询过一位云计算大厂的相关从业者，他表示：“如果把 A100、A800、H100、H800 这些型号全部算上，国内的‘大卡’储备应该超过了 20 万张，其中阿里云拥有的数量最多，字节跳动、百度其次；腾讯的情况不太清楚，很可能少于前三家。可以粗略地认为，国内仅有上述四家公司具备‘万卡’级别资源。但是，阿里云的算力有很大一部分是出租的，用于自研大模型的算力未必显著多于其他大厂。主流汽车厂商往往也拥有一些‘大卡’用于智能驾驶培训，但数量远远少于互联网大厂。”

值得强调的是，一家公司“采购过”多少算力，跟它“能够调用”多少算力，是两个不同的概念。上面提到的阿里、腾讯、百度和字节跳动都有云计算业务，外部人士不可能知道它们手中的“大卡”有多少自用、多少出租给客户。同一家公司持有的算力可能分散在不同的分支机构当中，例如阿里内部持有“大卡”的不只是阿里云，百度的大模型和智能驾驶研发团队都拥有相当数量的“大卡”，腾讯手中的“大卡”也分布在不同的事业群。大模型创业公司一般不会采购太多的算力，而是向平台租用算力或者以合作方式换取算力，例如阿里对月之暗面等创业公司的部分投资就是以算力的形式提供的。不过有一点是肯定的：最安全的方式是把算力掌握在自己手中，因为算力将长期处于紧缺状态，有钱也未必租得到。

英伟达的财报显示：2023 财年（结束于当年 1 月），按照客户所在地划分，来自美国的收入占比 31%，排名第一；其次是中国台湾，占比 25%；中国大陆排名第三，占比 21%。到了 2024 财年，来自美国的收入规模激增了两倍多，收入占比也上升到了 44% 的历史高位；来自中国大陆的收入虽然也增加了近一倍，但是增幅远不如美国，所以收入占比下滑到了 17%。当然，营业收入占比不能代表算力采购占比，因为英伟达还有规模庞大的游戏、专业图形解决方案业务。一般而言，英伟达的游戏 GPU 主要由中国台湾的几家电子大厂组装成显卡并流入消费市场，直接出售给美国客户的比例不大。而且 2024 财年英伟达的图形业务整体表现一般，几乎没有增长。因此我们可以合理推断：2024 财年英伟达来自美国和中国大陆的收入增量，主要来自对数据中心算力的需求。

有人会指出：中国企业对英伟达的算力采购可能不仅体现在“中国大陆”的营业收入当中，因为中国互联网大厂有许多海外分支机构，例如阿里云在东南亚地区有较高的市场渗透率，字节跳动则通过 TikTok 把触角伸向了全球一百多个国家。然而，美国科技巨头同样有庞大的海外业务，例如微软向位于法国的 Mistral 提供算力支持，显然是通过欧洲而不是美国本土的数据中心。退一万步讲，即便我们假设中国企业有三分之一以上的算力采购是通过海外分支机构进行的（这个假设非常激进，不太可能符合事实），它们实际积累的“大卡”还是会远远低于美国科技巨头。

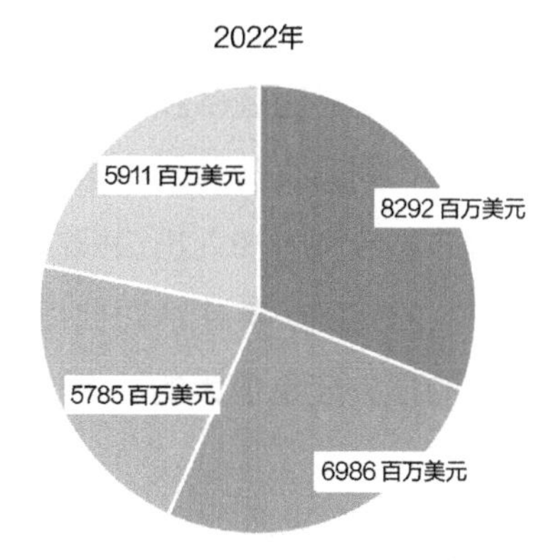

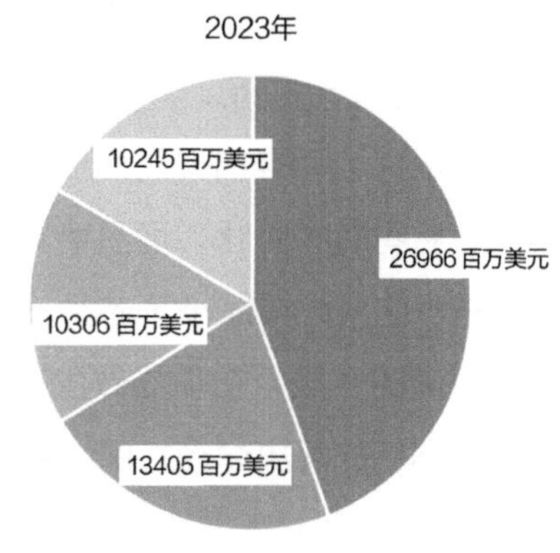

英伟达的营业收入，按客户地区划分

在正常情况下，中国企业可以通过更大规模的持续采购来拉近算力差距，至少不会任凭差距进一步拉大。问题在于，算力现在变成了一个政治议题而非单纯的经济、技术议题。2022 年 8 月，《芯片法案》得到了美国国会的通过和白宫的签署，该法案的主要目的有两个：第一是通过政府补贴、税收优惠等政策，促进芯片制造产业回流美国；第二是限制美国的竞争对手（包括但不限于中国）获得先进芯片。台积电在美国亚利桑那州兴建号称“最先进”的芯片代工厂，体现了该法案的第一层目的；中国企业面临的算力芯片供应禁令，则体现了其第二层目的。

2022 年 10 月，即《芯片法案》通过不到两个月之后，美国商务部就宣布了针对中国等国家的芯片出口限制，主要是禁止超过某些特定技术指标的芯片出口；英伟达的 A100、H100 等“大卡”均在限制范围之内。不过“魔高一尺，道高一丈”，英伟达很快推出了略低于限制标准、专供中国市场的 A800、H800 芯片。而且，美国商务部的禁令没有得到特别严格的执行，中国企业仍然有一些获得 H100 的合法途径，至于其海外分支机构受到的限制就更小了。整个 2023 年仍然可以视为中国企业获得先进算力的一个时间窗口，只是大家都知道，更严峻的形势迟早是要来的。

果然，2023 年 10 月，美国商务部修改了芯片出口限制条款并于当年 12 月开始执行。本次最关键的修改是加入了一个“兜底条款”：如果芯片设计公司推出“刚好低于限制条件”的芯片，则有义务通知美国商务部，后者有权阻止，而且商务部可以随时把新的芯片型号加入出口限制清单——这就大幅缩小了芯片设计公司“钻空子”的空间。英伟达对此肯定是不满的，因为它需要做生意，失去中国客户的损失还是很大的。但是，在找到新的解决途径之前，它也只能遵从禁令。

到了 2024 年 1 月，事态进一步升级：美国商务部公开提出要限制中国公司（及其海外关联方）租用美国公司运营的云平台的算力。虽然我们并不清楚具体有哪些中国公司通过租用美国云平台算力训练自己的大模型，但是这样的案例肯定是存在的。毕竟，这个世界上一大半的 AI 算力都被美国科技巨头买去了，微软 Azure 和亚马逊 AWS 还能提供世界上最先进的 AI 开发环境，从正常的商业逻辑讲，中国公司付费租用算力和开发环境是无可厚非的。可惜，美国商务部在制定规则的时候显然不是以正常的市场规律和商业逻辑为出发点。

芯片出口禁令升级前夕，大部分中国企业早已意识到了危机，提前购买和预订了一批“大卡”，其中很多于 2023 年底之前正常交付了。很多人会问：能不能以“非官方渠道”绕过芯片禁令？理论上当然可以，实践操作则困难重重，有着太高的风险，而且无法获得英伟达的售后技术支持。更重要的是，由于英伟达“大卡”处于持续的紧缺之中，所以不存在一个规模化的“散货”市场，任何大规模采购行为都只能通过英伟达及其认可的经销商进行。反观“中卡”“小卡”就不存在这样的问题，市面上存在不少现货，一定要买的话还是买得到的。

在本书截稿之前（2024 年 4 月），我曾经询问一位熟识的英伟达经销商：“假如我真的需要购买 1 万张 H100 显卡，应该怎么做？”对方的答复是：“首先你要通过客户资格审查 (Know Your Client，简称

KYC)，其次要准备 3.75 亿美元现金。在见到现金的情况下，4 星期内开始发货，18 个月内分期交付完毕。”我又问：“假如要购买最新的 B200 超级芯片呢？”对方回答：“最早也得在 2024 年 9 月交货，排在前面的都是大客户，不可能轮到你。”我继续追问：“假如要买 1 万张，多久可以交付完毕？”对方哈哈大笑道：“别闹了，我知道你不会真的买，而且我可以确定，B200 在前几个季度的产能早就被美国的那几个巨头预订完了。”

总而言之，即便没有芯片禁令，中国企业要争夺算力资源也要付出极高的成本、忍受极长的等待周期，芯片禁令只是让局面变得更复杂了而已。我们既不能忽视芯片禁令，也不必觉得天要塌下来了——美国对中国芯片等高科技产业的限制不是一天两天了，虽然带来了许多损失和麻烦，但也没能消灭这些产业。站在美国芯片设计公司和云计算平台的角度讲，它们也是想赚钱的，多一些客户总归是好事，何况中国企业客户还是很舍得花钱的。中国企业在 2023 年采购的算力，应该可以在一定程度上满足短期内的大模型训练需求；至于中长期，总归会有解决方法的，我们在后续章节也会做一些简单讨论。

全球科技巨头对 AI 算力的争夺，会对云计算产业的大势产生深远的影响：过去大家都觉得公有云平台的格局已经稳定了，主要就是亚马逊、微软两强争霸，谷歌只能算第二梯队，Oracle、IBM 更是只能算第三梯队；再加上中国的阿里云、腾讯云等，差不多就是公有云市场的所有主要角色了。可是现在，Meta 正在积累庞大的算力，苹果正在算力资源上奋起直追，Salesforce 等软件大厂也拥有自己的算力。这些大厂会把算力完全留给自己使用吗？哪怕仅仅出于节约和分摊成本的考虑，把其中一部分算力出租出去也是自然的选择。更不要说市场上还出现了 CoreWeave 这种完全基于英伟达显卡的“专业 AI 云平台”。未来几年，云计算的市场格局将被彻底搅乱，这只是 AI 崛起带来的诸多副产品之一。

关于 AI 算力的若干神话与现实

算力将是未来很长一段时间里最重要的“战略资源”之一，这一点已经得到了专业人士和资本市场的普遍认可。正因为算力实在太重要，与算力相关的产业链又太长太复杂，所以围绕着算力总是会产生许多“神话”。各种各样的人都在发表与这个话题有关的言论，有些纯粹是出于兴趣，有些则是出于利益（最典型的例子是炒股票）。无论是在中文互联网还是英文互联网上，英伟达每天都在被颠覆，台积电则每周或每个月都在被颠覆，甚至连 GPU 这个概念也经常被颠覆。

在撰写本书的过程中，我至少听到了两个流传颇广的“神话”：有人说，华为昇腾芯片的算力已经超过了英伟达的“大卡”，而且证据确凿，有计算机行业专家为证。还有人说，新兴芯片设计公司 Groq 的自研芯片的推理效率远远高于英伟达的同类产品，至少可以在推理端实现对英伟达的替代。上述两个“神话”的共同点是：都有一定的基础论据，不是完全的空想，但都与事实相去甚远。就好比盲人摸象，有人只摸到了大象身上的一根毛发，就激动地自称抓住了大象的本质——这就是关于算力的“神话”层出不穷的根本原因。

此时此刻，关于 AI 算力有三个最引人注目、也最富争议的“神话”。

1. 英伟达的护城河没有多宽，很容易被竞争对手攻破。
2. 只要攻破了英伟达的护城河，我们就能解决 AI 算力的紧缺问题。
3. AI 算力很快将从数据中心下放到端侧，从而为“AI 手机”等消费级产品带来机遇。

对于第一个“神话”，只有做过 AI 研发的人最能理解其荒谬性。外人往往认为，衡量硬件算力的唯一标准是技术指标，只要在关键技术指标上超越了英伟达，就可以取而代之——如果真的这么简单就好了，前面章节指出过，英伟达的 L40“中卡”，在某些技术指标上甚至超过了自家的 H100“大卡”，更不要说与上一代“大卡”A100 相比了。AMD 的数据中心 GPU 产品线，也不乏在某些技术指标上超过 H100 的产品。为什么没有想到用这些产品代替 H100？

因为英伟达的护城河不只是硬件本身，还包括 CUDA 软件社区和 NVLink 互联技术。有些 AI 开发者把英伟达称为“三头怪”：竞争对手必须同时砍下硬件、CUDA 和 NVLink 三个“头”，才能将其击败。在这三大护城河当中，硬件层面已经是最容易逾越的了。假设不考虑成本，不考虑兼容性和使用效率，华为、阿里等国内公司都有能力开发出“看上去比英伟达更好”的数据中心 GPU，在全世界范围内具备这种能力的公司就更多了，可是有什么用呢？“看上去比英伟达更好”是毫无意义的。

目前主流的 AI 训练服务器包括 8 个 H100 GPU；英伟达的下一代“超级芯片”GB200 包括两个 B200 GPU 和一个 Grace CPU，一台服务器由多张这样的“超级芯片”组成。GPU 与 GPU 之间、GPU 与 CPU 之间无时无刻不在交换数据，而 NVLink 是一种高速的、久经考验的芯片互联解决方案。在 2014 年 NVLink 发布之前，市面上最流行的芯片互联技术是英特尔、IBM、戴尔和惠普共同开发的 PCI Express（简称 PCIe），它适用于绝大多数的主流芯片，问题是速度太慢，而且对通用计算 GPU 的优化程度不够。英伟达官方提供的数据宣称，NVLink 4.0 的传输速率能够达到 PCIe 5.0 的 7 倍以上，能源消耗则只有后者的五分之一。不管上述数据是否绝对可靠，在实践中，大部分用户都认可 NVLink 在所有类似的解决方案当中是最快的。

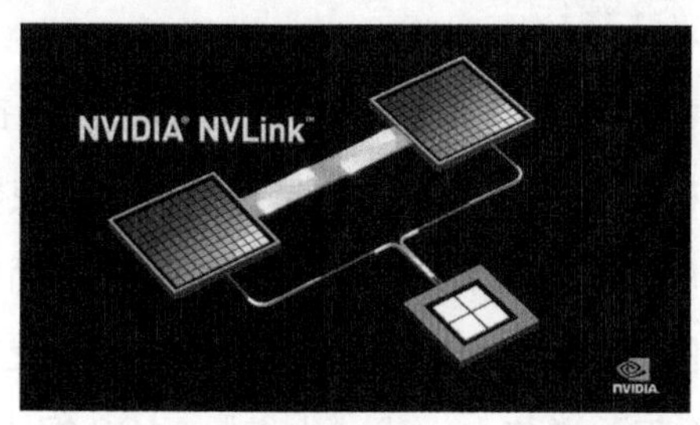

NVLink 高速互联技术是英伟达的三大护城河之一

按照英伟达的说法，NVLink 把 GPU 变成了“乐高积木”：8 个 GPU 组成一个服务器，32 个服务器组成一个算力集群；微软、亚马逊这样的大厂还可以组建更大规模的超级算力集群，直至所谓“万卡集群”，GPT-4 就是在这样的集群上训练出来的。当然，NVLink 只适用于英伟达的产品，以及英伟达的技术合作伙伴 IBM 的 Power 系列产品。准确地说，即便在英伟达的 GPU 当中，也只有“大卡”具备完整的 NVLink 支持，“中卡”“小卡”要么根本不支持 NVLink，要么只支持很低的传输速率。这显然是英伟达为了区分产品层级而使用的谋略：要训练大模型，就必须买昂贵的“大卡”，想通过组合大批“中卡”瞒天过海是不可能的。

如果企业客户选择英伟达之外的 GPU，就只能使用 PCIe 等通用互联技术，组建算力集群的效率要下一个台阶。PCIe 也在不断进化，但是其与 NVLink 的差距不是几年内能弥补的。理论上，客户也可以自己“魔改”，强行在英伟达“中卡”甚至其竞争对手的显卡上使用 NVLink 技术，但是这样做的法律风险实在太大，而且稳定运行的难度很高。从 NVLink 首次发布至今已经经历了 10 年以上，任何竞争对手若想做出足以取而代之的技术，恐怕要花费同样长的时间。

至于推理环节，芯片互联的需求没那么大，确实可以不考虑NVLink，所以以Groq为代表的专业推理芯片设计公司有机会，国内科技企业也有机会。但是，对于一般的企业客户来说，采购英伟达的“中卡”“小卡”可以完成多种任务，还可以做图形渲染和云游戏。而其他公司推出的“专业推理芯片”往往是高度特化的，只适合执行大模型推理任务。对于科技巨头来说，就连推理环节也出现了以英伟达“大卡”代替“中卡”的趋势，因为这样能提升推理速度、实现算力的灵活配置。因此，综合各项显性和隐性成本考虑，绝大部分企业不会主动考虑在推理环节把英伟达替换掉。

至于CUDA的重要性，更是怎么高估也不过分：它包括一系列代码库、一整套工具和开发环境，数以百计的软件开发商是其长期合作伙伴。英伟达官方对CUDA的定义是：“你可以利用它，在配置了GPU的嵌入式系统、桌面工作站、企业数据中心、云平台和超级计算机上，开发、优化和实施应用程序。”换句通俗的话说，就是“在任何平台上做任何事情”。开发者不需要特别熟悉GPU的底层架构，甚至不需要特别训练即可上手，所以CUDA的开发者数量特别庞大。

更重要的是，经过多年发展，CUDA已经积累了数以百万计的开发者群体、数以万计的应用程序，其开发成果几乎遍及所有通用计算领域（AI只是其中的分支之一）。从学术界到产业界，从商用软件公司到开源社区，到处是精通CUDA的开发者，他们也会教自己的下属和后辈使用CUDA。在你使用CUDA开发的时候，你其实是站在无数前人经验的基础之上，一旦遇到问题可以得到及时的社区支持。一位在国内从事AI开发的技术人员告诉我：“全球拥有博士学位的CUDA开发者可能有50万人，他们精通高性能计算，能够把CUDA生态优化到极致，由此实现了CUDA社区资源的良性循环。英伟达生态的线下线上免费活动非常多，我自己就加入了好几个英伟达中国社区交流群，每天收到各种会议信息。除非实在没有使用CUDA的条件，否则很难想象有人会主动放弃CUDA！”

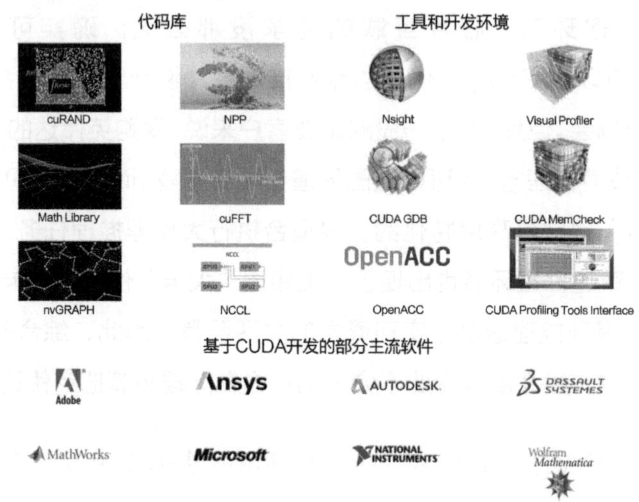

从 2006 年开始发展的 CUDA 生态，英伟达的三大护城河之一

不可否认的是，在十多年的发展历程中，CUDA 变得日益臃肿、复杂，开发难度逐渐提升。曾任职于苹果和 AMD 的著名芯片架构师吉姆 · 凯勒(Jim Keller) 曾毫不客气地指出："CUDA 是一片沼泽，而不是护城河。CUDA 并不漂亮，它是通过一次次堆积功能而构建起来的。"与其说这是英伟达的问题，倒不如说是所有大型应用开发生态的共同问题：需要实现的功能太多，而且必须保持向下兼容的特性，于是生态系统变得越来越复杂混乱，开发效率不断降低。除非推倒重来，这样的问题是不能避免的。而专业开发人员都知道，CUDA 就算再臃肿，也远远没到需要推倒重来的地步。

真正能对英伟达的统治地位构成威胁的力量，来自开源社区。英伟达的显卡驱动程序是闭源的，因此饱受诟病。2022 年，由于受到黑客威胁，英伟达对部分 GPU 驱动程序的内核模块 (Kernel Module) 进行了开源，但只是聊胜于无，实用价值不大。外部开发者以反向工程的技术手段开发了一些英伟达显卡的开源驱动程序，可想而知，它们的技术水平不会很高。英伟达坚持闭源的原因很简单，就是要最大限度地保持对自家产品的控制、谋取最高的利润，这一点对于营利性公司而言无可厚非。

英伟达的老对手 AMD 则于 2014 年推出了名为“AMDGPU”的开源驱动程序。从那以后，AMD 的大部分 GPU 的驱动程序都实现了一定程度的开源。作为落后幅度很大的追赶者，AMD 必须通过开源实现差异化，力争建立一个足以与英伟达竞争的、完全开源的软件生态。在信息科技的历史上，我们经常看到“一个强大的闭源产品 vs 一个丰富的开源生态”的竞争格局——闭源的 Windows 和开源的 Linux 共同构成了 PC 操作系统的双峰，而闭源的 iOS 和开源的安卓又构成了智能手机操作系统的双峰。有趣的是，Linux 操作系统的创始人林纳斯 · 托瓦兹（Linus Torvalds）一贯对英伟达的闭源行为深恶痛绝，多次表示希望有开源解决方案挑战英伟达的地位。

遗憾的是，由于 AMD 的产品力太弱，开源策略还不足以让它真正挑战英伟达。Linux 和安卓的成功，很大程度上是因为它们是“纯软件”，开源社区的包容性和创造力足以做出能与商用软件匹敌的产品；英伟达的统治地位却是软硬件一体化的产物，要让开源社区一口气砍掉它的“三个头”，实属强人所难。就像战争中的敌后游击队，目前开源生态只能对英伟达构成轻度威胁，后者需要认真对待，但完全不必害怕。等到更多、更专业的硬件和相关技术开发商加入进来，英伟达才会真的感到害怕，而那应该是很久以后的事情。

再说第二个“神话”。假如明天发生奇迹，市面上骤然出现几个性能比英伟达更好、软件生态比英伟达更发达的竞品，全球算力紧缺的问题是不是就能解决呢？当然不能。无论是谁设计出了世界上最好的 GPU，在当前情况下，都要去找台积电代工，因为那是全球 5 纳米以下制造能力最强、良品率最高的半导体制造企业。而且，台积电的 5 纳米及 3 纳米产能，几乎全部位于中国台湾新竹工业园区的第 18 号晶圆厂——它一直在努力扩产，可是还不够。至于广受外界关注的台积电美国亚利桑那州工厂，其一号和二号工厂分别要到 2025 年和 2028 年才投产，届时它们使用的技术已经不是最先进的了；号称使用最先进技术的三号工厂，至今尚未确定投产日期。

台积电的 5 纳米及 3 纳米产能几乎全部位于第 18 号晶圆厂

芯片制造是典型的重资产行业，重资产行业的特点就是供需关系很难完美匹配，总是处于供不应求和供大于求的循环之中。因为资本开支需要时间转化为产能，而客户需求往往呈现突发性增长的态势，等到产能追上来了，需求增长可能也就结束了。ChatGPT 引发的生成式 AI 浪潮出乎所有人的意料，台积电当然不可能事先为之拟定资本开支计划。老实说，现在最希望三星和英特尔能够追上台积电的，应该是英伟达，因为这是解决算力产能瓶颈的一种十分现实的途径。不过，这种事情在 2026 年以前发生的概率很低。

20 世纪 90 年代以前，美国芯片制造业一度占据过世界领先地位，后来是它自己半主动地放弃了这个地位，这也是美国“去制造业化”进程的一部分。现在，《芯片法案》试图促进芯片代工厂回流美国，通过该法案拿到补贴，并且在美国设厂的不止台积电一家。然而，台积电的专家反复表达过自己不看好美国重振芯片制造业的努力：第一是因为美国工程师不及东亚地区的人勤奋，第二是因为美国地广人稀，难以通过基础设施实现产业链的富集效应。该专家强调，他很难想象亚利桑那州这样的地方能够复制中国台湾新竹工业园区的奇迹。

三星、英特尔面临的问题，以及整个美国芯片制造业遇到的问题，反复说明了一个事实：光刻机不是决定芯片产业发展的唯一因素。没有光刻机固然万万不能，但光刻机绝对不是万能的。如果买上几台最先进的光刻机就能做好芯片代工，那么美国商务部完全可以直接买下大批光刻机并送给英特尔等美国本土芯片制造商，而不是花大力气劝说台积电来建厂。过去三十多年，芯片制造业积累了太多的技术流程知识（Technological Know-How），只有经验丰富的工程师、中层经理和管理层加在一起，才能完整地掌握并使用这些知识。中芯国际的崛起，既得益于曾长期在中国台湾工作的创始人张汝京，也离不开一批在中国台湾半导体产业积累了深厚经验的技术骨干和经理人。公允地说，如果没有遭遇美国的制裁，中芯国际在长期是可以与三星半导体掰一掰手腕的。

在中国台湾，除了台积电，还存在联电等一批芯片代工厂，可是近 20 年来，它们与台积电的差距越拉越大，不管是在规模上还是在技术水平上，都不再是同一档次的公司。这种“马太效应”的形成，固然有企业自身决策和执行力的影响，但也是由芯片制造业的特性决定的——资本开支太大、技术迭代太快，最优质的客户只会选择最先进的代工厂，从而形成“强者恒强”的趋势。台积电在中国台湾半导体产业的领先地位早在 2003 年前后就已形成，而在全球半导体行业的领先地位则是在 2014 年苹果全面转移芯片订单之后才确立的。上文提到，苹果的选择不是完全出于技术原因，很大程度上是出于不想依赖三星这个竞争对手。无论如何，竞争格局一旦稳定下来，就会呈现自我强化的趋势，很难打破。2022 年，英伟达把 H100 芯片代工合约全部交给台积电，一方面体现了对台积电 5 纳米制程技术的认可，一方面也进一步打消了三星在短期内追上来的希望。

总结下来就是：算力供应的瓶颈在于台积电，解决瓶颈只有两种可能性——要么等待台积电把产能扩张出来，要么等待三星、英特尔或其他代工厂的技术水平赶上来。前者需要漫长的时间，在此期间产能增长会一直慢于需求增长；后者则需要更漫长的时间，而且高度不确定。因此我们可以理解，为何英伟达在财报当中反复指出“下一代芯片仍将处于供不应求的状态”。这种持续的供不应求，对所有人都造成了影响，但是科技巨头受到的影响相对较小，因为它们总能得到英伟达的优待。就像那位英伟达经销商朋友对我说过的，B200 的早期产量早已被大客户预订一空，中小客户要拿到至少得等待 5 个月，而且拿到的量不会太多。算力紧缺的时代也是科技行业重新洗牌的时代，创业公司必须牢牢抱住算力资源丰富的大厂的大腿，大厂的统治力其实更加稳固了。

至于第三个“神话”，其实有一定的实现可能性，只是市场在短期的期望值太高了。所谓“端侧计算”(Terminal Computing) 的概念其实并不新鲜了，我们日常使用的电脑、智能手机乃至智能家电都是“客户端”，也都具备一定的算力。以玩游戏为例，常见的游戏方式是把游戏下载到本地、由“端侧算力”运行游戏程序；云游戏则是在数据中心运行游戏程序，计算结果通过串流的方式输出到客户端。到底哪一种方式更优越？考虑到网络串流有延迟，在客户端硬件条件较好的情况下，大部分人会首选“端侧计算”；只有硬件较差，或者没有条件安装游戏的人会首选云游戏。

但是在生成式 AI 方面，情况明显不同：绝大部分桌面级电脑的显卡算力不足以执行大模型推理任务，手机算力就更不够了。在当前的主流消费级显卡当中，只有英伟达的 RTX 系列可以胜任一定程度的推理任务，所以英伟达正在推广“基于 RTX 的桌面 AI 推理”；可是 RTX 对一般消费者而言还是太贵了，只有游戏发烧友买得起。何况，英伟达推广桌面推理的主要对象并不是消费者，而是轻量级的专业开发者。

在全球范围内，已经有多家手机厂商提出了“AI 手机”的概念，包括韩国的三星、中国的荣耀，等等。不过，截至本书截稿之日，还没有一家主流手机厂商推出过具备完整的“端侧 AI 算力”的手机。严格地说，“AI 手机”不一定意味着要通过端侧算力进行 AI 推理；手机厂商完全可以租用大量云平台算力，或者自己储备一批算力，专门用于解决自身用户的 AI 推理需求——苹果可能正在做这样的事情。除了算力，手机厂商还有很多可以做的事情，包括推出自己的大模型（或者与最先进的大模型厂商合作），基于大模型开发更好的聊天应用和生产力工具，把 AI 与手机的硬件功能更紧密地结合起来，等等。算力固然很重要，但算力不是全部。

不过，如果手机厂商非要尝试把算力下放到端侧，又该怎么做呢？我们知道，为了降低耗电量和发热量，智能手机采用的都是低功耗的 ARM 架构芯片。英特尔曾经尝试把 x86 芯片用于手机，最后以惨败告终。现在 ARM 也可以胜任复杂的计算任务，英伟达在 2023 年推出的 Grace CPU 就是基于 ARM 架构的。但是，用于数据中心和桌面工作站的 ARM 芯片，其功耗水平还是手机端完全无法接受的。在现有技术条件下，硬要为智能手机设计“端侧推理芯片”，得到的恐怕只是推理能力孱弱、功耗远高于一般水平的“四不像”。

英伟达 RTX 是目前最靠谱的 AI 推理“端侧算力”，
但不可能应用于移动端

算力究竟应该是放在云端（数据中心）还是终端，是由具体需求决定的。在游戏场景中，用户对传输延迟的忍受程度很低，所以云游戏至今没有成为主流。而在生成式 AI 场景中，到目前为止，用户对传输延迟不太敏感。因为 AI 大模型推理本身消耗的时间就很长，网络传输所消耗的时间根本算不了什么。哪怕我们真能在手机上搭载专业级的推理芯片，从而节约几十毫秒的传输时间，用户可能根本就感受不到，我们如何说服用户为自己感受不到的功能付费呢？

多年以后，随着芯片技术的进一步发展，大模型执行一般推理任务的时间肯定会大幅缩短，届时肯定也会出现能适合手机端搭载的专业级 AI 芯片。到了那时，端侧算力会全面取代云端算力吗？不好说。我们就拿当代最成熟的娱乐形式之一——影视剧为例，同样是在家里观影，用户却有两种选择：他们可以通过在线流媒体平台观看，视频内容储存在云端，解码工作也基本是在云端完成的，本地电视或显示器只负责显示串流内容；他们也可以把电影以数字形式储存在本地，或者观看蓝光影碟，解码工作全部在本地完成。做出第一种选择的用户，只需要一个不具备算力的显示器，或者算力比较薄弱的平板电脑；做出第二种选择的用户，则需要一台具备较强算力的智能电视或电脑，有时候还要外接专业解码器。

鉴于当前的宽带网络非常发达，大部分用户做出的都是第一种选择。每月十几元的会员费，足以让用户随意欣赏庞大的影视片库中的作品，而不受本地硬件环境的限制。但是，影视发烧友（比如我本人）会倾向于第二种选择，因为流媒体平台往往不能提供最高清的视频格式，不支持杜比环绕声，或者干脆没有我想看的片子，等等。同样地，用户也可以同时做出两种选择，比如在家用硬件解码器观看 4K UHD 电影，在路上则用流媒体 APP 观看 720P 的综艺节目，看起来没有丝毫矛盾之处。

因此，在 5 到 10 年，乃至更长的时间以后，完全可能出现端侧算力和云端算力同时承担 AI 推理任务的情况。我们的电脑、手机、汽车、智能电视乃至扫地机器人都会具备一定的推理算力，从而能快速理解我们到底想要什么。至于这些端侧算力究竟要强大到什么地步，推理算力在端侧和云端究竟会以什么比例分配，那就完全无从预测了。

这就是消费电子厂商的困境所在：它们对未来毫无头绪，不知道是该采取什么动作，还是该安静地等待一阵子。这也是 2023—2024 年苹果在硅谷科技巨头当中股价表现较差、失去市值最大公司地位的根本原因。苹果为“元宇宙”做好了准备，2024 年初发布的 Vision Pro 就是证明，可它尚未为生成式 AI 做好准备，事实证明生成式 AI 远比元宇宙重要。“AI 手机”到底应该怎么做，端侧算力到底应该怎么发展，恐怕还是要等待苹果先给出答案——尽管它的答案未必是正确的。

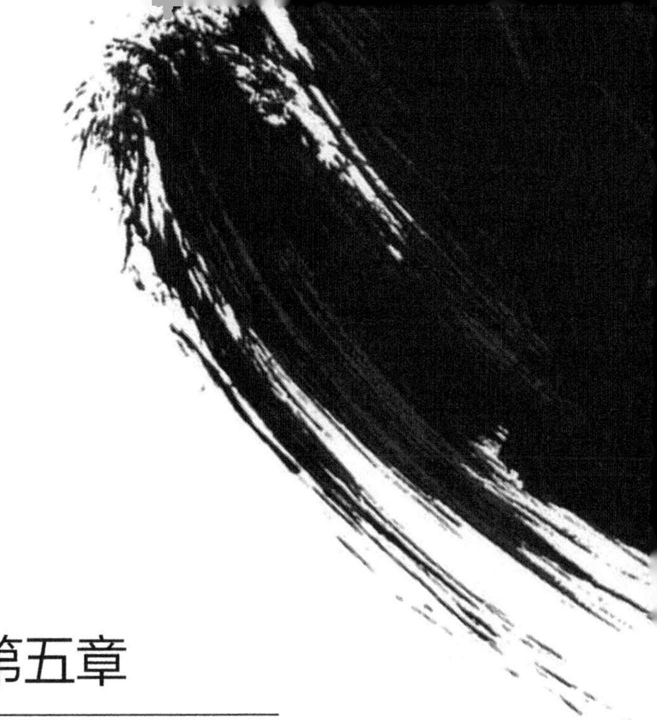

第五章

生成式 AI 在中国的现状与未来

国产大模型现状：纷乱复杂的“2+*N*”格局

截至 2024 年 3 月，国内已经备案、可以公开提供服务的 AI 大模型有 100 余个。其中有一些是同一模型的不同版本，即使将其去掉，独立的、不重复的国产大模型也超过了 100 个。这些大模型的开发商可谓五花八门：有互联网大厂，有计算机软件、硬件或通信行业的公司，有 AI 领域的创业公司，还有很多看似与大模型“八竿子打不着”的公司，甚至完全不属于信息科技领域的公司。而且，上述统计应该还是被低估的，因为还有很多国产大模型尚处于内测阶段，尚未公开备案；如果再把企业内部使用、不对外服务的大模型算上，那就更多了。

这么短的时间里，怎么冒出了这么多国产大模型？其中有一些是可以理解的，例如百度、阿里、华为等科技大厂，以及智谱 AI、MiniMax 等创业公司，早在 2022 年以前就在自然语言大模型方面有一定的探索积累。例如，有些公司在大模型方面投入了海量的人力财力，以绝对的资源优势实现了较快的追赶。然而，还有很多公司，既没有技术上的积累，也没有特别多的资源，其 AI 研发人才储备也不算特别雄厚，却还是把“自研大模型”

拿出来了。怎么做到的？难道真的是依靠聪明才智实现的弯道超车吗？

其实，答案一点也不神秘——站在巨人的肩膀上，能让人看得更远，而全球大模型领域可以供后来者站上去的“巨人”很多。首先是开源大模型，尤其是 Meta 发布的 LLaMA 系列，构成了强大而完整的开源生态，就像一个允许别人查看自己作业答案的学霸一样。当然，开源不意味着允许抄袭，第三方开发者利用开源软件需要遵守复杂的规定，直接在开源大模型基础上“套壳”开发，一般是不能自称“自主知识产权”的。正规的做法不是照抄，而是充分研究和借鉴开源大模型的开发思路，在此基础上开发自己的大模型。所以，我们可以观察到一个有趣的现象：LLaMA 系列大模型的每次升级，都会对国产大模型的技术进步产生显著的推动作用。

需要指出的是，由于生成式 AI 产业的历史还太短，很多事情还不够正规，照抄开源大模型并自称自主研发的案例是屡见不鲜的。在国内社交媒体上，不止一次有人爆料称某些公司的大模型完全照搬 LLaMA 系列，就连参数名称都懒得修改。这种现象既不道德、也不合法，属于行业发展中的乱象，主要目的是在资本市场“圈钱”。随着行业监管的日益严密和投资者的日趋成熟，这种乱象总有一天是要消失的，否则行业的健康发展就无从谈起了。

其次是“蒸馏”。上文提到过，“蒸馏”是指把知识和能力从一个参数规模较大的模型转移到一个参数规模较小的模型；前者被称为“教师模型”(Teacher Model)，后者被称为“学生模型”(Student Model)。例如，GPT-4 的参数规模达到 1.37 万亿个，但是 ChatGPT 日常调用的参数规模可能只有几十亿个到几百亿个（具体数量未披露）；去掉的是“水分”，留下的是“精华”。在实践中，“蒸馏”也可以用于后发大模型对先进大模型的追赶，前者从后者汲取养分、快速成长。

本书第一章探讨过“监督学习”的概念，当前主流的大模型都是以“监督学习”和“半监督学习”为主要训练手段的。以 GPT-4 为代表的先进大模型本身就是一种很好的监督学习对象。常见的做法是：向 GPT-4 提出大量问题，以它的回答为参考答案，在此基础上训练自己的大模型；如果有一天，自研大模型对任何问题的回答都与 GPT-4 完全相同，我们就可以认为它完全达到了 GPT-4 的水准——这是理想状态，不可能达到，但是可以无限接近。

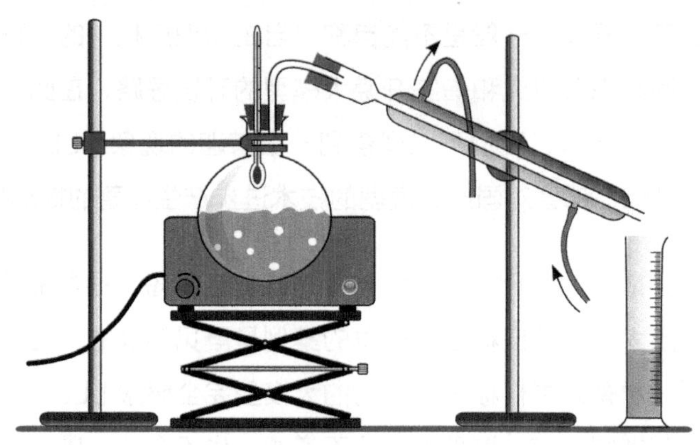

“蒸馏”是所有后发大模型追赶领先者的一种通用手段

“蒸馏”是一种高效的大模型训练手法，这一点已经得到了事实和学术论文的证明。那么，“蒸馏”到底合不合规呢？从法律角度看，它没有违反任何国家的现行法律。按照美国版权局的规定，只有人类生成的内容才具备知识产权，AI 大模型生成的任何内容均不受知识产权保护，用户自然可以拿去训练自己的大模型。不过，OpenAI 和微软均在产品使用合同中规定，用户不得使用 GPT API 训练“竞品 AI 大模型”，很多其他大模型开发商也做出了类似的规定。这是可以理解的，毕竟所有人都希望防范市场竞争，不希望自己的产品被拿来开发针对自己的竞品。可是在现实中，如何判断谁在使用自己的大模型进行“蒸馏”呢？难度太高。所以这种现象很难完全杜绝。

2023 年 12 月，The Verge 报道：OpenAI 关停了字节跳动旗下部分产品的 GPT 账号，因为它怀疑后者在使用 GPT 训练自己的大模型。OpenAI 发言人此后表示：“虽然字节跳动对我们的 API 使用量很小，我们还是决定展开进一步调查并在此期间停用其账号。”鉴于调查结果从未公布，我们无从判断字节跳动有没有对 GPT 进行“蒸馏”操作。无独有偶，几乎在同一时间，有媒体发现，谷歌 Gemini 大模型在回答中文问题时会自称“我是百度文心大模型”。这是否证明 Gemini 对文心一言进行了“蒸馏”操作？谷歌迅速修复了上述漏洞，但无法打消外界的怀疑。

事实上，“蒸馏”也可以以合作性的方式进行，而不是“藏着掖着”进行。科技巨头之间，在资本层面和业务层面，往往都存在盘根错节的合作关系，某家大厂付费或以资源置换方式获得对另一家大厂的大模型进行“蒸馏”的权利，是完全可行的。除此之外，科技巨头在对大模型创业公司进行投资的同时，也可以要求后者对自己开放较多的技术权限，包括“蒸馏”的权限。虽然上述合作的细节一般不会对外公开，但我相信实际案例应该不会太少。

因此，我们可以理解 360 创始人周鸿祎在 2024 年 1 月的亚布力论坛上所说的：“一年多以前我们看大模型像看原子弹，现在看大模型像看茶叶蛋。”这句话看似过于自大、自不量力，其实是有一定根据的。我想补充一句：“要研制出足以与 OpenAI 匹敌的、世界上最先进的大模型，其难度可能仍然是‘原子弹’级别的。”但是要在借鉴开源大模型，以及对先进大模型进行“蒸馏”的基础上，做出一个能用的自研大模型，其难度确实已经降低到了“茶叶蛋”级别。

在数以百计的国产大模型当中，最领先的是哪些？我个人最欣赏的是 SuperCLUE 的中文大模型基准测评报告。从下表可以看到，2024 年 4 月，百川智能的 Baichuan3、清华大学和智谱 AI 的 GLM-4、阿里的通义千问 2.1 排名前三，腾讯、百度、月之暗面、科大讯飞、MiniMax、字节跳动等厂商的大模型也名列前茅。在海外主流大模型当中，GPT-4 和

Claude3 的中文理解能力很强，但是其他大模型普遍表现一般，例如，如果 Meta 的 LLaMA-3 参与排名，只能排到第 11 名；谷歌的 Gemini 更是只能排到第 15 名。

SuperCLUE 中文大模型语言理解能力测评排名（2024 年 4 月）

排名	模型名称及版本	开发公司	总分
不参与	GPT-4-Turbo-0125	OpenAI	79.13
不参与	GPT-4-Turbo-0409	OpenAI	77.02
不参与	GPT-4（官网）	OpenAI	75.32
不参与	Claude3-Opus	Anthropic	74.47
1	Baichuan3	百川智能	73.32
2	GLM-4	清华大学、智谱 AI	72.58
3	通义千问 2.1	阿里	72.45
4	Hunyuan-pro-32K-0423	腾讯	72.12
5	文心一言 4.0	百度	71.90
6	Moonshot (Kimichat)	月之暗面	70.42
6	从容大模型 V1.5	云从科技	70.35
6	MiniMax-abab6.1	稀宇科技 (MiniMax)	70.18
9	山海大模型	云知声	69.51
9	讯飞星火 V3.5	科大讯飞	69.43
不参与	LLaMA-3-70B-Instruct	Meta	68.77
11	阶跃星辰 step-1-32k	阶跃星辰	68.69
12	Qwen-1.5-72b-chat	阿里	68.07
13	云雀大模型	字节跳动	67.11
14	360gpt-pro	360	66.60
不参与	GPT-3.5-Turbo-0125	OpenAI	66.56
不参与	Gemini-Pro	Google	64.22
15	Qwen-1.5-14b-chat	阿里	63.51

值得强调的是，大模型测评和排行榜只是一个出发点，不能代表一切。很多开发商为了在测评中取得好成绩，会提前“刷题”，就像手机厂商会为了跑分软件而做定向优化。关键在于，我们并不知道谁刷了题、谁没有刷题。俗话说“文无第一、武无第二”，对于大模型的优劣，我们最多只能划分出粗略的层次，无法得出特别精确的名次——唯一的例外是 GPT，不管是什么指标、什么语种，是主观还是客观的测评，它一般都会排在第一名，且遥遥领先。

我的个人观点是，目前国产大模型的竞争格局可以用“2+*N*”或“两

强并立 + 群雄争霸”来形容。百度的文心一言和阿里的通义千问可以称为“两强”，除了它们的大模型都是“群雄”，当然“群雄”之中也有档次之分。为什么说它们是“两强”？除了模型本身的技术水平，还有历史积累和生态上的原因。

- 早在 ChatGPT 横空出世之前，百度和阿里就开始了大语言模型的研究，其中文心一言的前身 Ernie 大模型的开发在 2019 年就开始了，2021 年发布的 Ernie 3.0 Titan 的参数规模甚至超过了 GPT-3。阿里旗下的阿里云和达摩院在 AI 研发上也都有比较深厚的积累，通义千问的技术基础远远早于 2022 年。
- 百度和阿里均拥有庞大的算力储备。在历史上，百度积累算力一方面用于大语言模型，另一方面用于自动驾驶；阿里作为国内最大的公有云平台，一直就是英伟达的重要客户。从“大卡”储备量看，百度可能略逊于阿里，不过阿里有一部分“大卡”是用于出租的，百度则主要是自用，具体谁的算力更丰富，没有定论。
- 作为国内屈指可数的互联网大厂，百度和阿里均有庞大的应用生态、庞大的开发者社区，可以围绕大模型建设应用场景。文心一言早已应用到百度搜索、百度云等场景中，通义千问也已被整合到钉钉、淘宝当中。调用它们 API 的第三方应用数量就更多了。
- 大模型训练的关键是数据，高质量的中文数据尤其稀缺。恰好百度和阿里的应用生态中沉淀了海量的数据。当然，国内所有互联网大厂都有海量数据，但是利用数据高效地进行 AI 训练的经验总是稀缺的，而且要与算力资源结合起来，那就更难了。

从下表可以看到，文心一言和通义千问最大的区别在于：前者暂不具备开源版本，后者则从 2023 年 8 月起公布了一系列开源版本，其中最大的版本拥有 720 亿个参数。国内开源大模型很多，但是大部分出自创业公司，例如智谱 AI、百川等。由大厂开发的开源大模型很少，像通义千问这样版本比较齐全、升级较快的开源大模型系列就更少了。

中文大模型“两强”：文心一言 vs 通义千问

	文心一言	通义千问
早期版本研发时间	2019 年起	未知
内测时间	2023 年 3 月 16 日	2023 年 4 月 7 日
公测时间	2023 年 8 月 31 日	2023 年 9 月 13 日
用户数量 （截至 2024 年 4 月）	2 亿名用户 日均 API 调用 2 亿次	未披露具体数字
参数规模 （截至 2024 年 4 月）	2600 亿个	千亿个以上（闭源版本）， 最高 720 亿个（开源版本）
开源版本	无	有
多模态能力	有	有
多语言能力	中文、英文为主	中文、英文为主
算力支持	百度的算力储备较强，但是其中一部分会用于自动驾驶	阿里的算力储备极强， 但是其中很大一部分要用于出租

通义千问发布开源版本，阿里想把阿里云打造为大模型应用开发平台。微软、亚马逊和谷歌的公有云平台，都是既有强大的闭源大模型，又有丰富的开源大模型，企业客户和第三方开发者可以各取所需。虽然 LLaMA 是全球最常用的开源大模型系列，但是中文理解能力不是其强项，中文应用开发生态也比较弱。通义千问肯定希望做成中国的“LLaMA”，这样阿里就可以扮演“微软 +Meta”的角色，同时担任云平台和开源生态的领导者角色，长期回报很高。

至于百度，对开源生态似乎不是很热衷。在 2024 年 4 月举行的百度 AI 开发者大会上，百度创始人李彦宏说：“今后开源大模型将越来越落后。”这句话恰好说在 Meta 发布 LLaMA-3 开源大模型前夕。从 OpenAI 的发展历程看，这句话有一定道理：实用性较差的 GPT-1 和 GPT-2 是开源的，实用性较强的 GPT-3 变成了闭源，实用性更强的 GPT-4 干脆连技术路线也不公布了。国内的阿里、百川、智谱，开源的也只是参数规模较低的大模型，最高水平的商用大模型还是闭源。如果百度坚持闭源路线，是可以理解的；不过随着形势变化，它随时可能在开源路线上也下一点赌注。

除了上述“两强”，国内科技巨头当中最值得注意的是字节跳动。截至本书截稿前，它发布的“豆包”是国内用户规模最大的 AIGC 独立 APP。字节跳动创始人张一鸣及管理层高度重视 AI 大模型，在采购和租用算力方面不遗余力，实际可以掌控的算力资源可能仅次于百度和阿里（其中一部分是从阿里云租用的）。从成立之日起，字节跳动就高度重视算法技术，可以说是一家基于深度学习算法发展起来的公司，这可能为它的大模型研发带来了一些便利。

由于字节跳动投入生成式 AI 基础研发的时间较晚，其自研大模型的技术水平尚无法与百度、阿里相提并论，这一点从各大榜单能看出来。但是，字节跳动历史上最擅长的是技术的应用化，而且它绝不缺乏流量资源，这就是豆包 APP 能够在推出半年内积累约 1800 万名月活用户的原因。需要指出的是，豆包在同类 APP 中用户规模最大，不代表字节跳动自研的云雀大模型的用户规模超过了文心一言和通义千问——后两者的大部分用户来自自身生态的其他 APP 以及第三方 APP 的调用。按照百度公布的说法，截至 2024 年 4 月，文心一言的活跃用户数达到 2 亿、日均 API 调用约 2 亿次；阿里没有披露通义千问的用户数据，但我估计与通义千问在类似量级。如果字节跳动想挑战“两强”格局，还需要在开发者和应用生态上面持续耕耘一段时间。

可能有人会注意到：在主流中文大模型榜单当中，华为盘古的排名一般都不在前列，有时候甚至找不到。在 2024 年 4 月以前，腾讯混元排名一般也不太靠前，而且应用生态不太发达。为什么？对华为来说，这既是现实的无奈，也是战略上的选择。由于多年以来遭受美国制裁，华为采购先进算力的能力大打折扣，早在《芯片法案》通过之前就基本“断炊”了。与此同时，华为紧锣密鼓地研发“昇腾”（Atlas）系列芯片和服务器，企图打造一个足以与英伟达生态并驾齐驱的“昇腾生态”。换句话说，华为的战略目标是做中国的英伟达，而不是中国的 OpenAI。

华为的战略目标应该是通过“昇腾”做中国的英伟达，
而不是做 OpenAI

至于腾讯，在大模型开发过程中，面临着两个组织文化上的阻碍：第一是“产品经理优先”文化，腾讯是一家围绕着产品经理组建起来的公司，微信发明人张小龙就是中国互联网行业最成功的产品经理之一。产品经理的特点是高度重视实用性和用户体验，对于基础研发层面不一定关心（尽管他们当中有许多人做过研发人员）。可是对于大模型而言，技术是第一位的，技术上不能达到一定水平，应用就无从谈起。第二是“内部赛马”机制：腾讯习惯于放任内部多个团队以自己的方式去竞争同一个战略目标，而不是“拧成一股绳”。在国内互联网大厂当中，腾讯的各个事业群、业务线的独立性可能是最强的，显然不利于集中力量从事资源消耗巨大的大模型研发。

不过，即便腾讯内部的大模型开发落后了，也不意味着它必然会输掉这一局。过去多年，腾讯的投资团队一直十分强大，不仅在财务上取得了回报，在战略上也发挥了举足轻重的作用。最典型的案例是在移动互联网时代初期，通过对美团、滴滴、58 同城等生活服务类公司的投资，腾讯成功将用户培养成了用微信支付的消费习惯，在线下小额支付领域的市场份额得以赶上乃至超越支付宝。在 AIGC 方面，腾讯的投资规模和覆盖面仅次于阿里，我们会在后续的章节详细讨论。如果它在自研大模型上面落后了，或许可以通过投资并购扳回一城。

接下来，肯定会有读者提问：“互联网大厂的资源这么充分、在战略上这么重视，大模型赛道还轮得到创业公司吗？”对于这个问题的答案，在中国和在欧美其实是一样的——大公司组织庞大、行动缓慢、管理层对 AI 的了解有限，种种劣势足以抵消其在资源上的优势。以百川智能为例，搜狗前 CEO 王小川于 2023 年 4 月 10 日创立了这家公司，当年 7 月就发布了两款开源大模型，当年四季度就建立了初具规模的开发者生态，如此高的效率对于任何互联网大厂都是难以想象的。而且，百川智能初次发布大模型之时，团队规模还很小，对外融资也才刚刚开始。在仅有少量资源的情况下，依托小而灵活的团队迅速做出成绩，让人想起了法国的 Mistral。这样的案例在国内生成式 AI 行业绝不是孤例。

回顾新闻资料，我们会观察到：2023 年 3 月至 6 月之间，文心一言的版本更新速度很慢，而这个时期恰好是国内大模型向 GPT-4 和 LLaMA-2 学习的高峰期。由于竞品迭代太快，文心一言在主流榜单上的排名一度下降，还引发了外界对于百度 AI 技术优势是否正在消失的议论。对于这种反常的情况，我认为最合理的解释应该是组织效率出了一些问题，可能已经得到了解决，也可能没有。类似的效率问题可能出现在所有大型企业身上，无非程度有区别罢了。互联网大厂恐怕正是因为认识到了自身的问题，才会两头下注，同时以自研和投资的方式推进大模型研发。

截至本书截稿前，创投圈对中国的大模型创业公司有“五虎”“四小龙”等多种说法。其实这些说法意义不大，因为形势变化太快了，昨天领先的公司今天就有可能掉队，每次技术更新都会带来一波重新洗牌。我的观点是，不论规模或技术路线，国内大模型创业公司可以粗略划分为两类。

- 在 2022 年 11 月 ChatGPT 横空出世之前就已成立，并且已经进行过大模型产品研发的公司，智谱 AI、MiniMax 等均属于此类。
- 在 ChatGPT 火起来之后成立的公司，其核心技术人员往往来自国内外大厂的 AI 研发部门，上文提到的百川智能以及 2024 年红极一时的月之暗面均属于此类。

月之暗面开发的 KimiChat，可能是 2024 年关注度最高的国产大模型，它的强项是长文本理解能力：2024 年 4 月更新之前可以理解 20 万字的文本，更新之后进一步增加到了 200 万字。对于文献综述、长文翻译、文学作品改编等常见生成式任务而言，长文本理解能力十分重要，因此 KimiChat 吸引了大量用户，甚至超出了其推理算力的承载能力。如果你尝试过在高峰时间段跟 KimiChat 聊天，多半收到过“不好意思，刚刚和 Kimi 聊的人太多了，Kimi 有点累了，可以晚点再问我一遍”这样的回答——这就是在短时间内爆红的副作用。

月之暗面开发的 KimiChat 可能是 2024 年关注度最高的国产大模型

KimiChat 究竟是怎么做到理解长文本的？遗憾的是，月之暗面并未公开披露过自身的技术路线。外界只能猜测，它可能采用了检索增强生成 (Retrieval-Augmented Generation，RAG) 技术。所谓 RAG，就是把搜索和大模型结合起来，在回答问题之前先从外部知识库当中检索有关信息。通俗地说，采用 RAG 技术的大模型并没有真正“记住”几十万字乃至几百万字的文本，而是高效地对这些文本以及与其相关的外部文本进行搜索，从而达到类似“记忆并理解”的效果。这项技术不是刚刚诞生的，但是在 2023 年才逐渐热门起来，截至本书截稿之日，并不是所有主流大模型都采纳了这项技术。

问题在于，月之暗面不一定真的采用了 RAG 技术，对于长文本理解，RAG 也不是唯一可行的技术路线。2024 年 4 月，来自 Meta 和南加州大学等研究机构的科学家在一篇论文中提出了一种名为 Megalodon 的神经网络架构，此架构在传统的“注意力机制”上引入了多种新的技术组件，在理论上甚至能够理解“无限长的文本”。月之暗面会不会独立发明了一种与 Megalodon 类似的技术架构？不论答案是肯定的还是否定的，国内各个大模型研发团队肯定会认真研究 Meta 的上述论文，力争在长文本理解方面做出新的突破。KimiChat 的技术优势可能消失，也可能保持下去，但经过一段时间，它应该不会是国内唯一有能力理解超长文本的大模型。

这就是生成式 AI 最令人激动的地方：太阳每一天都是新的，各种各样的技术动向让人眼花缭乱，体现着人类信息科技以及多学科融合创新的最高水平。如此激动人心的赛道，确实值得无数研发人员投入全部的辛勤汗水，也值得被托付以整个人类进步的希望。所以，国内大模型行业群雄并起、创业公司争奇斗妍的局面，应该还会持续相当长的时间。毕竟未开垦的处女地还有很多，任何小团队只要能抓住一个机遇，就可以迅速做大。所谓“2+*N*”的竞争格局，前面的“2”可能变成任何数字，后面的“*N*”在一段时间里应该是不会变的。其实，在全球何尝不是如此？只是全球的竞争格局更适合称为“1+*N*”，遥遥领先的是 OpenAI，其他均只能归为“群雄”。

国内 AIGC 应用：希望与困惑

2023 年 8 月，国内正式启动了生成式 AI 服务备案，由此揭开了 AIGC 应用大战的序幕。数以百计的移动 APP 和网站上线了，其中的主流形式还是聊天机器人。根据 QuestMobile 的统计，截至 2024 年 1 月，国内月活用户规模最大的 AIGC 应用是字节跳动旗下的豆包；其次是百度旗下的文心一言、昆仑万维旗下的天工。国内 AIGC 应用排在前十名的月活用户数去重总和突破了 5000 万。在不到半年的时间里取得这样的成绩，还是比较迅速的。

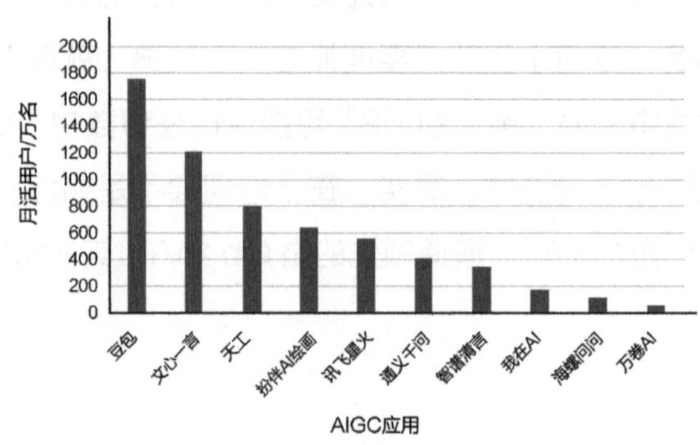

2024 年初，中国 AIGC 应用排在前十名的月活用户规模

上述数据不能全面体现国内 AIGC 的用户现状，因为大批用户是在其他应用当中以 API 的形式调用 AIGC 功能的。百度于 2024 年 4 月宣称，文心一言的日均 API 调用达到了 2 亿次，我估计通义千问可能也达到了类似水平。这样的水平算高吗？要看跟谁比。像微信、淘宝、支付宝这样的超级 APP，其 API 每天被调用的次数可能达到几十亿乃至几百亿次，相比之下，AIGC 应用确实只是刚上路而已。

无论是独立 APP 层面，还是第三方应用层面，我们可以看到：当前国内 AIGC 应用还是以生产力应用为主。类似 Character.AI 的专业“陪伴类应用”，在国内还不太流行，这一方面是由于国内监管比较严格，另一方面也是由于国内技术开发水平所限。对于用户一般的闲聊需求，豆包、文心一言这样的通用聊天机器人已经可以满足了，很多用户是把它们同时当作生产力工具和休闲工具来使用的。

前面的章节提到：由于当前文生图、文生视频大模型还不太成熟，AIGC 很难取代那些成熟的、多媒体形式的互联网娱乐应用，例如短视频和游戏。而仅仅以文本为基础的娱乐方式，对大多数用户又还不够。有些用户可能会抱着新奇的心态，享受聊天机器人创造的角色扮演对话乃至复杂的文本游戏；可是这些娱乐方式的适用面较窄，很容易令人感到厌倦。而且，由于算力的限制，即便是这种初级的文本娱乐的体验也难以令人满意，免费的用户经常需要排队等待响应。付费的用户体验会好一些，不过有多少用户会为了一种明显不及短视频和游戏的娱乐形式付费？

Sora 诞生之初，公布的几条视频就震惊了全世界。从那以后，社交媒体上出现了大量“伪装”成 Sora 生成视频的内容，其实大部分是从人工创作的影视或动画作品中摘取的片段。由于 Sora 开放公测的进度太慢，大家觉得实在不解渴，它发布的每一条样本视频都会引发无数的欢呼和期待。为什么 Sora 迟迟不愿全面开放呢？估计还是受到算力限制。OpenAI 官方没有公布 Sora 的推理算力需求，但是从常理推断，文生视频消耗的算力肯定会比文生文、文生图更高，要生成清晰度较高、细节丰富的高质量视频，算力消耗就更大了。无论是在中国还是全球，未来很长一段时间内，算力瓶颈可能将一直是 AIGC 称霸视频娱乐市场的最大阻碍。

我们不妨讨论一个严肃而有趣的话题：如果有一天，像 Sora 这样的文生视频大模型流行起来了，成为互联网视频内容的主要来源，那么它们需要消耗多大的算力？国内外的各路学者和科技媒体基于现有技术做了一些估算。

- 前面的章节提到，大模型的训练素材和推理输出内容是以 Token 为单位的，Token 是构成文本的最小单位。学术界一般认为，1 分钟的高清视频等价于 100 万个 Token，视具体内容和压缩技术而变化。也就是说，用户每次要求生成 1 分钟的高清视频，就产生了 100 万个 Token 的推理需求。
- 按照上述标准，一张英伟达 H100 显卡在理想状态下（完全发挥运算能力），每小时可以生成 5 分钟高清视频。事实上，理想状态几乎不可能达到，每小时生成 2 ~ 3 分钟高清视频可能是更合理的情形；每天 24 小时不间断生成，就是 48 ~ 72 分钟。
- 抖音、快手这样的头部短视频平台，每天新增的视频长度都在几千万分钟的数量级；YouTube 这样的中长视频平台每天新增的视频长度就更多了。如果 AI 生成视频要在互联网视频内容当中占据比较大的份额，那么至少需要做到每天生成 1000 万分钟视频。
- 假设 AI 生成视频的任务全部由 H100 显卡完成，每天就需要有至少 13.89 万张、最多 20.83 万张 H100 专门从事这项任务。这是一个天文数字。

需要补充的是，上面的估算还是过于保守了。首先，对 AI 生成视频的需求不太可能在全天 24 小时之内均匀分布——在凌晨三四点钟进行创作的人，肯定比在下午三四点钟创作的人少吧？所以高峰期要准备更多的算力。其次，创作者不太可能每生成一条视频就直接发布，应该会进行一定的修改，甚至生成好几条视频进行比对、混剪。再次，目前我们看到的 AI 生成视频基本是无声的，为了符合用户习惯，可能要增加音乐、配音、字幕等，这又会带来新的算力需求。综上所述，我们应该对前面的估计值乘以 3——每天 40 万～ 62 万张 H100 显卡。这是什么概念？扎克伯格的雄伟计划，是到 2024 年底，让 Meta 拥有“相当于 60 万张 H100”的算力。耗尽 Meta 的全部算力资源，差不多就能初步实现 AIGC 视频娱乐的宏伟目标了……

Sora 生成的样本视频“咖啡杯里的海盗船交战”；很可惜，这种强大的文生视频工具开放给普通用户的步伐注定会比较缓慢

我仿佛看到有读者在说：“刻舟求剑！芯片技术是不断进步的，模型也是不断优化的。再过几年，人类会拥有更先进的芯片，推理消耗也会下降。当年登月的阿波罗 11 号飞船的导航计算机，只有 2 ～ 4KB 内存、72KB 存储空间，不过是现在的一部普通智能手机的几百万分之一。永远不要低估技术进步的潜力！”

没错，我当然赞成技术进步能解决大部分问题，可是不要忘记：从阿波罗 11 号登月，到最早的个人电脑诞生，相隔了大约 15 年；到最早的移动智能设备诞生，则相隔了近 30 年。我相信 AI 技术的进步会快得多，但问题的解决仍然要以“年”为单位。最现实的问题是，在当前技术条件下，AI 生成视频对创作者的成本到底有多高？

- GPT-4 Turbo 每输出 100 万个 Token 的价格为 30 美元（2024 年 4 月报价），如果沿用每 1 分钟视频相当于 100 万个 Token 的假设，就意味着 1 分钟的视频要花 30 美元。
- DALL · E-3 每生成一张 1024*1024 分辨率的高清图片的价格为 0.08 美元；假设高清视频每秒由 30 帧图片构成，就意味着 1 分钟的视频要花费 72 美元。事实上，需要高清输出的只有视频的关键帧，实际花费应该低于上述水平。
- 上面都是基于“同等推理算力消耗”做出的估计，OpenAI 究竟要怎么为 Sora 定价，到底什么样的客户可以使用 Sora，截至本书截稿之日都还是个谜。如果最终公布的定价大幅高于或低于我的估算，那也不奇怪。
- Synthesia 是目前极少数开放大规模商业化的文生视频服务，其基础订阅报价为每月 22 美元，含 10 分钟视频生成服务，相当于每分钟 2.2 美元。价格确实比 OpenAI 低不少，不过请记住，质量也比 Sora 低一大截。

对于专业视频创作者而言，每分钟几美元到几十美元的成本算不了什么。如果 AI 能够替代人力，甚至有可能导致总成本的下降。然而，对于数以百万计的“非专业”视频创作者而言，这么高的成本是难以接受的。设身处地想一下，如果你没有、也不打算从视频平台获得任何收入，每次发视频却还要倒贴一笔钱，你愿意坚持进行视频创作吗？

不管是抖音、快手这样的短视频平台，还是 B 站、西瓜这样的中视频平台，本质上都是 PUGC 平台。所谓 PUGC，就是 PGC（Professional Generated Content，专业生产内容）和 UGC（User Generated Content，用户生产内容）的结合体。如果大多数用户失去了生产内容的积极性，那一小撮专业创作者必将成为无源之水、无本之木，整个平台的内容池将不可避免地陷入枯竭。只要算力价格不出现明显下降，AIGC 在视频平台的应用只会导向以下两条道路。

要么，少数专业创作者拥抱 AIGC，大多数创作者还是使用“传统的”创作方法，两者并行不悖。有些用户会更喜欢 AI 生成视频，有些用户还是更喜欢“传统视频”。互联网视频内容生态进入一个新的平衡状态，直到下一次 AI 技术的突变打破平衡。

要么，少数专业创作者拥抱AIGC之后，立即发掘出AIGC的无穷潜力，从而对大多数创作者构成“降维打击”。在强大而高效的 AI 生成视频面前，“传统视频”毫无还手之力，迅速被边缘化。由此引发的互联网视频内容换血浪潮，可能与当年的短视频兴起浪潮一样猛烈。

第三种可能性也是存在的，那就是算力价格迅速下降，AI 生成视频的成本降到可以忽略不计，AIGC 在视频领域的扩张过程就是“飞入寻常百姓家”的过程。主流视频平台还是维持着 PUGC 的内容生态，只是所有人都装备了 AIGC 工具，就像现在大家都装备了剪映、爱剪辑等入门级剪辑软件一样。专业创作者可以装备更先进的 AIGC 工具，就像现在他们普遍装备着 Adobe Premiere、Final Pro Cut X 乃至达芬奇软件一样。

上面的讨论，基本只是尝试性、探索性的。因为目前文生视频大模型的应用范围还非常小，算力紧缺的问题还远远谈不上解决，我们不会立即看到 AIGC 对视频内容的全面改造。其实，文生图、文生音频大模型也面临类似的问题，不过稍微好一些。等到上述大模型都成熟了，还需要一种专业化的一站式工具，把它们串联起来，供创作者自由发挥。我相信这一幕的发生只是时间问题，但还比较遥远。

结果就是，无论是在国内还是全球，AIGC 应用现阶段的主流，还是体现为生产力应用。总体上看，AIGC 在国内对生产力的推动还比较小、渗透率还比较低，但是在局部上已经产生了一些颇为深远的影响。我的朋友当中，就有许多人声称其所在行业正在被 AI 彻底改变。下面是两个突出的例子。

第一是投资研究领域，包括投资银行、证券公司的研究部门（统称“卖方研究”），以及基金、保险、信托等资产管理机构的研究团队（统称“买方研究”）。过去，它们最重要的日常职责之一，是针对自己的研究领域撰写月报、周报乃至日报；现在这项工作已经可以由 AI 完美执行，人类只需要做一些合规性检查。至于对各种会议整理纪要，也是一门费时费力的体力活，很多投资行业新人的第一个任务都是对上市公司财报电话会议做速记及总结要点。不用说，这个任务也可以由 AI 较好地执行。

不止一家投资机构的朋友告诉我，自从广泛应用 AI 大模型之后，他们对实习生及入门级员工的需求大大降低了——实习生做的主要是脏活累活，现在留给人类的脏活累活已经不多了。有人悲观地认为，今后人类在金融业发挥的主要作用是“背锅”（承担责任），可惜实习生的背锅价值有限，所以最早被淘汰。显然，以前要在整理月报、周报以及会议纪要方面浪费大量人力的行业，不止金融业一个，这些行业大多较早地感受到了 AIGC 的冲击。

第二是游戏美术领域，尤其是原画。以 MidJourney 为代表的文生图大模型，产生的图片质量已经足以与许多游戏的原画相提并论，至少可以作为原画的基础。不过，对于二次元等“为爱付费”的游戏品类，有一个大问题：玩家不希望 AI 介入创作，如果任何人物或场景原画被判定为 AI 产物，往往会被视为“丑闻”。人之常情就是如此，谁希望自己花重金抽卡得到的角色竟然是由大模型量产出来的呢？就像在服装行业，裁缝师傅的水平不一定都能超过机器，可我们还是会习惯性认为“手工缝制的衣服更好”，愿意为其支付更高的价格。严格地说，不仅是二次元，凡是品质较高、IP 号召力较强的游戏，都会尽量避免 AI 创作原画导致粉丝流失。

MidJouney 生成的著名图片《太空歌剧院》，
其质量足以与许多游戏的原画相提并论

上面的两个案例只是管中窥豹，只代表着 AIGC 应用的开始。那么，它的推进速度会有多快呢？某些金融机构确实已经缩减了实习生招聘规模，某些游戏公司确实已经减少了画师岗位（或者减少了与外包美术人员的合作）。人们自然会担心，AIGC 应用的进一步深入会导致大面积的白领失业。这种事情可能已经在美国发生了。根据美国劳工统计局公布的数据，2022—2024 年美国的总体失业率基本在 4% 以下，是历年来的较低水平。但是专业服务岗位，即所谓“白领”岗位的数量不增反减。从 2023 年 1 季度到 2024 年 1 季度，洛杉矶、旧金山、芝加哥三个都市区的白领岗位合计减少了 12 万个，纽约、迈阿密、奥斯汀等都市区的白领岗位基本不变。在全美国范围内，白领工资的增速也明显落后于蓝领工人。造成上述现象的原因很复杂，与经济周期和产业的结构性调整有关，但是 AIGC 的发展肯定是原因之一。美国的银行、咨询公司、律师事务所和科技公司，用 ChatGPT 替代了多少初级人力？具体数量不得而知，但应该不少。

幸运或不幸的是，中国的白领工作者应该暂时还不会受到这么大的冲击。因为过去几年，中国没有经历美国那样的通货膨胀和劳动力紧缺，白领的工资水平相对较低，而且新增白领的供给源源不断。2022 年，中国的职业本专科（主要是大专）毕业生人数为 496 万人，是美国的近 5 倍；普通本科毕业生人数为 472 万人，是美国的 2.35 倍；研究生（含硕士、博士）毕业人数为 86 万人，略少于美国。不过，考虑到美国研究生当中的海外学生比例很高，其中很大一部分不会留在美国工作，实际进入本国劳动力市场的研究生人数恐怕还是中国略占优势。中国的人口大约是美国的 4.3 倍，每年的高等教育毕业生则是后者的 2.6 倍左右。对于一个发展中国家而言，这样的教育水平已经相当高了。再考虑到两国城市化率和产业发展阶段的不同，我们应该承认，中国受过高等教育的劳动力，即“白领后备军”的充足程度，是高于美国的。从大学在校生人数和未来的招生计划看，这样的趋势应该还会持续几年。

拥有如此庞大的大学毕业生群体，对于中国经济而言是一种幸运。曾经有人提出，过去二十年中国互联网和科技行业的发展在很大程度上应归功于“工程师红利”，其实更准确地说，应该是“高等教育红利”。用人单位可以对大批优秀的、任劳任怨的人才进行遴选，白领（尤其是中基层白领）的薪酬增长较慢，大部分企业没有感受到薪酬上涨带来的成本压力。对于国内的整个 AIGC 产业而言，这确实可以算作一种不幸。

让我们讨论一下互联网行业的两种具体岗位——电商客服和电商运营，前者是“入门级白领”岗位，门槛很低甚至没有门槛；后者要求稍微高一些，但其中大部分岗位仍然属于“基层白领”。在美国，这两种岗位是 AIGC 替代的“重灾区”，亚马逊和 Shopify 均推出了旨在为商家节约人力的 AI 工具包，并且得到了广泛应用。站在商家的角度，美国本土的客服人员的薪酬，怎么也不太可能低于每月 2000 ~ 3000 美元。它们固然可以把客服外包到印度等薪酬较低的离岸地区，但又会带来时差、跨境管理等一系列协同问题。至于运营人员，薪酬更高，外包出去的难度更大。不管是商家还是平台自身，对 AI 生产力应用的需求都相当迫切，可以视为过去半个世纪的“全球化”浪潮的一个新阶段——这次不再是以“发展中国家人力”替代“发达国家人力”，而是以 AI 替代全部人力。

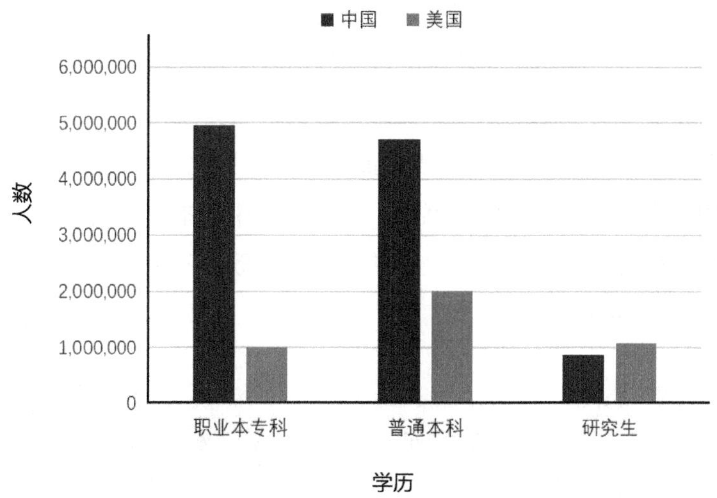

2022 年中国与美国大学毕业生人数对比

反观中国的电商平台及商家，就不存在如此迫切的需求。大城市的人工成本虽贵，但与发达国家的差距还是很明显的，而且，电商企业还可以选择把人力外包到中国的三四线城市，既能享受较低的人力成本，又不必面临越洋管理的难题。记得十多年前，我第一次在投资机构实习时，我的美国上司曾说：

> “全世界的投资者都在寻找下一个中国，可我要告诉他们，下一个中国还是中国。因为中国的沿海和内陆、先发地区和后发地区的经济差距，就相当于发达国家和发展中国家的差距。我们

> 会看到中国内部不断出现产业替代的‘雁形阵列’，即发达地区不断把较低端的产业转移到欠发达地区。”

这一论断令我记忆犹新，因为它完全符合后来十多年发展的事实。上述进程还会持续多久？只要还能持续，AI 生产力应用在中国的发展就会不可避免地受到压制。

除了人力成本问题，管理学方面的问题也同样重要。任何形式的“生产力应用”，从当年的企业软件、行业应用解决方案到现在的 AI，在本质上都是对企业业务流程的改造和提效。业务流程是基础，是企业在经营过程当中自然形成的。业务流程本身越成熟、越标准化，就越容易改造，“生产力应用”也就越容易落地。然而，只要你在中国本土企业中有过较多的工作经验，就应该承认：本土企业的业务流程既谈不上成熟，也谈不上标准化，其中的原因很复杂。

- ◆ 中国经济发展太快了，企业面临的竞争环境变化也太快了。中国企业可以花二三十年时间，创造相当于发达国家一百多年所创造的价值，但是制度和文化的建设远远没有那么快。
- ◆ 中国太大了。如同上文提到的，沿海发达地区和内陆地区就像处于两个不同的时代，甚至在一个较大的省份内，不同的市县也有巨大的差异。当然，不管地理差异多么巨大，人们总能提炼出一套放之四海而皆准的规范，但是需要时间。
- ◆ 在互联网时代，“野蛮生长”是民营企业发展的常态，以快打慢、遇事先做后想，成为组织管理的一种时髦思想。而那些抱着标准化思维、希望先定规矩后办事的人，往往会被斥为过度保守，难以带领自己的团队取得成功。
- ◆ 从历史的角度看，中华文化圈乃至整个东亚文化圈的特点，是注重人情和私交，它们恰恰是游离于业务流程之外的。制度越是严密，流程越是标准化，留给人情操作的空间就越小。哪个普通人愿意做这种吃力不讨好的事情呢？

因此，国内企业软件和信息服务领域，充斥着无穷无尽的“定制化需求”：大大小小、各行各业的客户都希望定制，标准化软件经常被改得面目全非，定制化预算远远超过了软件本体。在发达国家，软件公司会说服企业“根据软件改变业务流程”，因为软件本身就是一系列先进业务流程沉淀后的结果，企业采购和实施软件就是要进行业务流程再造。可是在中国，谁敢说服客户做这样的事情？当年 ERP（企业资源计划）软件刚刚流行起来时，曾经有一个说法：“上 ERP 是找死，不上 ERP 是等死。”说白了，看似先进的 ERP，如果不能深度融合到企业业务流程中，就是一个看着光鲜亮丽的大花瓶，实际反而碍事，产生副作用。

AI 生产力应用将面临同样的问题，甚至更加严峻：大模型能够理解海量的语料，却未必能理解企业内部叠床架屋的组织结构、朝令夕改的内部制度，以及复杂混乱的业务流程。大部分小型企业甚至尚未完成信息化，没有一个标准的“业务流程”可供改造，AI 只能零碎地吸收信息，作为员工的个人助理而存在。至于大型企业，肯定会提出无穷无尽的定制化需求，每个环节、每项业务乃至每个部门都有自己的定制化方案。大模型进化多少次，定制恐怕就要重做多少次，永远看不到尽头。如此夸张的定制化需求合理吗？在外人看来不合理，但是在企业自身看来相当合理，因为每个企业都觉得自己“独一无二”，比所有同行更先进，定制化需求代表了组织管理的发展方向。如果企业自身的管理有什么问题，那也是客观条件限制下的必然选择，不可贸然修改。

发展能够解决很多问题，同时也会掩盖许多问题。就拿中国互联网行业来说，在 2022 年以前，基本上是从一个胜利走向另一个胜利，所有失败都只是暂时的曲折罢了。互联网公司固然有盛衰周期，但整个互联网行业处于昂扬向上的状态，年轻的互联网从业者则处于永无休止的激情之中。大部分人真心认为，与美国科技巨头相比，中国互联网公司的效率明显更高、敢想敢做，更接近理想中的“高成长企业”。至于后者在制度上的稚嫩、管理上的欠缺，乃至管理层本身的缺乏经验，则普遍被忽视了。直到移动互联网渗透率见顶、宏观环境变得对互联网行业不太有利，人们才蓦然认识到，中国互联网公司的管理并不先进，过去的“高效率”其实只是时代的馈赠。在其他各行各业，这样的例子很多，数不胜数。只有慢下来了，走到迷茫的十字路口了，人们才会认真思考，顿觉“今是而昨非”——这正是对组织管理和业务流程进行全面改造的大好时机。

因此，AIGC 在此时此刻降临，对中国企业可能是一个良好的时间节点。当“野蛮生长”的时代过去，骄傲让位于反思，人们真心意识到管理有先进和落后之分的时候，AI 生产力应用才具备了在企业全面落地的土壤。毕竟，AI 没有强制力，不能硬性逼迫人们做什么、不做什么；只有管理者和普通员工都愿意配合它，它才能发挥出全部能力。我很想展开讨论自己对国内企业管理的看法，不过很可惜，本书的主题是 AI 技术而不是管理，所以只能浅谈辄止。希望今后还有更多机会，对这个话题进行全面而深入的讨论。

面对 AIGC 浪潮：矛盾的中国资本市场

2023 年，中国 A 股市场出现了一个神奇的概念："离婚减持"。为了保证中小股东利益、防止上市公司变成大股东套现的工具，证监会和交易所推出了严格的减持规则，大股东只有在符合一定条件的情况下，才能缓慢地减持套现。但是，"上有政策、下有对策"，中国法律规定夫妻离婚之后应当分割共有财产，这就给了某些企业家钻空子的机会。企业家本人虽不符合减持条件，却可以通过假离婚的方式，让配偶分到自己一半的股权，从而绕过证监会的规定，减持套现。只要搜索一下当时的财经新闻，就能看到这种投机取巧的现象有多么猖獗。所幸证监会很快出台了新的规则，补上漏洞，绝大部分"离婚减持"的尝试最终以失败告终。

有趣的是，当初尝试"离婚减持"的大股东，有很大一部分来自"AIGC 概念股"。2023 年上半年，毫无疑问是 A 股的"AIGC 时刻"，从大模型到前端应用，再到算力和服务器，股价翻倍乃至翻几倍的公司俯拾皆是。当年 5 月以后，形势有所逆转，AIGC 概念股普遍回调，但是综合全年情况看，它们作为一个整体还是远远跑赢了大盘。

2023 年无疑是 A 股市场的“AIGC 之年”

公司名称	股票代码	2023 年相对于 2022 年底的股价最大涨幅	2023 年底相对于 2022 年底的股价累计表现
寒武纪	688256	398%	147%
昆仑万维	300418	390%	160%
云从科技	688327	303%	54%
中文在线	300364	263%	159%
三六零	601360	219%	38%
汤姆猫	300459	200%	57%
科大讯飞	002230	150%	42%
金山办公	688111	101%	20%
中证人工智能指数		55%	8%
沪深 300 指数		10%	-11%

站在 A 股投资者的视角，AIGC 是最热门的投资概念，任何公司只要振臂一呼：“我要做 AI 了！”就能立即获得资本市场的注目礼。但是，如果我们把视野放宽一些，站在整个资本市场而不仅仅是 A 股市场的角度看，就会发现两个耐人寻味的现象。

- 在大中华区范围内，二级市场（上市后的公开股权交易）对 AIGC 的追捧程度远远超过一级市场（未上市的风险投资和私募股权交易）。当然，在一级市场，AIGC 有一定的热度，可是远远没有达到二级市场那种近乎疯狂的水平。
- 在二级市场内部，A 股市场对 AIGC 的追捧程度远远超过港股，港股又超过了在美国上市的中概股。同一个类型的公司、同样的概念或赛道，如果在 A 股上市，可能会成为万众瞩目的宠儿；如果在港股和美股上市，则可能没什么收获。

先说第二条。看一看港股及美股上市的中国互联网巨头的股价走势图就会发现：AI 大模型研发及应用方面的进展，对它们的股价影响程度有限。资本市场最关心的议题依次是宏观经济、行业监管政策、企业自身的收入和利润，以及现金分红或回购，然后才轮得上 AIGC 这种与当期业绩无关的“长期议题”。这种情况很容易理解，因为港股和美股的定价权归属国际机构投资者，他们可以买到那些更纯正、技术更领先的 AIGC 概念股——英伟达、微软、台积电、谷歌、Meta、亚马逊，等等。在能够买到英伟达股票的情况下，他们有什么动力去买中国大陆的 AI 芯片概念股呢？同理，在能够买到微软和 Meta 股票的情况下，他们也不会有太多动力去买文心一言或通义千问的开发商股票，除非后者的估值有特别大的折扣。

至于中国大陆投资者呢？自从港股通开启之后，他们在港股市场逐渐占据了举足轻重的地位，甚至促进了港股的“A 股化”趋势。然而，对他们而言，A 股的 AIGC 概念股已经够多了，涵盖了 AI 产业链的各个环节，从大市值到小市值、从综合性公司到垂直性公司，应有尽有。A 股的高流动性，以及对题材概念的反应速度，更是港股绝对无法比拟的。在某些特定领域、特定赛道上，港股对大陆投资者颇具吸引力，但是 AIGC 不属于其中之一。

我们不妨对比一下两家业务高度类似的“AIGC 概念公司”在资本市场的不同遭遇——A 股上市的中文在线，以及港股上市的阅文集团，它们构成了一组绝佳的“A/B Test”[1]。

中文在线和阅文集团均属于网文平台公司。从规模上看，后者的营业收入和利润规模远远超过前者，用户规模应该也是如此。阅文集团是一个“多平台巨头”，旗下拥有起点中文、QQ 阅读、红袖添香、潇湘书院等多个不同定位的网文平台，还持有晋江文学 50% 的股份；中文在线则主要依托 17K 这一平台。作为腾讯的控股子公司，阅文集团还得到了腾讯的流量支持，由其热门作品改的编影视剧也更容易得到腾讯系的资源，而这些资源都是中文在线所不具备的。

---

1 所谓 A/B Test，是指为同一个任务制定两个方案，例如两个定位相同的产品或网站等，即“A 方案”和“B 方案”。让用户随机地使用 A 方案或 B 方案，分别统计其使用情况和反馈，以确定到底哪个方案更优越。A/B Test 在互联网产品领域得到了广泛使用。

中国网文行业两大上市公司在 AIGC 浪潮中的不同命运

	COL 中文在线	阅文集团
2023 年营业收入	14.09 亿元	77.37 亿元
2023 年净利润	0.89 亿元	8.88 亿元
平均月活用户数	未披露	2.06 亿
大模型名称	中文逍遥	阅文妙笔
大模型发布时间	2023 年 10 月	2023 年 7 月
使用状态（截至 2024 年 4 月）	内测	内测
多模态能力	有	有
大模型特色	长文阅读和生成能力	与阅文作家助手深度绑定，作者每周使用率达到 30%
公司股价 2023 年最高涨幅	263%	46%
公司股价 2023 年全年涨幅	159%	-4%
截至 2024 年 4 月底的总市值	170 亿元	265 亿港元

在 AIGC 方面，两家公司均早早宣布要做“网文垂类大模型”。其中，阅文集团的“阅文妙笔”于 2023 年 7 月发布，中文在线的“中文逍遥”则于当年 10 月发布。截至本书截稿之日，这两个大模型均尚未进入公测，仅对平台作者等内部用户进行内测，所以外界难以评估其实际能力。事实上，对于网文这样的垂类应用场景，大模型的基础研发水平固然重要，但大模型与内容创作者和创作工具的结合程度可能更重要。两家公司均声称自家大模型已经与平台创作工具深度绑定，并且获得了作者的频繁使用，不过投资者没有办法从外部予以验证。从常理推断，由于阅文集团的规模体量较大、资金较充足，又能得到腾讯的技术基建支持，它在大模型开发上可能比竞争对手稍有优势，至少不会有什么劣势。

可是在资本市场上，二者的股价表现完全是天壤之别：中文在线在 2023 年上涨了 1.59 倍，最高涨幅达到 2.63 倍；阅文集团则在全年略有下跌，最多时也只涨了 46%。从市销率、市盈率等财务数据的角度看，阅文集团的估值水平也远逊于中文在线。2024 年 4 月，上一年度的年报发布之后，中文在线管理层发表了一封洋洋洒洒的致股东的信，全文几乎完全围绕着 AIGC 这个概念；阅文集团管理层虽然也会发表关于 AIGC 的言论，但相对要少得多。这种现象与其说反映了管理层的偏好不同，不如说反映了投资者的偏好不同——A 股投资者喜欢听 AIGC 的事情，管理层就多说；港股投资者不太喜欢，说了也没用。

“A 股市场喜欢炒题材”，这个说法固然不错，但全世界的资本市场都离不开题材炒作。以美股为例，1998—2000 年的第一次互联网泡沫还令人记忆犹新，本次 AIGC 浪潮当中也涌现出了不少言过其实的“概念股”。同样是题材炒作，A 股和美股等发达资本市场有何区别？作为前券商分析师，我与境内和境外机构投资者都打过十几年的交道，熟悉他们的秉性和行为方式。在我看来，对待所谓题材概念，二者有一个重要区别。

◆ 中国境内的部分机构投资者更重视“不可证伪性”。对于任何新鲜的概念，只要一时半会儿不能明确证伪，就有人愿意捧场。“不可证伪”的范围，既包括题材本身，也包括相关上市公司。例如 AIGC 这个题材早已席卷全世界，不可能被证伪；可是具体到任何一家公司，是否与 AIGC 相关，是否有竞争力，只要上市公司自己足够坚决，画的饼足够大，境内机构投资者是愿意给机会的。

◆ 发达市场的机构投资者更重视“可证明性”。只有在那些“已经被证明”的上市公司股价全部“起飞”之后，才轮得到那些“可证明性偏弱”的公司，最后才会轮到那些“可证明性严重存疑”的公司。具体到 AIGC 题材，英伟达这种确定性最高的公司最先起飞，然后是微软、Meta 等；至于苹果，理论上可以受益于 AIGC，但不确定性太强，所以股价表现远远落后。

在统计学上，存在“弃真错误”和“存伪错误”两个概念：如果判断条件过于苛刻，“泼洗澡水的时候连孩子一起泼掉了”，就会犯下弃真错误，在学术研究上体现为“假阴性”；如果条件过于宽松，“连洗澡水都泼不干净”，就会犯下存伪错误，在学术研究上体现为“假阳性”。我们或许可以说，A 股投资者更容易犯下“存伪错误”，而发达市场投资者宁可犯下“弃真错误”。这种现象背后有一套复杂的逻辑——A 股市场的做空机制不发达，机构投资者的同质化程度比较高，投资时间轴偏短，等等。由于本书的主题所限，在此就不展开讨论了。总而言之，AIGC 概念股在 A 股和港股、中概股市场的截然不同的表现，深刻体现了二者估值逻辑的根本性区别，尤其是前者对“不可证伪性”的偏好。

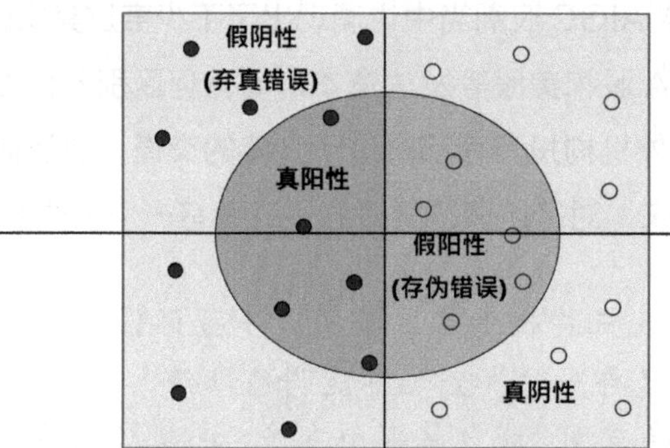

“弃真错误”与“存伪错误”：
前者对证据过于苛刻，后者过于宽松

此外，还有一个不容忽视的条件：在 2023 年以前，A 股市场的计算机（含软件和硬件）、传媒等板块，已经连续多年没有大规模行情，陷入了被机构投资者忽视的状态。以传媒为例，经历了 2013—2015 年风光无限的行业牛市之后，申万传媒指数在 201—2018 年连续排在所有行业指数倒数前三，2019—2022 年有所好转，但最好的成绩也只是排到了所有行业的中位数附近。计算机行业稍好一些，偶尔会出现一些热门细分赛道，但总体上还是处于舞台边缘。到了 2022 年前后，许多 A 股投资机构甚至已经不再设立单独的计算机和传媒研究岗位，要么由其他行业研究人员代管，要么干脆将其剔除出研究范围。

物理学规律告诉我们：弹簧被压得越紧，反弹的力量就越大。这个规律同样适用于金融市场。ChatGPT 横空出世前夕，A 股有数以百计的传媒和计算机上市公司早已沦为“三无公司”：没有券商分析师覆盖，没有机构投资者持股，没有媒体关注度。当它们骤然被加上“AIGC 概念股”的光环之时，就像从十八层地狱骤然升入天堂，对投资者演出了“今天你对我爱理不理，明天我让你高攀不起”的活报剧。悲催的是，许多投资机构因为完全没有研究准备，眼睁睁地看着这些公司的股价被吹上天；然后，出于对“错过未来”的恐惧，它们只得硬着头皮，就算没有研究也必须追高买入。这就是资本市场喜闻乐见的“机构踩踏”现象，它既可以发生在进货的时候，也可以发生在出货的时候。AIGC 不是第一个引发机构踩踏的题材，肯定也不会是最后一个。

接着说一级市场。理论上，中国的一级市场应该比二级市场更热衷于 AIGC 投资，因为在二级市场上市的、真正意义上的 AI 公司不多，而一级市场的 AI 创业公司则像雨后春笋一样冒了出来。实际上却不是如此。根据我本人的观察，以及与风险投资圈内朋友的交流，国内一级市场的 AIGC 投资呈现出三个特点。

- 看的人多，投的人少。每次关于 AI 的展会、峰会，无不引发数以百计的风险投资人围观。关于 AI 投资的微信群总是人满为患。但是，有多少机构真的投资了 AIGC 项目？有人对我毫不讳言：“对于会议活动不妨多出席一点，对于投资项目则要特别谨慎！”
- 拿到大笔投资的公司，以 AI 大模型基础研发方面的公司为主，例如媒体追捧的“大模型五虎”。至于应用层的公司，拿到投资的案例明显较少，融资规模也较低。像美国那样完全建立在第三方大模型或开源大模型基础上的 AI 应用独角兽公司，在中国还很罕见。
- 最重要的投资者是科技企业，尤其是互联网巨头，例如阿里、腾讯对 AIGC 的投资都很频繁。而那些市场化的专业投资机构则要保守得多，就算投资，往往也是跟在大厂后面。这种现象在以前的热门创业赛道上很少出现。

如果一个人只是看媒体报道、看公司公告，可能会形成一个印象：中国的 AIGC 风险投资很热，创业者肯定活得很滋润。现实却是“雷声大雨点小”，投资人给的钱本来就少，绝大部分还集中在少数几家大模型研发公司，大部分创业公司的日子不好过。在我身边，就有好几个 AIGC 创业失败，或者半路选择放弃的朋友。与早年的互联网出海，以及更早年的移动互联网创业热潮相比，现在的 AIGC 创业简直算不上一个“资本风口”。为什么？这与国内风险投资机构的属性和变化趋势大有关系。

我们可以根据资金来源，把国内风险投资基金划分为三大类：第一类是美元 VC（Venture Capital，风险投资，简称风投），其资金主要是美元或者与美元挂钩的外币；第二类是人民币 VC，其资金主要是人民币；第三类是企业 VC，其资金来自企业内部，可以是人民币，也可以是外币。需要指出的是，同一家机构旗下也可以同时存在不同类型的基金，三者的区别不是泾渭分明的。

在互联网时代，我们熟知的明星 VC 大部分是美元 VC。它们投出去的是美元，所以追求美元退出机制，首选当然是美股，其次是港股；投资风格受到美国的深刻影响，所以投资偏好也与美国资本市场类似，互联网、高科技、大消费等项目颇受青睐。可惜，2021 年以来，受到资本市场监管政策的影响，中国企业赴美上市的道路异常曲折。美国部分政客鼓吹所谓中美“脱钩”，在一定程度上压制了美元资本对中国的兴趣。因此，近年来美元 VC 在中国一级市场的地位比巅峰期有较大程度的下滑，这是可以理解的。

对于中国 AIGC 产业，美元 VC 显然是有兴趣的，尽管不一定像当初对中国移动互联网产业的兴趣那么高。问题在于，就算有兴趣，它们投得进去吗？在中国，包括半导体、新能源、AI 等“硬科技”赛道的创业公司，出于信息安全、自主可控等多种因素考虑，往往不太乐意接受美元投资。具体到 AI 产业链，与算力有关的芯片、服务器是最敏感的，AI 大模型次之，AI 应用相对好一些。而且，在当前环境下，中国 AI 产业链的大部分公司会优先考虑在国内上市，这也不太符合美元 VC 的退出机制。上述一系列复杂的原因，限制了美元 VC 对国内 AIGC 产业的影响。

中国风险投资基金的三足鼎立

	美元 VC	人民币 VC	企业 VC
资金来源	境外资金，境内高净值人群的美元资金	境内高净值人群，地方政府、国企等	企业内部资金
主要目的	获取财务回报	视资金来源不同，可能同时具备财务和非财务目标	在满足战略价值的基础上获取财务回报
理想的退出机制	美股上市为主，港股上市为辅	A 股、港股上市为主	上市、并购、长期持有等多种选择
投资偏好	受美元资本市场喜爱的高科技、大消费等类型项目	受 A 股市场欢迎的项目；符合地方经济发展战略的项目	对企业自身有帮助的项目；具体偏好视企业性质而定
风险偏好	可以比较高	往往较低	以前较高，现在越来越低
对国内 AIGC 的态度	有一定兴趣，但是不一定能投进去	有一定兴趣，但不会是最喜爱的项目	互联网大厂有兴趣，其他公司未必有

人民币 VC 在绝对数量和资金规模上已经超过了中国境内的美元 VC，而且在半导体、新能源、生物医药等赛道上发挥了举足轻重的作用。不过，最近几年出现了一种趋势：包括地方产业引导基金、地方国企等在内的“国资”，成为人民币 VC 最重要的资金来源。国资做风险投资，除了获取财务回报，同样重要乃至更重要的是非财务目标——地方招商引资、扶持战略性新兴产业、促进本地就业，等等。半导体和新能源之所以深受国资喜爱，就是因为它们的产业链足够长、对 GDP 和就业的拉动作用足够大。相信大家对于安徽国资委牵头注资蔚来，以此为支点推动安徽新能源汽车产业发展的故事，都记忆犹新。

问题在于，AIGC 不是制造业，对实体经济和本地就业难以产生立竿见影的拉动作用。不论是大模型研发还是应用研发，都只会使用一小部分比较高端的人力资源，对于土地、基建（除了算力）的消耗不大。我们固然可以说，等到 AIGC 彻底普及了，会大幅提升整个经济的运行效率，但是对于某一具体省份、具体地区而言，这种提升就太遥远、太迂回了。整个 AIGC 产业链最能吸引国资兴趣的，恐怕还是上游的算力，那其实是半导体产业的一部分。

剩下的就是企业 VC 了。一家企业要对外进行持续、大规模的投资，首先要有充裕的内部现金流，其次要有一定的战略需求。如果仅仅是为了获取财务回报，企业完全可以投资于外部基金，而不是自己成立投资部门。在国内，符合上述两个条件的民营企业主要是科技公司，尤其是腾讯、阿里、字节跳动这样的互联网巨头。它们也确实成为国内 AIGC 投资的主力军。

截至本书截稿之日，国内科技大厂的 AI 投资布局最全面的是阿里，集齐了所谓“大模型五虎”；其次是腾讯；华为、美团、小米都有零星的投资布局。华为本来对 AI 投资比较谨慎，不过进入 2024 年之后变得激进了，可能会加快投资布局步伐。毫不夸张地说，这些科技大厂撑起了国内 AIGC 创业的大半边天，缺少了它们的支持，绝大部分 AI 独角兽将很难支撑下去。

国内科技大厂的 AI 大模型投资布局

	阿里 Alibaba	腾讯 Tencent	美团 美团	华为 HUAWEI	小米 mi
投资标的	MiniMax 智谱 AI 百川智能 月之暗面 零一万物	MiniMax 智谱 AI 百川智能 深言科技	智谱 AI 光年之外 （并购）	面壁智能 深思考	智谱 AI

我们不难注意到：并非所有科技大厂都热衷于对外进行 AIGC 投资，字节跳动、百度、京东等大厂就几乎没有动作。其实，与其说上述几家大厂“不喜欢”做 AI 投资，倒不如说阿里和腾讯两家大厂“太喜欢”做 AI 投资。今后一段时间，只有华为有可能在 AI 投资布局上拉近与它们的差

距（这取决于华为自身的战略决策），其他大厂均没有多少赶上的希望。而这两家大厂的 AI 投资，虽然最终的战略目的是类似的，但具体逻辑却又存在微妙的差别。

阿里最大的优势就是算力资源丰富、公有云平台实力强。无论是在美国芯片出口禁令出台之前还是之后，阿里的数据中心算力储备都是国内最强大的。虽然国内多家互联网大厂均有面向企业客户的公有云业务，但没有一家的规模能赶上阿里云。对于 AI 创业公司来说，阿里的投资意味着巨大的算力支持，甚至很大一部分投资本来就是以算力形式折现的。对于阿里自身来说，投资 AI 创业公司有利于围绕着阿里云建设一个包罗万象的 AIGC 开发生态，从而实现它一贯的目标——把阿里云打造成另一个 AWS 或 Azure。2023 年以来，阿里内部不断调整组织架构，强调“集中主业，回归互联网”，对一切“非核心投资”采取能砍则砍的态度，却唯独对于 AIGC 投资十分慷慨。显然，阿里管理层充分意识到了 AIGC 的重要性。

腾讯的算力资源和公有云平台实力则无法与阿里相比。腾讯是从 2018 年才开始把云计算作为一项核心业务抓的，即便如此，腾讯云与阿里云的差距还是有目共睹。关于腾讯具体积累了多少高端算力，坊间众说纷纭，但是我认为要明显低于阿里。腾讯对外的 AIGC 投资更像是一种“找备胎”行为，用以弥补自研 AIGC 技术的不足。对于 AI 创业公司来说，虽然腾讯提供的算力支持不一定很充足，但是腾讯投资一贯出了名的宽容，极少介入公司的日常管理。拿着腾讯的钱，不会影响公司的行动自由，所以何乐而不为?

至于其他互联网大厂，并不是不重视 AIGC，而是更愿意集中资源进行内部开发和孵化。字节跳动基本没有 AIGC 投资布局，但没有影响它旗下的豆包成为国内月活用户数最多的 AIGC APP，也没有影响它运营的火山引擎成为国内有一定影响力的 AI 开发平台。内生增长和外延增长，两条路线没有绝对的优劣之分，主要还是取决于企业自身的资源禀赋和文化。像腾讯这样历史上一贯擅长通过投资实现外延增长的公司，与字节跳动这样对外投资业绩平平但是内部研发效率较高的公司，它们自然会倾向于不同的发展路径。

由于国内 AIGC 产业的历史太短（其实全球何尝不是如此），“独角兽”候选人的数量有限，科技大厂投来投去，争夺的无非是那几个标的。例如有清华大学背景的智谱 AI，同时得到了阿里、腾讯、美团、小米的投资；MiniMax（稀宇科技）得到了阿里、腾讯以及米哈游的投资。除了科技大厂，人民币 VC 扎堆投资的，主要也是这几个标的。有人因此悲观地认为，国内 AIGC 产业刚刚上路，就进入了“寡头时代”，至少在大模型基础研发赛道上是如此，留给后来者的空间已经很狭小了。真的是这样吗？我倒是没有那么悲观。

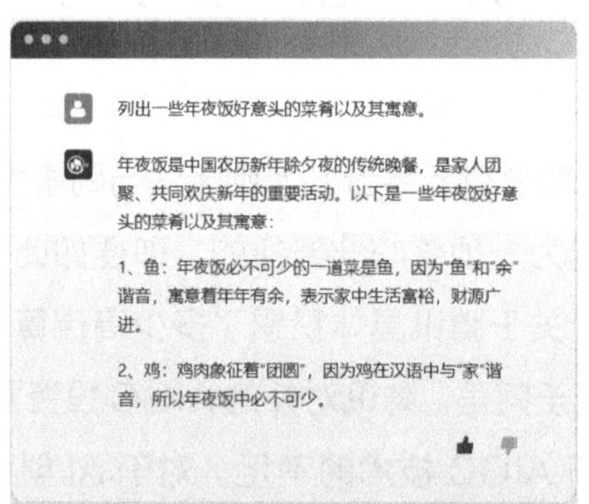

智谱 AI 是国内拿到投资资金最多的大模型“独角兽”，这是其开发的 GLB-130B 大模型的演示对话

本书前面的章节提到，在 AIGC 这条赛道上，全球科技巨头经常“打”不过创业公司中的翘楚，因为后者组织规模更小、灵活性更高、更擅长试错。既然如此，那么拿到投资资金较多的创业公司想要击败拿到投资资金较少的创业公司，也不会是那么容易的事情。最典型的例子是百川智能，成立初期其实不受资本追捧，在以惊人的效率拿出自研大模型之后才逐渐吸引了大量投资。月之暗面也是如此，只有在 2024 年初 KimiChat 爆红之后才获得了极高的估值。做出一定成果是因，拿到投资资金是果，二者不可颠倒。

与当年的移动互联网相比，AIGC 对人类的深远意义则有过之而无不及。可以肯定的是，在这样一条漫长而宽广的赛道上，不太可能有人一直领跑。即使是 OpenAI 也无法保证自己在五年或十年后仍处于 AIGC 产业的第一集团，何况国内的独角兽们。更重要的是，国内一级市场的目光基本还集中在 AI 大模型及相关算力领域，对于应用领域十分谨慎。我们甚至可以说，在应用方向上，国内尚未出现真正的“独角兽”。与其说国内 AIGC 产业正在进入“寡头时代”，倒不如说还处于“洪荒时代”，空白地实在太多，人们掌握的资源和技术又不足以对其进行高效的开发。

如今的 AIGC 创业者，与十几年前的移动互联网创业者相比，面临着一个巨大的劣势：当时市场上“钱多”，资金来源充裕，投资者的风险偏好较高，退出机制发达，总体上朝气蓬勃；现在则基本相反，大家都在紧缩过冬，保守乃至悲观情绪占据了市场主导地位。资本对于新兴行业是一把双刃剑，如果它太充足了，就会催生泡沫，搅得企业家不务正业、只顾“玩钱”；如果它过于匮乏，就会从根本上挫伤企业家的积极性，遏制创新行为。2023—2024 年，对于国内 AIGC 赛道，二级市场的钱“太多了”，一级市场的钱又“太少了”。结果就是一些已经上市的公司，不管有没有一丝一毫 AIGC 属性，只要能把自己往 AIGC 上面贴，就能受到追捧；而尚未上市的公司远远没有那么命好，哪怕是其中的佼佼者，也只能望洋兴叹。

在正常情况下，上述不平衡的局面不应该持续太久，总要达到一个新的平衡点。不过历史告诉我们，从不平衡到平衡的过程可能很漫长，几个季度乃至几年是司空见惯的。不惜一切代价熬下去，是国内大部分 AIGC 创业公司的唯一选择——只要留在牌桌上的时间足够久，总归有赢下来的希望，而离开牌桌的人是永远等不到了。

“同”与“不同”：AIGC 浪潮与当年的互联网浪潮在中国

美国和发达国家资本市场有一个常见的缩写词：“Chinternet”，就是 China（中国）和 Internet（互联网）的缩写。中国与互联网，互相成就、互相推进，中国在海外上市的公司有很大一部分是互联网公司，全球知名的互联网巨头基本不是美国的就是中国的。假如我们真能像网文小说里写的那样“穿越”回三十多年前，有两个风口是绝对不能错过的，第一是房地产，第二是互联网。对于白手起家的年轻人，互联网行业是最容易改变命运、促进阶层上升的行业，可能没有之一。

AIGC 在中国能不能扮演类似互联网的角色？若干年之后，“ChinAI”（这个词是我生造的）会不会取代“Chinternet”，用于指代新一代中国科技企业？我们不能排除这种可能性，但也不应过于乐观。因为中国互联网行业的成功不是孤立的，而是时代的产物。中国地大物博、人口众多，能够提供互联网平台最需要的规模效应和网络效应，所以在世界范围内，只有美国和中国能诞生最顶尖的互联网平台公司。与此同时，我们还需要意识到：中国互联网行业崛起速度如此之快，也是托了改革开放以来快速城镇化的福。上文提到的“两个风口”，房地产的发展毫无疑问是城市化的馈赠，互联网的发展也与城镇化息息相关。

根据国家统计局的全国人口普查数据，1982 年全国（不含港澳台，下同）城镇人口仅有 2.11 亿人，城镇化率仅有 21%；此后每隔 20 年，城镇人口就会翻一番左右，到了 2020 年已经达到 9.02 亿人，城镇化率则飙升至 64%。二战结束以来，如此快速的城镇化进程是相当罕见的。与此同时，中等及高等教育的普及也很迅速：1982 年全国仅有 7% 的人口拥有高中或以上教育水平的学历，到了 2022 年已经攀升至 22%；若算上不脱产及半脱产性质的非学历教育，比例还能进一步提升。[1]

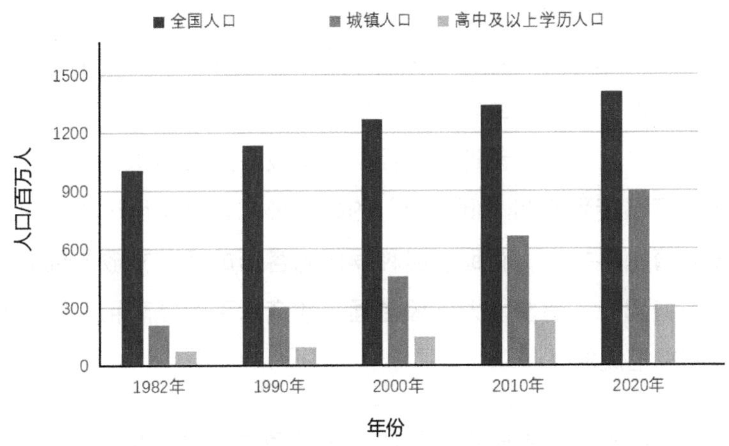

过去 40 年，中国激烈的城镇化和教育普及趋势

城镇化率提升，意味着人们的生活方式改变，从传统的“日出而作、日落而息”转化为快节奏的城市作息，从传统的村镇聚落居住转化为城市

1 全国人口普查数据是全年龄段的，包括 18 岁以下的青少年，他们不太可能持有高中以上学历，所以高中以上学历人口比例看起来比我们的直观感受略低。这是统计口径不同所导致的。

集中居住——由此带来了工作、消费和娱乐方式的彻底改变。除此之外，它还意味着越来越多的人能享受到较好的技术基础设施，包括电话、移动电话、宽带接入服务等。直到今天，中国城市地区的互联网渗透率依然远远高于农村地区；农村地区的人口（尤其是青壮年人口）持续多年高速涌入城市，对互联网整体渗透率的提升起到了重要的助推作用。人口集中到城市，让零售、生活服务等电商业态也受益匪浅。美国的电商普及率和便利性之所以不及中国，就是由于它地广人稀，虽然城镇化率也很高，但是人口不够集中。

教育普及率的提升，一方面为社会输送了大批训练有素的专业人才，造就了所谓“中国的工程师红利”，他们成为互联网行业的顶梁柱；另一方面使得大众的消费、娱乐行为趋向多元化，诞生了许多复杂的互联网应用需求。前者不用多说，中国的专业人才供给非常大，而且根据对高等院校在校学生人数统计，未来几年这个趋势还会持续下去。至于后者，虽然我们经常打趣说：“当代互联网娱乐让人无脑化，游戏、短视频、直播等娱乐形式是为‘文盲’准备的。”但是现实没有那么简单。受过较高水平教育的人，可以接受所谓“低层次”的娱乐形式，可是反过来就未必了。社会整体教育水平提升，有助于各种娱乐内容形成百花齐放的局面。何况人们受的教育越多，消费能力一般越强，教育水平的提高和互联网商业化的进步是相辅相成的。

相对于发达国家，中国互联网的一大特色是移动化程度极高，PC 互联网尚未完全普及，就迎来了波澜壮阔的移动互联网浪潮。从 2010 年开始，“移动流量红利”持续喷发，直到 2021 年才基本告一段落，对中国互联网行业的形态和竞争格局进行了深刻的“再造”。

◆ 出生在 1990 年以后的人，大多成为“移动互联网原住民”，习惯了凡事依靠智能手机、平板等移动设备，从而产生了极高的用户黏性、极长的日均使用时间。

◆ 与 PC 相比，移动设备与个人深度绑定，方便获取地理位置、体感等信息，从而为互联网公司提供了大量可供分析的数据，促进了“数据驱动型”增长。

◆ 在中国，移动互联网的应用形态以原生 APP 为核心，APP 比传统的网页更封闭，更有利于互联网巨头建立属于自己的“山头”，美其名曰“生态系统”。

◆ 移动设备过于普及，反过来又压制了 PC 等“固定设备”的应用。即便在2020年的“宅家”时期，PC 上网渗透率也未见显著提升，反而是移动网民又迎来了一波提升。

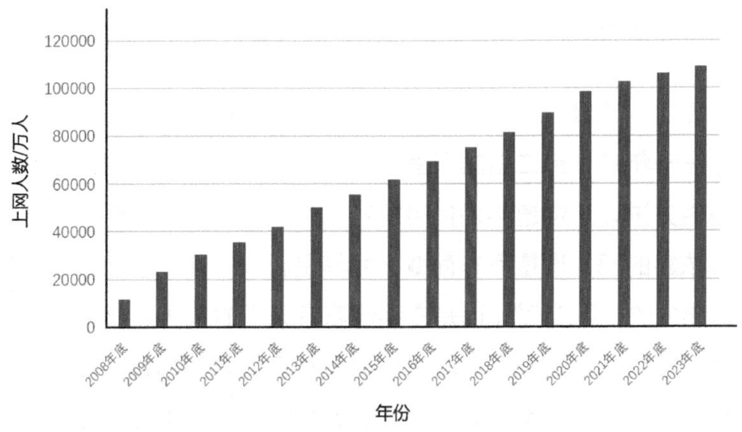

2008—2023 年，中国手机上网人数激增

“时来天地皆同力”，在城镇化、中高等教育普及和移动互联网普及等多重因素的共同作用下，中国互联网行业经历了长达近二十年的风口。哪怕把一头猪放到这么大的风口上也能飞起来，何况当时处于这个风口的绝不是猪，而是中国改革开放之后成长起来的最出色的一代年轻人，既具备国际视野，又熟悉中国的现状。有人嘲笑中国互联网巨头的创新就是“Copy to China”，把硅谷最流行的东西“抄”到中国来。然而，具体分析各个细分行业就会发现，中国与美国互联网的发展存在诸多区别，游戏、电商和短视频都是典型案例。如果把中国互联网的成功仅仅归于“抄

袭”硅谷，就无法解释 2018 年以后国内互联网企业出海的巨大成功了。

现在，AIGC 在中国面临的局面，与当年互联网面临的局面有何不同？从宏观上讲，中国城镇化的高峰期已经过去了，人口增长大幅放缓，开始进入老龄化社会。当年互联网公司“吃”到的那波人口红利和城镇化红利，AIGC 公司是别想“吃”到了。此外，AIGC 应用必须从一开始就参与残酷的市场竞争：假如传统搜索引擎够用了，谁会有动力使用 AI 助理？假如传统办公软件和管理软件够用了，谁会有动力使用 AI 生产力应用？假如传统剪辑工具和视频素材库够用了，谁又会有兴趣尝试 AI 生成视频工具？当年的互联网公司是在没有道路的地方开辟道路，如今的 AIGC 公司则是在初具规模的道路上铺设新的公路，后者看起来容易，其实可能更难。

有人会说：“AIGC 产业或许吃不到增量红利，但面临的存量已经很大了。与三十年前一穷二白的局面相比，今天中国的社会财富远远更多、生产力也更先进，这难道不是优势吗？”问题在于，任何新兴行业在起步阶段主要依靠的都是增量而非存量。尤其是新兴行业的创业公司，不是口含金汤匙出生的“富二代”，而是白手起家打天下的普通人；任何一个时代，普通人实现阶级跃迁的概率，总是取决于社会财富的增量。在存量很大、增量有限的情况下，最有可能出现“阶级固化”。具体到 AIGC 产业，效果就是要么整个产业的发展比较迟缓，要么发展虽快但是大部分市场都被科技巨头而非创业公司“吃”掉了。

大约一年前，我与一位风险投资圈的朋友喝茶聊天，对方曾感叹：“AI 投资不好做。”因为实在太专业、太狭窄了，各种术语很难懂，公司对外宣称的事情很难验证。在她看来，AIGC 这条赛道更接近半导体、生物医药等“专精赛道”，与互联网、大消费这样的“大众赛道”相距甚远，所以熟悉互联网行业的投资机构不一定敢投资 AIGC 这条赛道。其实，对于创业者何尝不是如此？互联网在本质上是一个“赋能行业”，或曰“万金油行业”，可以与任何现存行业结合——与游戏行业结合，就成了网游；

与零售行业结合，就成了电商；与影视行业结合，就成了长视频并由此进一步发展出了短视频。技术出身和非技术出身的创业者，在互联网行业均可找到自己的一席之地，探索改造传统行业的机会。

在长期，AIGC 也会成为这样的“赋能行业”，可惜现在还不是。目前国内的 AIGC 投资，大部分还局限在大模型基础研发领域，而不是应用生态领域。结果就是，AIGC 创业迄今仍是“一小撮人的游戏”，创业公司争抢的主要是数据和算法技术方面的人才（其实大厂 AIGC 部门同样如此）。这与当年互联网兴起时期“人人皆可创业”的局面形成了鲜明对比。按照历史课本上的一句常用语，AIGC 行业“没有联系群众”，导致了自身发展基础面狭窄。这种状况不是 AIGC 从业者自己造成的，从业者比任何人都希望尽快把蛋糕做大，吸引更多人进入这一行。但是，客观条件决定了国内 AIGC 行业在相当长的时间里，仍将是一个“脱离大多数人”的狭窄行业。此时此刻，互联网不但改变了我们每个人的生活方式，而且也成为很多人的职业选择方向，AIGC 离这样的状态还有非常漫长的路要走。

上一个章节讨论了国内 AIGC“似热实冷”，二级市场和一级市场“冷热不均”的问题。跟当年的互联网巨头比起来，如今的 AIGC 创业公司拿到的资本只能用“寒酸”来形容。2010—2021 年可谓中国互联网融资的黄金时代，电商、视频娱乐、游戏、生活服务、智能硬件、互联网金融，每个热门赛道都出现过一级市场融资破百亿元的纪录。截至 2022 年，中国一级市场融资破百亿元的案例一共有约 20 个，半数是互联网公司。其中，融资规模最大的是滴滴出行，IPO 前的融资总额达到了惊人的 1318 亿元；其次是美团、阿里巴巴，IPO 前的融资总额分别为 563 亿元和 481 亿元。需要注意，这些钱并不全是股权投资，其中很多是以夹层融资[1]的形式注入的，在上市前体现为债权投资，上市前后逐步转化为了股权。

1 所谓夹层融资，是介于股权和债券之间的一种融资形式，采取优先股、可转债或次级贷款的方式，在一定条件下可以转换为股权。大型企业在上市之前一般都会进行夹层融资。

截至 2022 年，中国一级市场融资规模排行榜

公司	IPO 时间	IPO 前融资总额（单位：元）	IPO 地点
滴滴出行	2021 年	1318 亿	美国（后退市）
美团	2018 年	563 亿	中国香港
阿里	2014 年	481 亿	美国
贝壳	2020 年	335 亿	美国
快手	2021 年	312 亿	中国香港
小米	2018 年	296 亿	中国香港
满帮	2021 年	241 亿	美国
陆金所	2020 年	195 亿	美国
京东	2014 年	185 亿	美国
爱奇艺	2018 年	122 亿	美国

从个案上看，不是所有融资都发挥了价值，烧了一大笔钱却还以失败告终的互联网公司比比皆是；从整体上看，互联网行业的一级市场融资还是相当成功的。假如没有这么发达的一级市场融资机制，很多互联网巨头根本不会诞生，电商和生活服务大战根本打不起来，就连智能手机市场的成熟化也可能会推迟多年。引进成熟的专业投资机构，不仅能为创业公司带来资本，还能帮助他们建立良好的、现代化的公司治理结构。虽然互联网行业也曝出过财务造假或侵犯股东利益的丑闻，但是总体上看，互联网民营企业的经营比其他许多行业的民营企业更正规，更符合人们心目中的“现代企业”形象。这一点至少应该部分归功于发达的一级市场融资。

AIGC 公司就没有这么好的运气了，大部分只能“走一步看一步、吃了上顿没下顿”，就算少数光鲜亮丽的“独角兽”也只能保证不挨饿罢了。上文提到，AIGC 行业最可靠的投资者是互联网大厂，而互联网大厂的决策往往不是出于财务目标，而是出于自身战略目标。可以想象，那些拿到了钱的创业公司，可能不得不屈从于互联网大厂，其决策和管理无法完全遵循市场化机制。马斯克曾指责 OpenAI“沦为了微软实质上的分支机构”。不管这一指责是否属实，我们或许可以照着样子说，许多中国 AIGC“独角兽”终将沦为互联网大厂实质上的分支机构，乃至外包实验室。

对于大部分 AIGC 创业公司而言，现在考虑上市还太早了，但迟早要考虑这个问题。很遗憾，按照现在的架势，国内 AIGC 公司去哪里上市都很困难：去 A 股，不一定满足盈利条件；去港股，拿不到满意的估值；去美股，又要面临算法和数据出口监管等难题。假设上述情况在未来几年不发生根本性改变，许多 AIGC 公司长大之后的唯一选择，恐怕是卖给互联网大厂，前提是它们能长大。届时，互联网大厂收购它们，是否会面临反垄断方面的审查，那就是另一个问题了。

在技术方面，国内 AIGC 产业面临的最大瓶颈是算力，前面的章节对此有过详细讨论。除此之外，还有一个容易被忽略的瓶颈：语料不足。2023 年底，谷歌 Gemini 大模型被曝出使用百度文心一言数据进行训练，背后折射了一个深层问题——适用于大模型训练的中文语料是稀缺的。不要说谷歌，国内的大模型厂商基于同一套语料数据集做预训练的情况屡见不鲜。高质量的语料难得，是全世界普遍的现象，中文如此，英文也如此。然而，与英文相比，中文自身还有一些独特劣势，在短期内尚难以彻底弥补。

首先是中文语料少。根据咨询公司 W3Techs 的统计，2024 年 4 月，英文是互联网内容的第一语言，全球超过一半的网页是以英文呈现的；其次是西班牙文、德文、日文和法文。中文仅仅排在第十三位，占比仅有 1.3%。必须指出的是，这个统计可能低估了中文的比例，因为它只包含网页信息，不包括原生 APP 信息，而且只统计对外公开的网站。不过，哪怕考虑到上述因素，中文内容在互联网内容的占比远远低于英文，应该也是不争的事实。我们还需要注意到，西班牙文、德文、法文、俄文……均是发源于欧洲的拼音文字，其词法、语法与英文均有一定的相似之处，基于英文语料的训练在一定程度上对它们也是有效的。而中文跟欧洲主流语言文字处于完全不同的体系之下，甚至与大部分东亚语言文字都大不相同，所以实用性的中文大语言模型必须使用中文语料训练。

中文相对于英文的劣势，在一些高质量的垂类内容上尤其明显。英文是全球学术界的通用语言，绝大部分主流学术期刊和学术会议只接受英文来稿，非英文母语学者一般会采用母语和英文两种工作语言。在商业领域，深度的研究性内容，例如投资银行、战略咨询公司的研究报告，往往也是以英文撰写的。此外，由于现代计算机科技起源于美国和英国，所以绝大多数编程语言建立在英文的基础之上，“中文编程”是一个喊了很多年但从未真正付诸实施的口号。英文的全面强势地位是在历史进程中形成的。在第二次世界大战以前，法文曾是全球外交界和文艺界的通用语言，德文在学术界则拥有举足轻重的地位，直到全球政治经济局势发生剧变。中文固然有可能取代英文的强势地位，或者至少分化其地位，但那将是很久很久以后的事情，国内 AIGC 产业不可能等到那一天再发展。

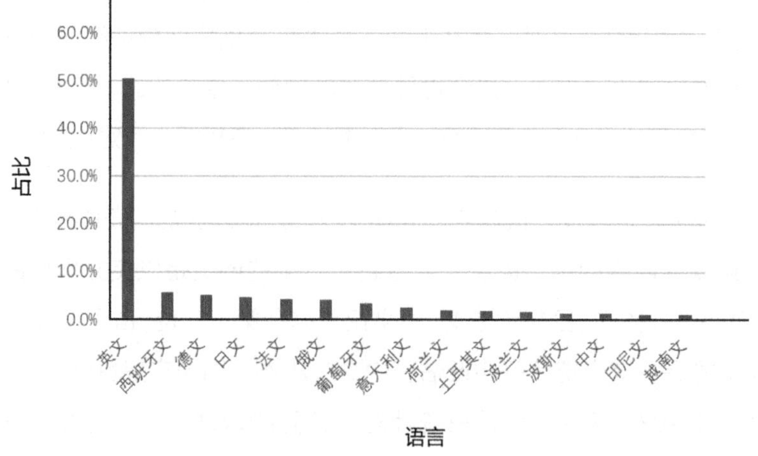

2024 年 4 月，全球网页内容采用的不同语言文字的占比

与内容匮乏同样重要的是内容割裂。中文互联网原生信息早已不再“开放”，尤其是移动互联网，被互联网巨头分割成了多个彼此独立的“生态系统”：淘宝的大部分商品只能由淘宝内部的搜索功能覆盖，微信、抖音等社交媒体平台的内容也只能从内部触及，通用搜索引擎能搜到的内容越来越少了。而且，各大互联网平台都非常警惕外部“爬虫”对自身数据的

抓取，无论这种抓取是出于盈利目的还是学术研究目的，相信做过数据抓取工作的读者对此都有直观印象。因为数据是互联网平台的命根子，进可以用于牟利，退可以加深护城河，怎能轻易让外人利用？

因此，国内 AI 大模型研发公司使用的训练数据存在高度重合或同质化。大家使用着相同的商用语料库，以及类似的外包数据公司，还经常利用彼此的大模型输出结果进行“蒸馏”。如果想使用差异化的独家数据，最好的方法是跟某个互联网大厂结盟，获得它们的一部分数据使用权限。事实上，早在大模型概念火起来之前，商汤科技、旷视科技等主要从事图像识别业务的 AI 公司，就习惯于从互联网大厂获得训练数据——当然，此类数据要脱敏并符合信息安全法律法规。可想而知，这种情况会导致 AI 创业公司对互联网大厂的依赖进一步加深，后者对前者施加的是“资本、算力、数据”三位一体的控制。

尽管 AIGC 产业在中国面临着这么多瓶颈，尽管它在任何方面都还无法与当年的互联网浪潮相提并论，数以千计的年轻人（以及中年人）还是义无反顾地奔向这个赛道。原因很简单：在当前的中国，还能找到比 AIGC 更适合创业、更适合改变自己命运的新兴赛道吗？就在本书截稿之前，我的一位从事 AIGC 研发的朋友选择了跳槽，我以为他要离开这个行业，因为他经常深夜对我吐槽国产 AI 大模型的“乱象”，没想到他还是留在了 AIGC 行业，只是换了一家公司罢了。这位朋友如此解释自己的选择：“国产 AI 大模型纵使有千种、万种不好，它也是目前最接近世界先进生产力的赛道，值得付出‘996’的代价！”

国产 AI 大模型是小问题，世界是大问题。站在几十年乃至上百年的视角看，本章讨论的内容不过是白驹过隙、过眼云烟罢了。我们生活在这个时代，所以必须关注脚下，随时了解周围的细节。但是我们同时还应该仰望星空，思考在漫长的未来会发生什么。因为我们每迈出一步，都是为了离星空更近一点。“千里之行，始于足下”，反过来也可以说“足下一步，志在千里”。下一章，即本书的最后一章，将致力于讨论那些更长远、更根本性的问题。从现实主义者的角度看，那些问题或许有些好高骛远，不过我相信，对世界造成最大改变的永远是理想主义者。每一个刚出生的婴儿，初次仰望浩瀚苍穹之时，都会做出用手抓星星的姿态，哪怕他抓不住任何一颗星星。因为他是理想主义者的后代，我们每个人都是——只有理想主义者留下了后代。

第六章

展望未来：AIGC 对人类社会的改变

控制组织规模的重要性：从“人月神话”说起

1975 年，美国计算机科学家弗雷德·布鲁克斯 (Fred Brooks) 出版了一本软件工程学领域的划时代著作：《人月神话》(The Mythical Man-Month)。直到今天，它还是软件公司项目管理人员的必读图书，其影响力已经渗透到了管理学和组织行为学领域。这本书的核心思想很简单：对一个进度缓慢的软件开发项目加入更多人力，不会使开发进程加速，反而会使其更加迟缓！

布鲁克斯曾在 IBM 工作，主导了划时代的 IBM 360 系统的开发，它是后世所有的“大型计算机”(Mainframe Computer) 的始祖。在离开 IBM、加入学术界前夕，时任 IBM CEO 的小托马斯·沃森 (Thomas Watson Jr.) 曾经向他提问：“为什么软件项目管理的难度比硬件项目管理的难度高那么多？”经过若干年的思考，布鲁克斯撰写了《人月神话》一书作为回答。该书标题的意思是：软件公司衡量一个项目的总工时的标准是“人月”(Man-Month)，即“人数乘以时间”；但这是一个神话，原因是，1000 人的团队花费 10 个月是 10000 人月，100 人的团队花费 100 个月也是 10000 人月，两者却是无法互换的，前者可能比后者复杂得多！

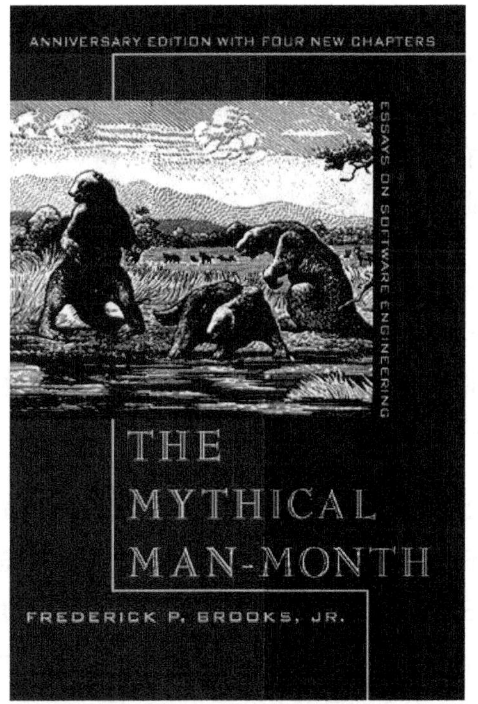

《人月神话》的封面，相信很多软件和互联网从业者读过此书

为什么向一个软件项目加入人力，无法达到预期效果，反而会适得其反呢？《人月神话》精辟地指出了其背后的原因：

- 大型软件开发是非常复杂的工程，必须拆分成许多任务，由不同的程序员完成。然而，这些任务又是彼此勾连的，负责任一部分的程序员不可能闭门造车，必须与其他程序员频繁地沟通。任务与任务、人与人之间，形成了千丝万缕的关系，从而使组织管理变得异常复杂，举步维艰。
- 随着项目团队的扩大，新加入的程序员必须先学习基本常识以及了解项目的最新进展，而他们学习的对象只能是老员工——这就使得老员工的工作效率下降！新加入的程序员越多，老员工付出的时间就越多，开发团队把大量时间用在培训新人、新人与老人的沟通上，进一步增加了所需的工时。

- 与硬件不同，软件是没有实体的，看不见摸不着。软件开发过程中留下的瑕疵，一般无法即时被发现，只有等到某一特定时间节点才能被发现，甚至直到实用环节才能被发现。软件开发的过程就是不停解决瑕疵的过程，新人的加入会带来更多的瑕疵，结果可能是永远也开发不完！
- 实践证明，“优质”程序员的工作能力，可以达到“平庸”程序员的 5 ~ 10 倍。所以正确的做法是信任“优质”程序员，让他们负责最重要的任务，让其他人给他们打下手。引进更多新人，新增的生产力微乎其微，却会拉低“优质”程序员的生产力，因此得不偿失。

相信互联网公司的员工，尤其是技术、产品团队的成员，会对上面的论述感同身受！不论你就职于哪家互联网大厂，工作中总是少不了繁重的月报、周报乃至日报任务，这些工作有的用于上下级沟通，有的用于平级沟通。在“996”的工作日程中，开会占据了很大一部分时间，从小组会议、部门会议到多部门协同会议乃至全公司大会，不一而足。写完周报、开完各种会议，就可以投入真正的工作了吗？高兴得太早了，哪怕是“务实的”工作，也充斥着各种低效率、无用功：团队或个人被莫名其妙地调去从事自己不擅长的工作；成型的团队中经常被插进新人或挪走老人；上级一天一个主意，下级敲了一整天的代码却毫无用处；大量的时间被浪费在等待其他成员或其他团队跟上进度……

公允地说，如果上述内耗能够消除一半，那互联网行业的组织效率和员工幸福度都会上升一大截。事实上，内耗严重的岂止是互联网行业？一切规模庞大的组织，都将不可避免地出现内耗，以及所谓“边际效率递减”。我曾经在券商研究所就职十年之久，最初在中资券商，每天早上八点半开晨会，然后就是无穷无尽的会议：小组有会，大组有会，有些会议是为了讨论行政事务，有些会议则是为了探讨所谓“投资策略”。假设你借口有重要工作不去开会，也随时有可能被从工位上叫去“讨论重要事务”——

到了会场才发现，大家聊的只是莫名其妙的八卦，甚至没人记得为什么请你来。只有出差在外的人能逃过开会的命运，所以大部分人热衷于出差，除了星期一之外，因为那天的部门例会躲不掉。

后来，我跳槽到了外资机构并工作多年。会议确实少了一点儿，取而代之的是极端复杂的审核系统：对外发布的研究报告需要经过十分复杂、涉及多个部门的审核，就连给客户发邮件、打电话也需要审核，唯一不需要审核的可能是在办公室给自己倒咖啡。你尝试过向一群身处新加坡或澳大利亚、一句中文也不会说、一辈子从未用过任何中国互联网 APP、平均年龄在五十岁以上的老外，解释“中国互联网投资策略”吗？一次两次倒也罢了，如果重复五十次，大部分人都会不堪其扰。而且，这些老外不是外部客户，不创造任何生产力，仅仅担负“监督审查”的使命！等他们弄懂了你的观点、提出了意见（大部分毫无价值）、点头通过了，你才终于可以开始做“正事”了……

附带说一句，当中层打工人在埋怨上级或职能部门瞎指挥、效率低下时，入门级打工人和实习生可能也在埋怨中层打工人。全世界的大型组织都一样，无非是程度区别而已。发达国家的企业，由于法治环境比较健全、标准化程度比较高、对管理科学的应用比较好，可能有一些值得国内企业学习的地方；但这仍然只是程度上的区别，性质上没有区别！

书归正传，我们讨论“组织内耗”，目的不是要引发读者的吐槽，而是要提出一个更严肃的疑问：怎么解决？

为了解决组织内耗的问题，人类想了很多方法：借助现代管理学的力量，实现“组织扁平化”，引进先进的评判与激励机制，鼓励组织实现内部民主，等等。但是，最有效、最治本的方法，还是把组织本身做小。三五人的组织很容易管理，甚至不需要管理；三五十人的组织就需要较强程度的管理；三五百人的组织需要复杂的管理体系与制度；三五千人的组织的管理则是一般人绝难胜任的。与数百人乃至数千人协作，其实是违背人类本性的，因为人类早在非洲的热带雨林和稀树草原生活的时候，就习惯于“小群体作战”。如果人类不是由南方古猿进化而来，而是由蜜蜂或蚂蚁进化而来的，那大型组织的管理会容易很多。可惜自然史不容假设！

我让 OpenART 生成一张“苦于写周报的互联网大厂员工”的图片，这幅图片让我很满意

AI 是提高组织效率的灵丹妙药。当 AI 替代一个员工的时候，节约的绝不仅仅是那个员工的薪酬，还有由此产生的“组织内耗”成本。在前面的章节中提到过，一些金融机构已经使用 ChatGPT 进行会议纪要和周报的撰写了，从而少招了一些实习生。节约下来的实习工资倒是不多，但显著降低了管理难度：

- ChatGPT 可以在任何时候、任何情况下工作。深夜十一点结束的会议，它可以在十一点十五分拿出会议纪要，并在十一点三十分拿出第三次修改稿。它还不需要事先被通知，任何临时起意的任务都可以得到妥善完成。

- ChatGPT 不会泄密。尽管你可能会担心自己输入的信息被后台运营人员看到，可是这种风险与公司自身员工泄密的风险比起来，只是九牛一毛。
- ChatGPT 不需要培训，因为 OpenAI 已经进行了大规模、持续的训练。2024 年以后，它还具备了一定的记忆能力，你也可以对它进行一定的“培训”，可能比培训真人更快。
- 你不需要向上级解释“为什么要招一个实习生”。记得我在金融机构工作时，上级甚至会因为“工位不够”而要求少招实习生。开通 ChatGPT 付费账户当然也需要审批，不过审批流程肯定比招人更快。

如果节约下来的不是实习生或入门级员工，而是某个中层领导，或者干脆是一个团队呢？对于企业管理者而言，除了上面列举的所有好处，还会附加如下的更多好处：

- 在一个拥有 30 名总监的组织里，新增一个总监，就意味着新增 30 条中层人际关系线路。哪怕是比较简单的业务，掺杂上错综复杂的人际关系，也会变得复杂。
- 少一个中层领导（或者包括其下辖的团队），中后台职能部门就少一个重要服务对象，分配资源时就可以考虑得稍微简单一些。不过，职能部门自己可能就是最早被 AI 替代的对象。
- 对于大企业、跨国企业来说，少一个团队还意味着内部控制流程大幅简化。而针对 AI 的内控流程会更加简单。

当然，上述评价全部基于组织整体的视角，而非打工人的视角，亦不涉及任何价值评判。在 AI 大规模替代人力的情况下，是否会产生大规模失业，失业者应该何去何从，我们会在后面的章节简要讨论。单纯从效率层面看，AIGC 的推广对于组织来说显然是利大于弊的，在某些情况下甚至有百利而无一害。

有人可能会说："你的想法太理想化了。历史一再证明，任何组织都有自我膨胀的本能，古代如此，现代照样如此。哪怕 AIGC 真的促使了组织规模的缩小，经过一段时间，还是会重新膨胀起来。读一下 19 世纪到 20 世纪初的幻想小说就知道，当时的人们也曾畅想由机器取代人类的未来，事实却并非如此，所有的组织里还是充斥着人类。"

在某种意义上，确实如此。"组织有自我膨胀的本能"，这个论断来自英国历史学家西塞尔·诺斯古德·帕金森（C. Northcote Parkinson），此人最闻名于世的研究成果是"帕金森定律"（Parkinson's Law）[1]，总结下来有两条：

◆ 工作任务总是会耗尽一切可用的时间。
◆ 官僚组织总是倾向于无限扩张人数，不论工作负荷如何。

第一条应该不需要解释，不管打工人还是学生，都很清楚"Deadline 才是第一生产力"这个硬道理！第二条是被学术界援引最广的，也是狭义的"帕金森定律"。虽然帕金森本人是通过对英国政府机关进行观察得出的结论，但是人类历史一再证明，在任何时代、任何国家，这个结论都成立，而且其范围远远超过了"官僚组织"，进入了企业等市场化组织的范畴。

按照帕金森的观点，在一个大型组织内部，只要找一间办公室、任命一个负责人、挂上部门牌子，即便不予分配任何具体使命，从第二天开始，这个部门就会给自己"没事找事"，同时疯狂索取人力和财务资源。它的扩张动力，来源于负责人的升职欲望：一个光杆司令是不可能升职的，管理四五个人比较有利于升职，管理四五十个人就更有利于升职了！互联网大厂的朋友应该特别能理解——想从 P7 升 P8、P8 升 P9，团队太小显

---

1 "帕金森定律"与老年人常患的"帕金森综合征"（Parkinson's Disease）没有任何关系。不过，讽刺的是，这两个概念似乎有点儿互通——在"帕金森定律"支配之下的组织，最终会膨胀到无法自理，就像得了"帕金森综合征"的人那样。

然不行，要先想办法扩大团队，然后团队负责人才升得上去。至于那些被招进团队的“幸运儿”，其实只是领导升职的“背景板”而已。

西塞尔·诺斯古德·帕金森，提出“帕金森定律”的英国历史学家

扩大部门规模，说起来容易，可总得找个理由。该找什么样的理由呢？第一个思路是横向扩张，侵占其他团队的领地。第二个思路是垂直整合，在业务团队内部增设各种职能部门，建立所谓的“独立王国”。例如许多互联网大厂的事业群、事业部都有自己的“战略”“投资”岗位，至于后勤支持岗位就更不用说了。话说回来，这些叠床架屋的职能岗位，在互联网行业降本增效的过程中，一般都会成为最早的牺牲品。

等到团队扩张到一定规模，除了团队负责人，团队里的普通打工人也会赞成进一步扩张，因为大家形成了“利益共同体”：负责人升上去了，打工人不就可以鸡犬升天了？从另一个角度讲，哪怕打工人升不上去，增加一些同事也可以分担自己的工作压力。组织内耗就这样从无到有、从小到大了！到了这个阶段，团队自我扩张的趋势就是不可逆转的了，除非把整个团队连根拔起。那么问题来了，为什么上级领导不管？

答案很简单，因为上级领导也是人。自己麾下的团队规模变大了，自己的下属升职了，对自己肯定是有利的。至于上级的上级、上级的上级的上级……同样服从这样的规律。那么，到了“最终上级”，即公司大老板的层级呢？他应该没有升职需求，更在乎组织的整体效率？这就涉及了“所有者－代理人问题”(Principal-Agent Problem)：组织的所有者与管理者往往不是同一群人，例如大型企业的管理者往往是董事会选出来的职业经理人。组织规模庞大臃肿，消耗的是股东的财富，职业经理人反而相对受益——员工数量高达五万人、十万人的企业，CEO 拥有私人飞机、入住超五星级酒店，乃至在公司总部拥有单独一层豪华办公室，应该不算什么出格的要求吧？员工仅有几千人的企业，其 CEO 就不太适合提出这种要求了。

因此，帕金森定律不仅适用于大型组织内部的各个部门，更适用于大型组织本身，只要它是由人类构成的。在生成式 AI 诞生之前，我们只能用一群年富力强、生机勃勃的人类，去取代一群暮气沉沉的人类；前者经过一段时间，还是会变成后者。有了生成式 AI，上面的循环就彻底被打破了，因为 AI 不会老化、不会腐化，更不会为自己争权夺利，至少现在是如此！在电影《黑客帝国》中，由 AI 控制的史密斯特工曾经对由基努 · 里维斯(Keanu Reeves)饰演的尼奥说过一句著名台词：“你们人类就像是病毒，我们电脑就是解药！”抛开剧情背景不谈，AI 倒真是解决组织无限膨胀问题的最佳解药。因为人类就是问题本身，所以解药不能是人类，而应该是某种来自人类、与人类若即若离的事物。

新的问题又来了：AIGC 的深入应用，会导致人类组织结构具体出现什么变化？层级、部门和团队数量更少，每个团队的人数更少，还是两者兼而有之？这需要具体情况具体分析。对于大型企业这样的商业组织，首先迎来的可能是团队平均人数的减少，然后才是团队数量和层级的减少。让我们看一个虚拟的例子——典型的大型游戏公司的组织架构。

- 自研游戏已经成为一个开支巨大、人力密集兼资本密集的产业，每条游戏产品线可能都需要设立一个事业部（或者叫工作室群）。假设这家游戏公司以 MMORPG 为主打产品，那么 MMO 产品线可能设立两个事业部，其他较强的产品线各设立一个事业部。每个事业部旗下包含多个工作室，其中既包括以开发成熟产品为目标的工作室，也包括探索性、实验性的工作室。
- 游戏发行和运营会构成一条单独的业务线，其中也包括代理产品的发行业务。近年来游戏行业流行“研运一体”，热门产品的运营往往被下放到工作室层级，以便与研发团队保持一致；即便如此，出于统筹全局的目的，游戏公司仍然会维持单独的发行和运营线。
- 至于国际市场、小游戏等新兴业务，可能会被分到单独的业务线。小游戏也需要自研，但其研发投入远不如传统游戏，所以不一定要设立独立的研发工作室。有些游戏公司可能会把短剧业务和小游戏业务放在一起，因为两者均高度依赖投流买量，商业模式很类似。
- 财务、法务、人力、行政等后台职能部门就不用说了。有些游戏公司可能有独立的技术中台部门。至于投资并购、战略、投资者关系、政府关系等部门因为过于重要，往往归于“总办直属”，虽然仍是职能部门，却享受更高的待遇和优先级。

游戏公司必然会使用外包人员，外包人员又可以粗略分为两种：第一种是现场外包，他们其实就是公司员工，只是没有固定编制而已；第二种是外部外包，他们是第三方公司的员工，在自己组织内部完成任务。在美术、动画、音乐等领域，外包十分常见。对于某些高度成熟、核心玩法几乎不需要更改的游戏，游戏公司甚至会选择把后续的制作流程全部外包出去，自己只提供最基本的指导和监修。在国内，很多运营时间很长、用户群处于稳定衰落之中的老牌游戏，均存在这种现象。在这种情况下，游戏公司就是躺在游戏 IP 上面“收租”而已。

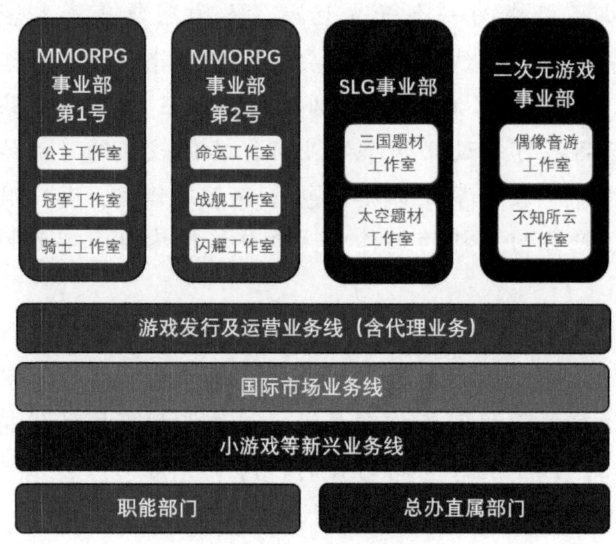

一个典型的大中型游戏公司的组织架构

对于这样一家游戏公司，AIGC 首先替代的会是外包人员吗？不一定。尤其是外部外包人员，他们实际上只是企业的供应商，并不会增加企业管理的复杂度，反而是节约成本的重要工具。事实上，倒是存在一种相反的可能性：一些精通 AI 生产力应用的专业服务公司崛起，从游戏公司手中接过更多的外包任务，后者则以此为契机大幅裁减人员。从宏观角度来看，这仍然是以 AI 替代人力，但是游戏公司不必自建庞大的 AI 基础设施，也不用对业务流程进行根本性调整。这种“外部 AI 替代”，或许比“内部 AI 替代”更加高效，甚至成为 AIGC 发展初期的一种流行模式。

无论选择“外部 AI 替代”还是“内部 AI 替代”，游戏公司的组织架构在一段时间内都会大致保持完整：没有哪个事业部、工作室或业务线可以整体被 AI 替代掉，被替代的是微观团队，或者具体的人。在前面的章节中提到过，AIGC 已经对一部分游戏原画师构成了实质性冲击。其实在游戏美术领域，受 AI 冲击最大的还不是概念设计和原画环节，而是执行环节——建模、贴图等流程都是所谓的“行活儿”，主要依靠技术熟练度取胜，所以都可以被 AI 替代。音乐领域也是如此，很可能比美术领域还容易受到 AI 替代，但凡使用过现有的 AI 作曲应用的人都会承认这一点。

其他领域呢？在程序设计，即狭义的“技术”领域，许多中基层码农会被替代掉。如果程序代码垂类大模型得到进一步普及，这种替代进程可能进一步加速，只需要保留以主程序师为首的一个短小精悍的团队就够了。在策划领域，替代同样是可行的：例如数值策划，其主要工作是设定游戏内部的各项数值，从而让玩家感到有趣，实现较高的用户黏性，同时留出商业化的空间。这个岗位一方面依赖经验，一方面依赖内测数据和类似产品的数据。不用说，只要能够对 AI 投喂同样的数据，AI 完全可能比人类更好地完成这项工作。

至于发行和运营业务线呢？熟悉游戏行业的人都知道，游戏的运营活动很大程度上是基于各项已被验证的“活动模板”的：什么样的活动的转化率有多高、能带来多少流水，本来就有章可循。新游戏、新品类的运营还需要一些灵感或猜想，成熟品类、老游戏基本上可以“照例行事”。游戏运营团队最重要的决策往往是“要不要做活动”，而不是“怎么做活动”——前者涉及一定的判断力，后者则是一项标准化的工作。其实不只是游戏公司，在互联网行业的每个细分赛道上，运营往往都被视为技术含量较弱、门槛较低的岗位。对于这种机械的、自主性较低的、主要由历史数据驱动的角色，AIGC 是最容易取而代之的。

总结一下：在所有团队中，保留下来的都是那些最依赖创意、最具独立决策能力的岗位。请注意，这些岗位不一定是职级最高的，因为团队中有很多高级行政岗位，它们不负责业务创意，只负责“管人”；随着团队人数的缩减，这些单纯“管人”的高级岗位也会被裁掉。后台职能部门由于需要的创意和决策能力最低，裁员比例肯定是最高的。不管怎么说，真正消亡的团队和部门不多，但是所有团队都会经历大幅度的“瘦身”。就像一个减肥中的成年人，身体的细胞总量并没有显著减少，只是细胞的平均体积有所下降（尤其是那些用于储存能量的脂肪细胞）。

那些富于创意和决策能力的大佬们，会欢迎这种改变吗？从长期看，答案是肯定的。因为“判断力”“创新力”和“管人的能力”，本来就是两码事，一个人很难同时擅长两种能力。在历史上，像诸葛亮那样既擅长谋略、又擅长行政管理的人才是不世出的；更常见的情况是由张良这样的谋略家和萧何这样的管理者分工配合。然而，人类组织的过度复杂，导致许多“谋略家”随着职位的上升，不得不背上更多管理职能。为了逃避烦琐的日常管理事务，创意天才刻意拒绝升职的事情也是屡见不鲜的。组织规模缩减了、日常事务变少了，对于组织里的“张良”而言再好不过；组织里的“诸葛亮”也不会反对，因为他们还能发挥另一部分才华。

肯定有人反对我的上述观点。他们会认为，AIGC 将把那些“创意天才”也干掉，把内容创作和设计彻底变成一种标准化的“工业”。这种观点十分荒谬，显然出自那些不了解 AIGC、没有亲手通过 AIGC 做创作的人。下一节我们就将集中予以批驳，阐述 AIGC 对一切创意相关行业的真实影响。

“咒语创业”时代：当《哈利·波特》的场景成为现实

2024 年 2 月 16 日，OpenAI 开发的文生视频大模型 Sora 公布了第一组视频样片，其中最引人注目的是一个中年女性走过夜晚东京街头的样片。这段视频做得很精良，人物和环境配合得很好，光影效果真实而富有艺术气息，已经具备了某种“视觉风格”。不过，很少有人读过它的引导词全文，因为相当长：

“一个优雅的女人走过充斥着暖色调霓虹灯和动画城市标识的东京街头。她穿着一件黑色真皮夹克，一条红色长裙，以及一双黑色长靴，手里拿着一个黑色手提包。她戴着墨镜，涂了红色唇彩。她的步伐既坚定又舒缓。街道潮湿反光，倒映着五颜六色的灯光。许多行人从旁边经过。”

(A stylish woman walks down a Tokyo street filled with warm glowing neon and animated city signage. She wears a black leather jacket, a long red dress, and black boots, and carries a black purse. She wears sunglasses and red lipstick. She walks confidently and casually. The street is damp and reflective, creating a mirror effect of the colorful lights. Many pedestrians walk about.)

绝大多数人写不出这样的引导词：主次分明，详略得当，富于细节。假如只有第一句话，“一个优雅的女人走过充斥着暖色调霓虹灯和动画城市标识的东京街头”，生成的视频可能与此大相径庭，要么缺乏细节，要么出现不合常理的细节。“步伐既坚定又舒缓”，使得视频女主角令人过目不忘，堪称点睛之笔；“街道潮湿反光”，与前面提到的“暖色调霓虹灯”结合，构成了一幅兼具现实与幻想色彩的现代都市画卷。我觉得这段引导词唯一的缺点，就是对女主角的着装描述不够生动详细：“黑色真皮夹克”“红色长裙”“黑色长靴”“黑色手提包”，实际生成的着装略带廉价感，算是一个不大不小的败笔。如果我没猜错，这应该出自一位不太熟悉女性服装的男性手笔。

Sora 公布的第一批视频样片中最引人注目的一条

如果你习惯阅读当代通俗小说，尤其是网文，不难发现：大多数网文达不到上述引导词的水平，主要是缺乏对环境和人物外观的描写。国产网文基本上是以剧情取胜，快节奏、高密度的剧情才是读者想要的；作者若是花费大量笔墨描写风景或人物装束，恐怕会被读者抗议“水字数、骗稿费”。读者想看的是简单的“主谓宾”结构：主人公做了一件什么事，遇到了一个什么伙伴或敌人，达到了一个什么成果，如此反复再三。因此，国产网文在被改编为影视作品时往往会遇到问题，因为原文提供的视觉风格参考太少，影视剧只能从头另搞一套。比较流行的“IP 改编影视剧”，其原始 IP 往往是不太流行、但是善于视觉风格描写的网文，这一点也是不足为奇的。

Sora 迟迟不展开大规模公测，官方公布的视频样片太少，观众深感不过瘾。结果许多自媒体玩起了造假游戏，从电影或纪录片当中剪下片段，冒充是 Sora（或其他大模型）生成的，骗到了一些不明真相的群众。这些造假视频无一例外有一个致命伤：引导词太短、太简略了！一段在国内短视频平台很流行的视频，自称是 Sora 通过“原子弹轰炸广岛”这一引导词制作的，实际上来自一部关于原子弹的纪录片。稍微熟悉生成式 AI 的人就知道，“原子弹轰炸广岛”这句话实在太短了，根本不足以生成那么栩栩如生的视频。

引导词，英文名为 Prompt，通俗地说就是人类对 AI 的“提问”或“出题”；有时候也被翻译为“提示词”或“调教词”（不过“调教”容易与大模型自身的“微调”搞混）。其实有一个更恰当的译法：咒语。还记得《哈利·波特》当中，巫师们高呼“除你武器”“呼神护卫”“阿瓦达索命”交战的场景吗？又或是更早的《西游记》，孙悟空默念七十二变口诀就可以变成任意东西，虽然原书没有描写口诀的具体内容。通过适当的 Prompt 让 AI 大模型输出理想的结果，岂不就相当于念咒语施法？不同之处在于，魔法师的咒语是固定的，学会有限数量的“咒语”就够了；引导 AI 的“咒语”则是千变万化的，每一个具体任务都对应着不同的“咒语”，稍微修改一下就可能导向完全不同的结局。

可以想象，AIGC 的普及将带来一个“咒语创业”的时代：创意天才们能够为自己的创意加上前所未有的杠杆，撬动巨大的算力资源，实现人们本来只能在梦中看见的奇观。在机械行业有一个著名的真实故事：维修专家在出了故障的机械上用粉笔画了一条线，收费 1 万美元，因为“画一条线收 1 美元，知道在哪里画线收 9999 美元”。今后的情况可能是：“生成一段文本 / 一幅图片 / 一条视频收 1 美元，知道用什么“咒语”收 9999 美元。”某些人热切盼望的“AIGC 打倒天才”的那一幕根本不会出现，事实是他们自己才是被打倒的对象，天才的地位只会越来越重要！

ChatGPT 刚刚火起来的时候，社交媒体上曾有一个流传颇广的段子：“我本以为 AI 技术发展的结果，是让人类负责吟诗作画，AI 负责扫地洗衣；没想到竟然是让人类负责扫地洗衣，AI 负责吟诗作画！”这个段子是否客观描述了事实，在此暂且不论；有趣的是，它的流行体现了人类的一种常见的观点：人类擅长“吟诗作画”之类的创造性事务，那应该是全体人类的本职工作。

真的如此吗？是，又不是。作为一个整体，人类确实擅长“吟诗作画”，浩如烟海的文学艺术史就是证明。假设有一天，人类因为自然原因而灭绝了，亿万年后登上地球的外星人，大概也会为人类残留下来的艺术创作而感到震撼。然而，从个体层面看，人类的创造力分布相当不均匀：哪怕是受过高等教育，很多人也不具备撰写合格的短篇小说的能力，遑论诗歌！至于绘画、音乐、雕塑……需要一定门槛的艺术门类，大部分人就更不具备天赋了。关于这一点，我们只需要去看一看自己所在地的少年儿童艺术培训机构，看看小朋友们的痛苦表情，就可以理解了！望子成龙的家长们总是一厢情愿地认为，“只要功夫深，铁杵也能磨成针”，后天的练习能弥补天赋的差距。殊不知真正的天赋是无法练成的，越是练习才越是令人绝望。

1984 年奥斯卡最佳影片《莫扎特传》（Amadeus，又译为《上帝的宠儿》），不是基于莫扎特本人的视角，而是基于与他同时代的宫廷音乐家安东尼奥 · 萨列里 (Antonio Salieri) 的视角拍摄的。与一般人相比，萨列里具备一定的音乐天赋，颇受当时的奥地利贵族欢迎。可是年轻的莫扎特第一次出场，就随手弹出了萨列里冥思苦想多日也想不出来的旋律，从而使得后者彻底绝望，反复试图追赶前者，却屡次收获失败。在影片最后，晚年的萨列里疯疯癫癫地对全世界说："平庸的人，到处都是平庸的人！我是你们的代言人。我赦免你们，平庸的人！我赦免你们全体！"

不管莫扎特是不是"上帝的宠儿"，萨列里说对了一点：从创造力的角度看，世界上大部分的人是平庸的。小地方的所谓天才，到了稍大一点儿的地方不过是普通人才，放到全世界范围就更不算什么了。如果莫扎特活在今天，肯定不会害怕生成式AI抢走自己的饭碗，反而会由衷地庆幸——再也不用容忍跟"庸才"合作了，可以把"脏活累活"全交给 AI 去干。进一步说，今天的莫扎特不用像当年那样在皇室和贵族的赞助之下创作了，因为"咒语"大幅降低了内容创业的门槛，为了创作《安魂曲》而在贫病交加中去世的悲剧不会在今天重演。

位于奥地利萨尔茨堡的莫扎特出生地——他只活了 35 岁，从世俗的角度看，他算不上"上帝的宠儿"；可是从音乐天赋和音乐史的地位看，他是不折不扣的"上帝的宠儿"

我知道有人会反驳："所谓'咒语'，真的有那么灵验吗？再复杂的"咒语”，也不过是几个句子，或者一篇小作文，其门槛能够高到哪里去？小说、绘画、音乐、电影乃至设计，都是久经考验的、公认的艺术形式；但是把“咒语”也视为一种艺术，未免过于夸张了吧？何况，“咒语”在本质上是一种语言应用，使用语言交流难道不是人类的天性吗？既然是天性，就不太可能拉开很大差距。”

对于这个问题，最好的解答方式是实践，而不是想当然。我们可以尝试使用 OpenART（其底层模型是在 Stable Diffusion 基础上修改的）生成一系列的猫咪图片。其实，生成什么图片都可以，不过考虑到我不久前领养了一只流浪猫，那就以猫咪为主题吧。

与其他基于扩散模型的文生图应用一样，OpenART 允许用户输入“咒语”和“负面咒语”(Negative Prompt)，后者是指图片中应该避免出现的元素；它还允许用户设定“遵从引导程度”(Prompt Adherence)，数值越高，自由度就越低。“高度遵从引导”基本上会按照“咒语”的字面意思生成图片，“低度遵从引导”则会赋予大模型更高的自由度。

下面的四张猫咪图片的基础是同一段“咒语”：“一只黑白相间的母猫正慵懒地坐在一张桌子上，时间是下午，有阳光，她的前方有一只咖啡杯。”（原文为英文：A black-and-white cat is sitting lazily on a table, in the afternoon, with sunshine, with a coffee cup in front of her.）从左上角的图片开始，按照顺时针排序，四张图片依次有如下的微妙区别：

- 高度遵从引导，尽管按照系统标准，仍处于中等水平。（OpenART 允许设置 30 级遵从引导，这张图片是 15 级。）
- 低度遵从引导，从上一张图片的 15 级降低至 7 级。除了猫咪的坐姿不同，似乎没有特别本质的区别。
- 在上一张图片的基础上，加入负面咒语“背景里的房子”(house in the background)。结果窗外的房子消失了，取而代之的是炫目的日光。

◆ 在上一张图片的基础上，再加入负面咒语“绿色植物”(green plant)。花盆消失了，窗外的绿叶也变成了黄叶。奇怪的是，咖啡杯变成了星巴克的塑料杯，这是一个意外。

在生成第四张图片时，我的本意是“不包括任何植物”，但是误用了“绿植”一词——结果没有真正实现意图。至于咖啡杯从白色变成黑色、再变成黑白两色、最后变成星巴克，纯粹是因为我没有具体指示其形态，系统自由发挥了。关键是作为主角的猫：每张图片的精气神儿都不太相同，最后一张尤其丑，既不太看得出“慵懒”，也不太看得出是“母猫”。窗外确实有阳光，但“下午”这个时间条件表达出来了吗？是不是应该增加一个时钟之类的元素？

按顺时针方向：高度遵从引导图片；低度遵从引导图片；背景不显示房子的图片（低度遵从）；背景不显示房子且不显示绿植的图片（低度遵从）

针对上面的所有问题，我们可以不停地调整“咒语”、调节遵从引导程度，通过试错找到自己想要的结果——但是要花钱。如果要生成更高清晰度的图片，或者使用辅助创作工具，就要花更多的钱。而且，上面我们只提到了图片的主题元素，而对构图和艺术风格毫无涉及。猫咪在图片当中所占的空间是不是太大了？如何协调猫咪和其他主题元素的关系？除了上图的现实主义（其实就是“伪照片”）风格，应不应该尝试其他风格，例如卡通或版画？这些问题显然不可能通过排列组合的“穷举法”进行试错。说实话，我本人对美术一窍不通，最后一次上美术课还是初中时期，所以我生成的这些东西连“平庸”都称不上，只配给我自己的书当插图。

OpenART 官方提供了一本长达 105 页的“咒语书”(Stable Diffusion Prompt Book)，还有与之配套的视频教程。看完这些教程，用户应该就具备了基本的创作能力；比较聪明或者特别熟练的用户，完全有可能干掉那些业余画师，乃至比较平庸的专业画师。能不能干掉那些高水平的画师乃至大师呢？想多了。大师之所以是大师，第一是因为他们的原创性和作品调性，第二是他们深谙艺术打动人的原因，所谓“既知其然，亦知其所以然”。由大师本人使用“咒语”（不仅包括语言本身，也包括参考作品和草图等）指挥 AI 进行创作，显然比某个小白或庸才指挥 AI 的效率高得多，生成杰作的概率也高得多。

那么，我们可不可以模仿大师进行创作呢？毕竟模仿和“借鉴”永远比原创更容易，如果 AIGC 能降低原创的门槛，就更能降低模仿的门槛。其实，模仿本身并不丢脸，而且可以颇具商业价值，有句话叫作“创新就是率先模仿”；我还要补充一句，“创新就是高质量的率先模仿”。《旧约 · 传道书》中说得更好：“已有的事，后必再有；已行的事，后必再行；日光之下，并无新事。”但是，成功的模仿有一个前提条件——我们要清楚地知道自己模仿的是什么。模仿就好比逆向工程，你总得先把人家的产品拆开、看清、吃透，才有可能仿制一个。在某种程度上，模仿的难度甚至高于完全的原创！

接下来我们不妨以视频创作为例，因为经常有人畅想 Sora 普及之后，任何人都可以创作具备高度观赏性的视频乃至影视作品。先不考虑算力限制，也不考虑 AIGC 视频的长度限制，假设我们能生成相当于一部电影长片规模和质量的视频。让我们选择一位在商业上和艺术上都比较成功的大导演作为模仿对象吧！我首先想到的是大卫·芬奇（David Fincher），他是很多惊悚片爱好者的最爱，作品不多不少，而且几乎全是精品。

那么问题来了：大卫·芬奇究竟是一个什么样的导演？我们首先需要了解他的个人资料和成长背景，这些信息不难收集，网上有大量访谈和影迷收集的资料。我们还需要认真研究他的十二部电影长片作品和三部剧集导演作品，可能还得包括他担任制片人或执行制片人的一些作品，以及这些作品的文学剧本和分镜头剧本（如果公开了的话）。我们不仅需要自己吃透这些作品，还有必要把它们“喂给”大模型——至于是采用“微调”的方法，还是把这些作品整体作为一组“咒语”输入大模型，那就是一个技术问题了，可能需要专门配备一个技术顾问团队。

芬奇最擅长的电影类型是心理悬疑和犯罪，但是他出道之作《异形 3》是科幻恐怖片，历史上他还策划过不少科幻和奇幻作品，但大部分因为种种原因未能上马；或许我们有必要把这些“未完成的项目”也纳入研究范围。他本人承认受到了阿尔弗雷德·希区柯克（Alfred Hitchcock）、斯坦利·库布里克（Stanley Kubrick）和雷德利·斯科特（Ridley Scott）等知名导演的影响，但那就是全部吗？有些影评人指出，他的一些代表作明显受到了 20 世纪 70 年代“新黑色电影”（Neo-Noir）的影响，尽管他本人没有导演过一部严格意义上的“黑色电影”。作为知名导演，芬奇看过的电影至少有几千部，要判断其中哪些对他影响较大，那简直是一项体力活儿！

在工作中，芬奇以完美主义著称，喜欢深入参与和掌控每个环节，把演员变成他的“提线木偶”。因此，我们的“芬奇模仿电影”可能需要限制角色的自由发挥；尽管这些角色没有自我意识，但是大模型仍然可能指挥他们进行出人意料的表演，这一点需要杜绝。在视觉风格上，芬奇偏好自然光，或自然光与人工打光的结合；他喜欢带三脚架的固定机位而非手持，这一点深刻影响了他的作品的镜头语言。上面的描述还是非常粗略的，如果我们要将其转化为具备实用性的“咒语”，恐怕要下更多苦功夫，挖得深一点儿、更深一点儿。

大卫 · 芬奇究竟是一个什么样的导演

个人资料	生于1962年8月，美国科罗拉多州人，白人，结过两次婚，有一个女儿。小时候就喜欢看电影，跟乔治 · 卢卡斯做过邻居，高中期间导演过话剧
电影长片作品	异形3、七宗罪、生日历险、搏击俱乐部、战栗空间、十二宫杀手、本杰明 · 巴顿奇事、社交网络、龙纹身的女孩、消失的爱人、曼克、杀手
剧集作品	纸牌屋、心灵猎人、爱 · 死亡 · 机器人
擅长类型	心理悬疑、犯罪、轻奇幻
受到谁的影响	乔治 · 罗伊 · 希尔、阿尔弗雷德 · 希区柯克、艾伦 · 帕库拉、斯坦利 · 库布里克、雷德利 · 斯科特、马丁 · 斯科塞斯
最喜欢的电影	后窗、阿拉伯的劳伦斯、毕业生、纸月亮、美国风情画、大白鲨、总统班底、出租车司机、第三类接触、变色龙
工作风格	完美主义，喜欢做大量准备工作，深入参与准备、前期和后期的每个环节，不喜欢赋予演员任何主动权，跟剧组成员关系紧张
视觉风格	喜欢使用 Red 数字摄影机，偏好自然光，偏好固定摄影机而非手持摄影机，对使用数字特效比较开放

我相信自己做出的上述总结还是比较到位的，因为大卫 · 芬奇是我非常喜爱和熟悉的一位导演。要是换成大卫 · 林奇 (David Lynch) 或者保

罗·托马斯·安德森（Paul Thomas Anderson），恐怕我得补上几个月的学习时间才能说出个一二三。假设在 Sora 普及之后，真的有人要做一部模仿芬奇的电影，他的准备工作应该比我做的充分很多倍，才有成功的希望。普通人乃至资深影迷很难做到这一点，即便一般的电影专业人士都很难做到。恐怕只有一位与芬奇具备类似才华的大师，才能较好地完成这个任务。由此又产生了一个悖论——才华可与芬奇并驾齐驱的大师，还模仿芬奇做什么，直接根据自己的创意写“咒语”不好吗？

此时此刻，大部分直接面向消费者的 AIGC 创作者还不用考虑如此复杂的问题。因为在本质上，现阶段的 AIGC 作品还处于“西洋景”阶段：就像当年手艺人走街串巷拉的洋片，可以让小孩子乃至大人看个新鲜；但是谁都不会盯着它看半天，因为很容易就腻味了。就拿 Sora 放出的那些样片来说，单独拎出来看，其创意和完成度都相当不错，发到短视频平台足以引发较高的热度。然而，如果这样的视频批量出现在短视频平台上，乃至成为主流内容，观众大概会迅速从新奇转为厌倦：

- 这些视频总体上只有一个场景，缺乏不同场景的剪辑，场景内的调度也略显单调。它们更像是从完整视频中剪下来的零散片段。
- 这些视频普遍缺乏连贯的剧情。虽然不是所有短视频都需要连贯的剧情，但如果完全没有起承转合等情节要素，就很容易让人腻味。
- 这些内容都是纯粹的“视频”，缺乏音乐、配音和字幕。这固然可以视为一种特殊的内容形式，但现在的观众显然更喜欢视觉与听觉素材的结合。

请注意，上述问题不是大模型自身的问题，它们可以由创作者自己去解决，前提是创作者有足够的创意和经验。在现阶段，创作者可以先由 AI 工具生成一系列视频片段，再用传统剪辑工具去整合、包装；等到技术进一步成熟之后，整合工作也可以通过“咒语”由 AI 工具完成。在传统的短视频创作中，文案一直非常重要，许多具备强大拍摄和剪辑能力的创作者都因为文案水平欠佳而未能走红。在 AIGC 时代，“咒语”不啻于文案的全面加强版。不合格的“咒语”，什么都做不出来；平庸的“咒语”，只能做出“西洋景”式的视频，此类视频很快就会在激烈的竞争中沦为“红海”；只有高超巧妙的“咒语”，才能持续地生成爆款视频，不论是短视频还是中长视频。

2018 年，我在位于北京的中国电影资料馆观看了长达一个多小时的早期电影短片集合，包括著名的《火车进站》《园丁浇花》，以及 19 世纪末、20 世纪初的纽约街景。以今天的眼光看，这些电影已经只剩下历史价值了。不过它们充分体现了电影诞生之初的定位：大型西洋景。据说观众第一次在银幕上看到火车进站时，吓得四散奔逃；同样的内容看上三四遍，也就习以为常了。随着技术进步和创作者的成熟，电影迅速迈过了“西洋景”阶段，成为一种复杂的、能够承载较高思想性和社会性的内容形式。1915 年，电影史上公认的第一部史诗剧情长片《一个国家的诞生》(Birth of a Nation) 上映了，此时离第一部电影的诞生只过去了短短二十年！

在此过程中，电影的发明者也是最早的电影导演和制片人——法国的卢米埃兄弟 (Lumiere Brothers)，不声不响地退出了这个新兴行业。因为他们对电影的定位是“廉价小玩意”，适合在咖啡馆、马戏团之类的场所播放，每部电影的时间最好控制在几十秒，当然不可能承载任何复杂的情节。十几分钟乃至几十分钟的剧情片开始成为主流之日，就是卢米埃兄弟过气之时；他们知趣地退出了电影内容制作，聚焦于技术工作。我相信同样的事情也会出现在 AIGC 领域：当内容变得足够复杂，观众的欣赏阈值被大幅提升时，早期的那些“西洋景”创作者就会被边缘化乃至退出，把舞台留给那些真正懂得内容、以念“咒语”为核心竞争力的人。

卢米埃兄弟创作的历史上最早的电影《火车进站》，一部典型的西洋景式电影

上面举出的例子，基本都是狭义的“内容创意”层面的。其实，广义的“内容创意”涵盖的范围要广得多：品牌是一种内容，IP 是一种内容，平面设计、服装设计、建筑设计乃至工业设计均可以视为某种创意。本书截稿之时的世界首富是 LVMH 集团的创始人，而 LVMH 只设计奢侈品、运营品牌，几乎不从事制造环节，所以能维持极高的利润率和相对轻资产的模式。这种商业模式只有在全球物流、通信和知识产权保护相当发达的条件下，才有可能成立。早在 AIGC 概念诞生之前，像 LVMH 这样以创意和品牌为核心竞争力的企业就已经不是孤例了，它们充分证明了人类愿意为“梦境”支付高价，前提是“梦境”足够特殊、足够让人沉浸。

AIGC 的普及则将上述趋势推向一个新的阶段。兼具天赋和经验的设计师或策划人员，坐在自家别墅院子里或奢华度假村套房的阳台上，一边喝着咖啡或葡萄酒，一边看着风景构思“咒语”。随着键盘的敲击声或口述声，“咒语”被传递到云端的服务器上，得到 AI 工具的执行和增益，在非常短的时间内就转化为某种价值连城的产品。从一般人的视角看，这些人与魔法师有何区别？在前面的章节中，我们曾援引阿瑟·克拉克的名言：“任何足够先进的技术，看上去都与魔法无异。”等到 AIGC 渗透到世界的每个角落，我们或许可以说：“魔法已经跟技术合流了，我们使用技术的方式就是不折不扣的魔法！”可惜，阿瑟·克拉克没有活着看到这一切。

“AI 霸权”的兴起与专业白领阶层的衰落

相信本书的读者都接受过高等教育，其中不乏名校毕业生。我们不妨回忆一下，在自己的学生时代，最盼望从事什么职业、加入什么行业？毕业后实际从事的又是什么职业？答案一定很多，千头万绪，但是万变不离其宗，其中大部分应该都属于所谓“专业白领岗位”。十多年前我上学的时候，互联网行业尚不流行，商学院的学生最想去的第一是金融业，第二是咨询业，第三是大型外企或国企的“管理培训生”岗位。去四大会计师事务所做审计或税务咨询也是一条可行的道路，因为“四大”招人较多且解决户口。当时如日中天的房地产行业也吸纳了一些名校毕业生，其中大部分人不是去卖房子或设计房子，而是从事战略、投资、商业分析和企业管理工作。

上面提到的职业有什么共同点？它们都属于“专业服务业”，或者综合性企业内部的专业服务岗位。所谓“专业服务”(Professional Service) 的范围可大可小，广义上可以将企业软件乃至消费互联网行业都包含进去。这些行业具备如下共同点：

- 既不属于第一产业（农业），也不属于第二产业（工业），只可能属于第三产业（服务业），提供的不是实体产品，而是服务。
- 所谓“专业”，既包括服务本身的专业性，又包括从业者的专业性：拥有大学本科学历是基本门槛，大部分从业者拥有研究生学历或同等级别的专业认证，很多还是专业组织的成员。
- 专业服务机构是“高智力人力密集型”组织，最大的财富是其员工的智力。对某些机构而言，资本、设备等也很重要，但最重要的还是人。
- 提供的服务价格比较贵，客单价比较高。在扣除所有非人力成本以及公司利润之后，仍能给员工发上一笔不菲的工资，尽管员工还是不满足。

在发达国家，专业服务业的象征是医生和律师，哪怕没有接受过高等教育的人也知道这是受人尊敬、收入丰厚的职业。在杜琪峰导演的电影《黑社会 2：以和为贵》中，古天乐扮演的男主角身为香港著名黑帮的老大，却憧憬着让自己尚未出生的儿子将来做医生、做律师。当外人建议他把黑帮老大的职位传给子孙时，他深受刺激，嘴里念念有词：“不，我的儿子是医生，我的儿子是律师……”其实，中国香港也好，美国、西欧也好，只要是深受西方文化影响的地区，谁不想让自己的儿子成为医生或律师？除此之外，去华尔街做金融，同样是高收入且受人尊敬的职业，不过他们的工作与一般人距离太远，从非专业的角度不太好理解，远不如医生和律师那样直观、贴近人群。

专业服务机构的门槛是什么？个人从事这一行所需的资源禀赋又是什么？这两个问题其实是同一个问题的两面。大部分专业服务行业存在牌照限制，例如律师事务所要持牌，律师个人也要持牌；医生、会计师、金融从业者就更不用说了。牌照制度一方面是为了法律合规，方便监管和事后追责；另一方面则是为了确保从业者具备基本的胜任能力。在发达国家，医疗之外的大部分专业服务业，牌照管理其实不太严格，行业竞争主要还是遵循市场化机制，持牌只是一个基本底线而已。

医生和律师，在任何发达经济体都是最受人尊敬的专业服务业

除了牌照和一定程度的资本之外，最重要的门槛就是所谓的“专业知识”了。专业知识不等于创造力，甚至可以与创造力完全无关。《肖申克的救赎》中有一个经典场景：肖申克所在监狱的狱警在屋顶平台上埋怨缴税负担太重，男主角安迪马上想到了合法降税方案，以此赢得了狱警的感激和几箱冰啤酒。安迪入狱之前是银行家，不是税收顾问，但同样很熟悉税法。问题在于，他是依靠“创造力”给狱警解决问题的吗？不如说是依靠记忆力以及纯粹的经验。一言以蔽之：“行活儿”。反观可怜的狱警，之前根本不知道合法降税这个概念，更不用说去想具体办法了！

按照韩愈那篇著名的《师说》中的观点：“闻道有先后，术业有专攻。”在专业服务业，知识的价值首先是形成信息差，我知道、你不知道；其次是形成熟练度，做的次数多了就知道下一次该怎么做了，形成所谓的“条件反射”。做的时间久了，从业者会慢慢发现，知识其实并非是最重要的门槛，在漫长从业过程中形成的人脉关系和个人品牌才是。归根结底，任何服务业都是在跟人打交道，路边咖啡馆里端盘子的侍应生是如此，写字楼高层办公室里发号施令的大律师也是如此。但是，只有金字塔顶端的人才有能力、有条件建立错综复杂的关系网，金字塔中基层的广大打工人仍然是依靠着所谓的“知识”养家糊口的。

毫无疑问，AIGC 的普及将对整个专业服务业，尤其是其中的中基层打工人构成严重冲击。其实早在当代深度学习技术诞生之前，IBM 就试图以 Watson AI 解决方案替代一部分医生。由于英美等发达国家的医生一直短缺、医疗系统不胜重负，大部分医生其实是欢迎这种替代的，只是 IBM 未能做到而已。现在，经过一定程度的“调教”，ChatGPT 完全可以向用户提供初级的财务、税务、法律乃至医学方面的建议，唯一的缺点是它无法为自己的建议负责。等到 AI 相关的法律体系更加完善了，二次开发的垂类应用更加普及了，AIGC 真的有可能让很多人丢掉饭碗。

在十多年的金融机构从业经历中，我目睹了信息科技是如何冲击这个古老而傲慢的行业的。整个金融业利润最丰厚、从业人员待遇最高的是资本市场相关业务（经常被外界统称为“投行”，尽管投资银行只是其中很小的一块业务），包括投资银行、销售交易、研究、资产管理和财富管理，等等。从 20 世纪后期到 21 世纪初，它们逐一感受到了信息科技带来的压力：

- 证券交易的电子化开始于 20 世纪 70 年代，总体上越来越趋向于计算机程序驱动的自动化交易。现在，线下实地的证券交易几乎绝迹，需要人工干预执行的电子交易占比也越来越少。资本市场的交易额在猛烈增长，金融机构收取的佣金比例和价差却越来越低，能提供的差异化服务也越来越少，很多时候只能发挥通道作用。
- 证券研究在 21 世纪 00 年代以前是一项利润丰厚的业务，但随着监管逐渐严格以及互联网带来的信息透明化，现在研究业务已经基本只赚吆喝不赚钱了。无论在时效性信息还是深度分析方面，金融机构研究部门的影响力都已经落后于互联网化的财经媒体，甚至一些自媒体。

- 狭义的投资银行，即证券发行和并购业务，总体上还是利润丰厚的，但也大不如前。投资者对公司的估值方法日趋多元化，金融机构的所谓“定价权”已经聊胜于无——2004 年 8 月，谷歌的 IPO 第一次采用了“在线拍卖”的定价机制。金融机构从投行交易中收取的佣金比例也是越来越低。
- 资产管理和财富管理，即所谓“买方”业务，是近年来金融机构竞相追逐的业务，因为它们能带来稳定的收入流，受经济周期影响较小。但是，买方业务也被互联网深刻改造了，欧美所谓的“金融科技”公司，有很大一部分就是基于互联网进行营销、与信息科技深度融合的资产管理和财富管理公司。

在 AIGC 普及之前，金融机构早已在科技的冲击下力不从心；AIGC 的普及则可能是压死骆驼的最后一根稻草。以当前国内发展很快的财富管理，包括私人银行、信托和家族办公室等业务来说，客户最需要的第一是理财知识和建议，第二是获得高效投资的工具。AIGC 能够比较高效地满足第一个需求：我目前的资产和收入水平，适合什么样的风险偏好和投资组合？在适合我投资的产品当中，哪些费率比较低？每隔多长时间应该进行一次投资组合再平衡？对于那些资产规模不太大的“入门级”客户来说，基于 AI 大模型微调后的聊天机器人足够满足需求了，或许还能帮着节约一些费用。要知道，金融业是传统上人们认为技术含量最高的专业服务业之一，如果金融业都被冲击成这个样子，其他专业服务业又会如何呢？

不要误会，金融业不会消失，会计、税务、法律、医疗服务行业也不会。只要需求存在，供给就必须被创造出来，区别是“由谁来创造”——人类，还是 AI？在历史上，无数的行业都出现过人类被自己创造的机器替代的情况。我们至今仍在使用的电话系统，诞生之初曾是典型的劳动密集型行业。数十位乃至数百位接线员，坐在一排排电话交换机前方，一边用耳机收听用户的请求，一边通过插线拔线来实现其请求。这种画面直到第二次世界大战结束时还存在，在某些国家甚至直到 20 世纪 80 年代还存在！

另一个典型案例是电梯操作员，早年的电梯是需要人工操作的；随着自动化程度的提升，操作员的主要职责变成了维护秩序和安全，然后逐渐消失。现在只有在医院或少数涉密场所才能看到电梯操作员这个角色了。

1943 年，美国贝尔系统 (Bell System) 雇佣的一部分电话接线员

虽然电话接线员和电梯操作员看起来技术含量不高，但是在诞生之初，算得上不折不扣的“专业服务岗位”，前者还是坐办公室的“白领”。因为早年的电话交换机和电梯都是十分精密的电气设备，需要一定的培训方能掌握其使用方法。而且由于设备价格昂贵，没有企业敢把它们交到自己信不过的员工手里，无形中提高了员工的入门门槛。进入 20 世纪以后，从事电话接线员职业的大部分是女性，而且在很多国家，这个职业对一般女性而言是很好的就业选择，甚至在一定程度上促进了妇女解放和男女平权。最终导致它消失的是信息科技——“程控电话交换机”不再需要接线员，所谓“程控”，就是“计算机程序控制”的意思。电梯操作员的命运与其相仿，现在的电梯在本质上都是“程控电梯”，用户的指令由计算机程序而非操作员执行。

具体到当代的专业服务业，我们可以说：自动化交易程序替代了一大部分证券交易员；网上银行和手机银行替代了许多银行柜员；内容推荐算法和信息聚合平台替代了许多专业内容编辑；各式各样的财务软件替代了相当一部分财务工作者。不过，“替代”这个说法太片面了，因为传统的计算机程序还是需要人来操作的，而且对自然语言的理解能力普遍比较有限。所以，它们对专业白领的辅助作用要大于替代作用。像电话接线员那样容易被彻底替代的岗位，早在 20 世纪中期就被替代掉了；幸存到计算机时代的白领岗位，都是没那么容易被彻底替代的。

然而，AI 大模型跟以前所有的计算机程序都不一样：它能理解自然语言，能执行“生成”任务，能搜罗并利用大量人类知识；随着时间推移，它还具备了多模态能力和长文本理解能力。它固然也可以给专业白领打“辅助”，但是自身完全具备打“C 位”[1]的能力，甚至可以既打 C 位又打辅助。就连信息科技行业自身都感受到了来自 AIGC 的压力，昔日屡次震动其他传统行业的计算机程序员们，现在自己也面临着来自 AIGC 的大地震。值得一提的是，我们目前还处于 AIGC 发展的初级阶段，从 2017 年 Transformer 技术诞生至今才只过去短短数年。再过上五年、十年，大幅增强的 AIGC 工具肯定更能胜任“打 C 位”的使命，数以万计的专业白领工作者将不可避免地迎来一次洗牌。

那将意味着什么？大规模失业，又一批专业从朝阳沦为夕阳？整个社会需要的劳动人口大幅下降？或者人类干脆不需要再工作了？这些可能性固然不容忽视，我们将在下一节展开讨论。不过我们总得考虑一些其他可能性：西方谚语云“上帝给你关上一道门，必然会为你打开一扇窗”，AIGC 导致的白领结构性失业，会不会只是又一次产业革命的导火索，丢掉工作的大部分人终究会在其他行业找到新的工作？

1 在 MOBA 游戏中，“C 位”一般是指法师、射手等输出担当角色，它们是战局胜负的关键；“辅助”则是为他们提供保护和增益的角色。由于装备、铭文和打法不同，“C 位”和“辅助”有时候也不太容易分辨，在一定条件下可以转换。

我们都熟悉所谓“三个产业”的经济学模型，当前发达经济体规模最大的产业几乎都是第三产业即服务业。与第一、第二产业相比，服务业最大的特点是吸纳就业能力极强，因为在 AIGC 诞生之前，机器尚不足以在这些行业彻底替代人力。但是，AIGC 的发展或许终将导向“AI 霸权”，服务业尤其是专业服务业的就业岗位会大幅下降。接下来会出现“第四产业”“第五产业”，接过吸纳就业的接力棒吗？

在现代经济学中还真有“第四产业”的概念。“三个产业”经济学理论的提出者之一——英国经济学家科林 · 克拉克 (Colin Clark) 就认为，科技进步将导致“第四产业”兴起，即以信息科技为基础的“知识型经济”。有的经济学家把大众传媒、通信、咨询、设计、教育……全部划归“第四产业”；按照这种划分方法，很多发达经济体早就是第四产业驱动的了！问题在于，这种划分方法缺乏实际意义，所谓“第四产业”，大部分仅仅是信息科技改造过的第三产业组成部门，可以视为“专业服务业”的代名词，它们本来就是受到 AIGC 冲击最严重的行业！还有人提出了“第五产业”的概念，包括政府、非政府组织 (NGO) 和慈善机构。这其实也是文字游戏，因为这些组织形态的历史相当悠久，并不是随着生产力发展而诞生的新鲜事物。

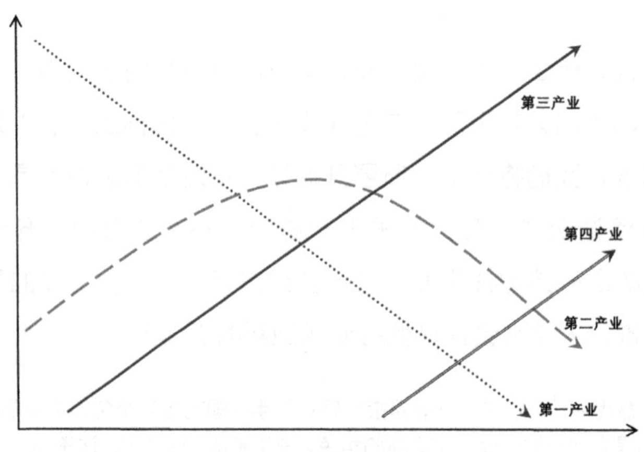

“四个产业”经济学模型，可以进一步扩充为“五个产业”

如果一定要寻找一个吸纳就业的新兴行业，或者说“对打工人比较安全的行业”，我首先想到的就是那些激励人、感动人、与人分享喜怒哀乐的行业。我们是人类，人类是一种同时具备复杂智慧和感情的哺乳动物，更喜欢与同类交流。2024 年 4 月，山姆 · 奥特曼在斯坦福大学的演讲中提到：人类始终更喜欢人类，哪怕现在 AI 下棋水平已经全面超过人类了，人类还是更喜欢看人类下棋。他也提到了一些反例，比如青少年更喜欢跟 AI 而不是心理医生讨论自己的心理问题；这倒是可以理解的，毕竟心理问题涉及太多的个人隐私，人们不太乐意向外人敞开心扉。

记得多年以前，“虚拟偶像”(Vtuber) 技术诞生之时，一些投资者十分兴奋，认为将彻底改变演艺圈乃至整个泛娱乐产业的格局。因为娱乐行业高度依赖明星，许多影视公司本质上是在给明星打工；直播行业也是如此，大主播日进斗金、颐指气使，可以凌驾于公会乃至平台之上。若能用虚拟偶像替代人类，无疑将彻底改变泛娱乐产业的利益分配格局，对资本方非常有利！从创业公司到成熟的上市公司，很多公司都对投资者讲过这样的故事，引发了相当广泛的共鸣。

结果如何呢？时至今日，虚拟偶像确实取得了很大发展，在部分内容平台拥有了自己的专区，一些头部虚拟偶像也确实日进斗金——可是离替代人类还差得远。在秀场直播、游戏直播和电商直播这三大直播赛道上，最赚钱和最有影响力的主播仍然是人类。在演艺圈就更是如此了，以初音未来、洛天依为代表的“虚拟歌姬”没有造成任何变革，只是一阵风，人气衰减速度甚至比很多人类明星还要快。耐人寻味的是，那些成功的虚拟偶像的粉丝总是热衷于寻找“中之人”，即虚拟主播的扮演者或声音、动作提供者。他们貌似喜欢上了一个科技制造的数字化形象，但真正喜欢的却是数字之下的人类心灵。假如虚拟偶像背后的资本敢撤换“中之人”，那就要冒着粉丝大规模流失的风险。

在二次元领域存在同样的现象：二次元人物的“声优”（声音扮演者）

被视为其灵魂，优秀的、富有辨识度的声优在一定程度上享受着明星的待遇，动漫或游戏开发商选择或替换声优的时候会非常谨慎。一些二次元用户爱玩“声优梗”，把同一声优扮演的不同人物和作品串联起来，让三次元世界的光芒照进二次元世界。恐怕在很长一段时间内，头脑正常的二次元内容公司都不会想用 AIGC 全面替代人类声优，因为那无异于商业上的自杀。由此可见，二次元用户绝不是讨厌“跟人打交道”，只是更习惯于在一个理想化的世界里跟人打交道罢了。

人类的独特性或曰不可替代性，到底体现在哪里？莎士比亚在《哈姆雷特》当中如此赞颂人类：“人类是多么了不起的杰作！多么高贵理性的！多么伟大的力量！多么优美的仪表，多么文雅的举动！在行为上多么像一个天使，在智慧上多么像一个天神！宇宙的精华，万物的灵长！”那是 16 世纪，地理大发现还在进行，工业革命尚未发生，人类尚未释放出改天换地的巨大科技力量，但是人类创造的文明已经足够辉煌、足够特殊了。此后的几百年，人类在文化和科技领域均取得了巨大的成果，也制造了惨烈的灾难；关于“人类作为一个整体是否可以被替代”的讨论，早在第二次工业革命期间就被提了出来，经历两次世界大战而愈演愈烈。人类亲手创造的文明世界，是否终将导致人类自身被淘汰出局？这个问题既是功利层面的，也是哲学层面的。我们知道，在自然界的进化过程中，任何物种皆非不朽，经过一段时间之后皆会衰落或变化。

AI 是不是人类亲手创造出来的自身的替代者，不是替代某个人、某一群人，而是替代绝大多数人，甚至所有人？对这个问题，我想援引威廉·福克纳（William Falkner）接受 1950 年诺贝尔文学奖时的演讲，这是我最喜欢的演讲之一：

“我拒绝接受人类有结局。你可以轻易地说，人类是不朽的，仅仅因为他可以存在下去：在世界末日的血色黄昏，最后的钟声

> 逐渐从浪潮汹涌的小小礁石上空褪去，即便在那种情况下，人类渺小而永无休止的声音还是会一直诉说下去。我拒绝接受这种前景。我认为人类不仅会存在下去，还会胜利。他是不朽的，不是因为万物之中只有他具备永恒的发言权，而是因为他有灵魂，具备同情心、牺牲和忍耐的精神。诗人、作家的任务就是去写这些东西。他们的权力就是振奋人心，让人类回想起在过去的岁月里，勇气、荣誉、希望、自豪、同情心、怜悯和牺牲曾经给他们带来何等光荣，由此帮助人类存活下去。诗人的声音不应该仅仅是人类的记录，而应该是帮助人类存在和获胜的支柱、栋梁。”

福克纳在世时，信息科技革命尚在初始阶段，AIGC 更是还没有影子。当时对于人类未来的怀疑，主要是出于对核武器和下一次世界大战的恐惧。倘若福克纳今天还活着，AIGC 浪潮应该也不会改变他对人类命运的看法。人类有灵魂，有勇气、荣誉、希望、自豪、同情心、怜悯和牺牲精神，这些精神不仅帮助人类存活，也是人类的光荣所在。人类之中有败类，不是所有人都具备上述精神，但是作为一个整体的人类是不朽的。

我想，这就是人类更喜欢与人类打交道的根本原因。与自己的同类相处时，我们知道对方有感情、有思想，饿了想吃饭，困了想睡觉，渴望被爱，被伤害了会疼，有亲戚和朋友，或许还有属于自己的小家庭。每当我们对对方“施加”感情，无论是正面的还是负面的，对方大概率会反馈感情。在这个寒冷空虚的宇宙中，主要由岩石和岩浆构成的星球上，我们彼此取暖、互相倾诉和理解，建立了一个小小的温暖之家。我们基于硅片和金属导线创造出来的东西很伟大，能在几秒之内完成我们要花几天还不一定做得到的任务，但它们依旧是寒冷的。它们表面上具备的那点温度来自对人类的模仿，而且是人类手把手教会的。

就算家里存着几百张唱片，也能随时通过流媒体听到最新潮的音乐，我们还是会偶尔去小酒吧听现场音乐演出；为什么？因为我们喜欢跟人打交道

可是人类不知道自己为什么去爱，为什么有荣誉感，为什么富于同情心，为什么会为他人牺牲自己。作为个体的人类，经常做一些完全无利可图的傻事："我偏要勉强""虽千万人吾往矣""在真理面前我半步也不会退让"。人类其实一直就不喜欢自己所生存的世界，有些人选择逃避它，选择改造它，还有些人选择超越它。改造和超越的难度都远远高于逃避，也高于简单的适应，人类为什么要做出如此吃力不讨好的选择呢？这究竟是生物的本能，是人类在漫长岁月中形成的潜意识，还是像福克纳描述的那样——人类真有灵魂？如果一个老师不知道自己的技巧究竟是怎么回事，他如何把这种技巧教给学生？AIGC 就是那个学生。

在经典科幻电影《终结者 2》中，施瓦辛格扮演的"终结者"是一具安装了神经网络 CPU 的人形机器人。当时的编剧敏锐地注意到了神经网络的未来，但他们不可能预料到现代神经网络的算力基础是 GPU 而不是 CPU。终结者为了拯救年幼的约翰 · 康纳而来，他擅长战斗，但是无法理解人类的感情。当约翰流泪时，他会问："你的眼睛怎么了？"在影片的结尾，为了切断敌人的追踪线索，终结者决定自我牺牲，将自己沉入高温钢水之中。约翰再次流泪了，这一次终结者终于明白了。他一边擦去约翰的泪水，一边说：“我现在知道你为什么流泪了，但这是我永远做不到的事情。”

AI 有一天能学会流泪吗？即便有那么一天，离我们也非常遥远。在那之前，我们应该珍视自己身为人类的一切优点或弱点。围绕人类的感情、交流和表达欲，将成长起更多的新业态，旧有业态亦有机会焕发新的活力。专业白领阶层的衰落或许是不可避免的，但是只要我们意识到身为人类的特殊性，总归能在所谓“AI 霸权”之下找到新的出路。严肃的问题是：即便找到了新的出路，也不一定意味着一切问题迎刃而解，因为人类社会的不平等可能被进一步强化。在本书正文的最后一节，让我们讨论不平等问题的解药。

赡养人类？“智能体”全面普及之后的社会

在进一步讨论“AIGC 普及之后的社会”之前，让我们先熟悉一个概念：“智能体”（AI Agent，又译为“AI 代理”）。根据亚马逊 AWS 的定义，“智能体”是一种能够与环境互动、收集数据，利用数据去自主决定完成任务，以达到事先设立的目标的软件程序。与目前流行的 AI 聊天机器人相比，智能体最大的特点是自主性：人类只需要交给它一个最终目标，由它自己决定如何拆解目标、获得相关资源、达到目标。相比之下，ChatGPT 只能跟人类一问一答，所有反馈基本是实时做出的。人类不可能对 ChatGPT 说：“给你一个月时间，帮我收集某个领域的资料，进行一次头脑风暴，然后提交几份这个领域的商业计划书。”就连稍微复杂一点的目标，当前的 ChatGPT 也是难以独立完成的。

智能体不一定要以大语言模型为基础，但是近年来的学术研究一再证明，大语言模型是构成智能体“大脑”的一种比较合适的选择。一个真正意义上的智能体，应该把人类行为充分“内化”，与其他智能体分工合作，构成一个“群体”；它们应该具备与外部环境主动互动的能力，其中既包括物理环境，也包括计算机程序等虚拟环境，还包括人类行为及知识。若要完成与物理世界的互动，智能体就需要具备某种物理形态，而不仅仅是一个计算机程序。可想而知，智能体的实现不但有赖于 AI 技术，还有赖于物联网、机器人乃至 VR/AR 技术。严格地说，目前世界上还不存在真正的智能体，现在流行的 AI 应用若要演化为智能体，就像类人猿演化为人类，需要经过漫长艰苦的过程。

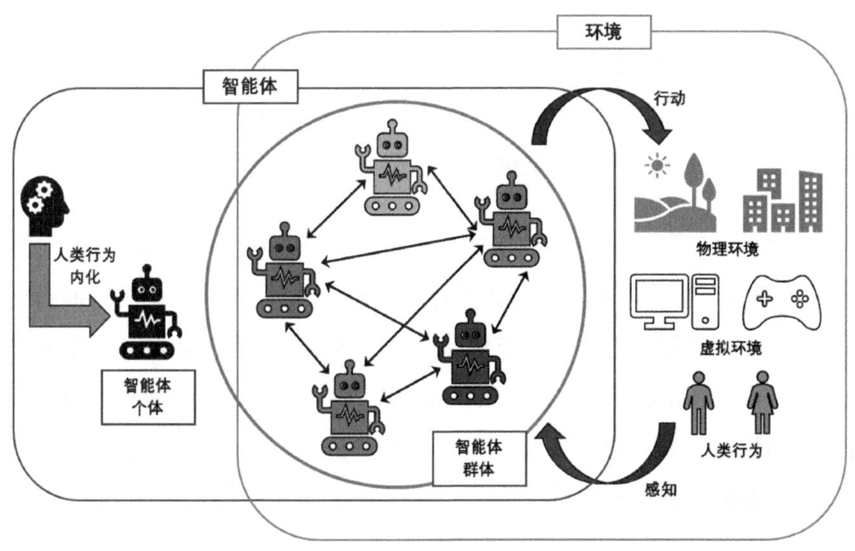

“智能体”彼此之间以及与外部环境的互动

当前的 AI 聊天机器人只能部分替代人类，未来的智能体则可以全面替代人类——至少是一部分人类。你完全可以把智能体当作一个下属或同事，定期把任务喂给它，等着它交出答卷；如果它完成任务的时候遇到了什么问题，还会自主通知你，寻求解决方案或新的资源。具备物理实体的智能体甚至可以从事体力劳动，从端茶倒水、洗衣做饭到更复杂的技术活儿。千家万户日常使用的扫地机器人，如果获得 AI 大模型的加持，会有一点儿像智能体的雏形：我们以自然语言对其下达“清扫房间”的命令，它自行判断先清扫哪个房间、沿着什么路线清扫，根据实际情况决定何时回到基站，遇到障碍之后先自行设法绕过，实在绕不过了才会呼叫人类。

从科技巨头到创业公司，所有与 AIGC 相关的企业都想开发自己的智能体。据说 OpenAI 就一直在紧锣密鼓地开发智能体。有些人觉得现在做智能体还为时过早，有些人则对智能体的具体范围有不同意见，但是绝大多数人都承认：智能体是 AIGC 发展的必由之路，甚至有可能是其“终极形态”。复旦大学 NLP 研究团队于 2023 年 9 月发表的论文《基于大语言模型的智能体的崛起与潜力调查》(The Rise and Potential of Large Language Model Based Agents: A Survey) 是一篇非常精彩的文献综述，其中描述了一个“智能体社会愿景”：

人类用户来到一个完全由智能体提供服务的虚拟世界，想参加节日庆典。在厨房里，智能体策划着今天的特别菜肴，计划采购鱼、酱料等原材料。在音乐会上，智能体组成了一支乐队，有的弹吉他、有的唱歌，分工明确。户外装饰也由智能体负责，包括制订方案、制作灯笼等装饰物，计算成本，等等。请注意，智能体的工作不仅包括简单的执行，还包括创意和策划。人类需要做的只是坐享其成。

如果这样的场景发生在游戏里，或者游乐场里，人类肯定会非常开心。但是，如果全世界都充斥着这样的场景呢？人类的天性是好逸恶劳、不愿被束缚，如果我们去问未成年的小朋友最想做什么，很多人都会说自己“想一天到晚地玩”。从这个角度看，智能体代替人类从事大部分工作，对全体人类本应是一件好事，为什么很多人反而会害怕呢？说到底，这是一个分配问题。我们习惯了“多劳多得、不劳不得”的社会，除了那些口含金汤匙出生的高贵公子，大部分人都需要找一份工作做。不工作的人类，要从哪里获得收入？

一个由智能体承担大部分任务的社会

需要指出的是，就算智能体普及了，也不是所有人都会失去工作。在前面的章节中提到过，那些与人类感情息息相关、涉及人类灵魂深处的职业，有望一直存在下去。在传统行业里，最富创意、最令人难以模仿的那些人，将通过“咒语创业”，掌握更大的话语权、拿走更大的一块蛋糕。才华横溢的创作者、设计师、制作人、发明家，以前需要一个庞大的组织把自己的才华转化为商品或服务，为此不得不向上级或资本低头，终其一生都在重重限制之下工作。现在，智能体将成为他们最好的助手，他们对组织和资本的需求大大降低了。如果你是这些天才中的一员，你可能会感叹“这是最好的时代”；如果你不是呢，会不会觉得天塌下来了？

假如不考虑社会再分配机制，这样的世界会成为大多数人的噩梦，人类的不平等会被推到前所未有的高度。其实早在 AIGC 诞生之前，人类的不平等就呈现愈演愈烈的趋势，“强者恒强”在各行各业都是颠扑不破的真理。根据美国经济政策研究所的统计，从 1978 年到 2018 年，美国最大的 350 家公司 CEO 的薪酬平均上升了 9.4 倍，而普通工人的平均薪酬只上涨了 11.9%。2018 年，埃隆 · 马斯克成为有史以来薪酬最高的

CEO，一年之内从特斯拉拿走了 23 亿美元！

CEO 当然不是唯一享受过高报酬的精英人物。体育明星的薪酬上升速度比他们还要快。以 NBA 为例，从 1984—1985 赛季引进工资帽制度[1]，到 2022—2023 赛季，工资帽上涨了 34 倍！在此期间，NBA 球队雇佣的平均球员人数没有什么上升，这意味着球员的平均工资也上涨了类似倍数。至于文娱界就更不用说了——2023—2024 年，泰勒 · 斯威夫特 (Taylor Swift) 的全球巡演掀起了一场又一场的吸金风暴，有人打趣地提出，"美国经济的两大支柱是 OpenAI 和斯威夫特"。考虑到演出及其衍生服务对经济产生的乘数效应，这句话可能还真没说错。

在人类不平等加剧的过程中，信息科技扮演了重要角色。尤其是互联网，能够把精英人物的影响力直接传递到数百万乃至数十亿普通人那里。以前，无论一个人的能力有多强，其辐射范围都是有限的，世界既容得下少数天才，也容得下略逊于天才的大批人才；现在，天才的辐射范围几乎是无限的，他们的能力优势得到了最大限度的传播和变现，而那些略逊于他们的人只能甘拜下风。马斯克、奥特曼，以及中国的马云、雷军等商界大佬，无不深谙大众传播之道，懂得利用社交媒体实现自己的目标。谷歌的创始团队成员曾经提出"互联网是世界上最伟大的均衡器"，从信息获取的角度看，他们说的或许是对的；可是从收入分配的角度看，他们说的错得离谱。

AI 对人类不平等的"贡献"可能比互联网还要大。OpenAI 的管理层从一开始就意识到了这一点，所以才提出要"以对人类有利的方式"推进 AGI（通用人工智能）。他们提出，一旦 AGI 被开发出来，就应该平等地提供给全人类——至于算力成本、通信带宽等问题怎么解决，以及怎么

1　NBA 工资帽是指一支球队能够支付给全体球员的最高薪酬水平。NBA 实行软工资帽制度，球队可以以各种特例越过工资帽，所以大部分球队实际支付的工资都会超过工资帽。

分配才算“平等”，他们没有解释，也无法解释。即使真能做到平等提供 AGI，那些最有能力和资源的人照样会最大限度地利用 AGI，把普通人远远抛在身后。归根结底，OpenAI 想以一个私营组织的身份解决 AI 技术发展带来的社会问题，本身就有不自量力的嫌疑。

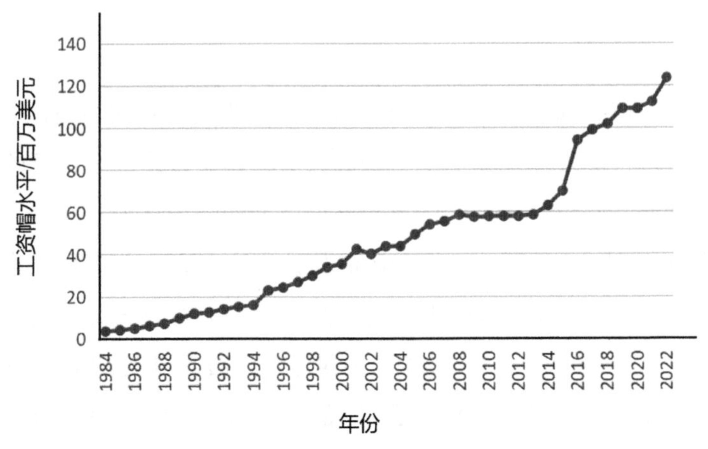

NBA 历年的工资帽水平

前面的章节提到过，奥特曼是一个热衷于参与政治和社会议题的人，他的政治主张包括向全体民众提供“无条件基本收入”(Universal Basic Income)，通俗地说就是给所有人发钱。无条件基本收入不是新鲜事物，早已被经济学界和政界探讨过多次了。我们可以把它理解成累进制所得税的延伸：收入较高的人，承担较高的所得税税率；收入低到一定程度的人，所得税税率降为零；再低的话就会变成负数，也就是国家反过来给个人发钱。

给全体民众无条件发钱，这种观点早在古代就出现过。中国儒家经典《礼记·礼运篇》借孔子之手提出：“大道之行也，天下为公，选贤与能，讲信修睦。故人不独亲其亲，不独子其子，使老有所终，壮有所用，幼有所长，鳏寡孤独废疾者皆有所养，男有分，女有归。”在近代欧洲空想社会主义的第一部经典著作《乌托邦》中也提到："向所有人提供某种程度的生活保障，那么任何人就都没有必要去当窃贼并因此而死了。"但理想毕竟只是理想。到了 21 世纪，给退休的人、残疾人和年幼的孤儿发钱，已经成为现代社会保障体系的一个常见功能；可是给所有人发钱，无条件地发钱，还是太超前了一点儿。因此在现实中，"无条件基本收入"从未以国家为单位普遍实行过。

2016 年 6 月，瑞士成为第一个以全民公决形式讨论是否应该引入"无条件基本收入"的发达国家。纳入全民公决的议案只是一个粗略的概括，缺乏执行细节。不过，瑞士国内支持该项议案的组织认为，应该每月给每个成年人发放 2500 瑞郎，给每个儿童发放 625 瑞郎。当时瑞士人均年度 GDP 约 8 万瑞郎，人均年度收入约 5 万瑞郎，上述方案发放的资金略微超过人均收入的 50%；虽然不算多，但足够让一般人过上衣食无忧的生活。可惜，这个议案在表决时仅获得 23% 的支持率，在近年来的瑞士全民公决中属于支持率较低的之一。

2020 年，美国民主党总统初选候选人杨安泽（Andrew Yang）将"无条件基本收入"列为其竞选纲领的核心：给每个成年美国公民每月发放 1000 美元，不管他们有没有工作、收入状况如何。彼时彼刻，杨安泽被视为美国的一颗政治新星、美国第一位华裔总统的热门人选，可是他在初选中的支持率远远低于预期，早早宣布退选。美国各地零星的、由公益组织或地方政府主导的"无条件基本收入"试验从来没有中断过，但从未上升到州或国家层级。

发达国家的主流民意为什么不支持"无条件基本收入"？因为羊毛出在羊身上，给全民发钱是要以收税为前提的。作为社会中流砥柱的中产阶级选民，从"无条件基本收入"当中获得的边际改善相当有限，却会为此背上更沉重的税务负担，这种赔本生意很少有人愿意做。与此相对的是，埃隆 · 马斯克、比尔 · 盖茨、马克 · 扎克伯格、杰夫 · 贝索斯、蒂姆 · 库克等超级富豪一边倒地支持“无条件基本收入”，这项议案在硅谷成为一种“政治正确”。除了作秀因素，主要原因可能有两个：首先，给全民发钱有助于保障社会稳定、改善社会治安，对超级富豪是利大于弊的；其次，硅谷的企业家对互联网和 AI 造成的社会不平等加剧现象的认识比较深刻，为了避免信息科技撕裂整个社会，必须未雨绸缪地提倡社会改良。

瑞士的“无条件基本收入”支持者把 800 万枚 5 分硬币倾倒在伯尔尼的联邦广场上；可惜，2016 年瑞士全民公决还是否决了“无条件基本收入”

AIGC 诞生的时间太晚了，还来不及被纳入对“无条件基本收入”的讨论之中。随着 AI 工具对人类工作者的不断替代，我们终有一天会看到一幅前所未有的图景：绝大部分人类不用再工作了，社会财富却比历史上任何时代都更加丰富，足够“赡养”全人类。人类当然不必游手好闲，可以从事自己喜爱的工作，但不再是为了养家糊口，而纯粹是为了个人兴趣和自我实现。爱好园艺的人，爱做手工的人，爱写小说的人，爱搭乐高积木的人，乃至爱做白日梦的人……皆可以沉迷于自己的爱好，以自己的一生去实践爱好。这种实践不是功利性的，哪怕不能从社会获得什么反馈，也不妨碍人们的实践过程。就像一个真正热爱花花草草的园丁，不会在乎自家的花园有没有外来访客，独自欣赏也是很有乐趣的。

到了那一天，智能体将不再被视为人类的威胁，因为绝大部分人类将不再为失业而恐惧。智能体将同时扮演机器、仆人和宠物的角色，成为支撑人类社会运转的齿轮。从日常工作中被解放出来的人类，其娱乐活动和自我实现都离不开智能体的帮助，乃至与智能体水乳交融，就像我们今天已经与各种消费电子设备水乳交融一样。当然，这一切的前提条件是，智能体不能产生自我意识，进而产生与人类的根本性分歧——目前还没有任何证据证明 AI 能产生自我意识，我们暂时还不必考虑这种可能性。

人类社会的演进速度往往跟不上科技进步的速度，因为后者经常是一次性的、突然出现的，前者只能慢慢调整、跟上节奏。所谓“福利国家”的诞生，就是一个漫长的渐进过程：工业革命导致了自然经济的解体和城市化的推进，由此带来了失业问题、养老问题、工伤问题、儿童抚养问题的激化，收入分配也日益悬殊。从 19 世纪初开始，世界各地都出现了要求建立社会福利制度、对弱势群体施加保护的呼声，各国思想家和政治家对于社会福利问题进行了各式各样的探索。到了 20 世纪后期，有些国家已经可以对国民提供“从摇篮到坟墓”的无微不至的社会保障，但是社会福利开支的激增也给国家财政带来了沉重负担，并且对社会生产力造成了一定的影响。

截至 2021 年，OECD（经济合作组织，主要由发达国家构成）国家的社会福利开支占 GDP 的比重平均为 22%。其中，法国、意大利等欧洲大陆国家的福利开支尤其高，往往能占据 GDP 的三分之一；美国、英国的占比明显较低，位于东亚的韩国就更低了。统计数据说明，即使在类似的经济发展水平上，不同的国家也有可能选择完全不同的社会福利模式。无论是在发达国家还是在发展中国家，社会福利开支的最大头一般都是养老，其次是医疗，再次才是失业保障、儿童抚养等。可想而知，等到“智能体社会”成为现实的那一天，“无条件基本收入”可能成为世界各国最大的一项基本开支，社会福利体系必然会发生天翻地覆的变化——这样的变化肯定不会一蹴而就，会经历漫长的讨论、博弈和试错流程。

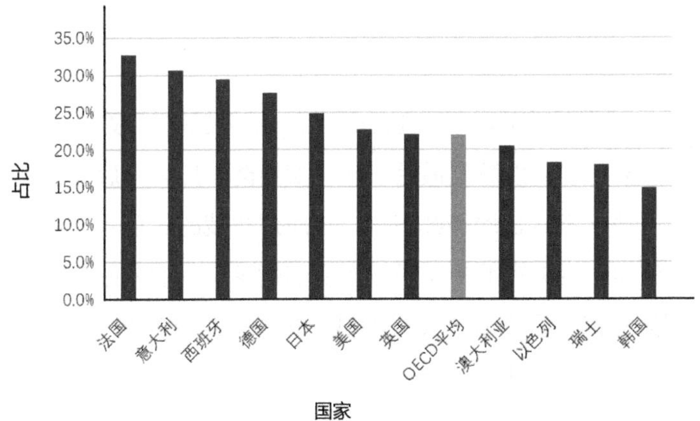

2021 年部分发达国家的社会福利开支占 GDP 的比重

让我们重新审视奥特曼在 2015 年的那场私人宴会上提出的问题："AI 会毁灭人类吗？"在我看来，这个问题其实包括两层含义。第一层是，假如 AI 被滥用，尤其是与人类的伦理规则发生不可调和的冲突，会不会导致人类利益遭受不可挽回的损害？第二层是，假如 AI 过于成功，替代了大部分人类劳动，人类社会是否会因此解体，甚至人类作为一个种群是否会变成废物？与其说它们是 AI 的问题，不如说是人类自身的问题。

我是乐观主义者。我相信人类能够解决好自己的问题，因为历史多次证明了这一点。数十万年前，为了应对气候变化导致的热带雨林减少，我们的祖先从古猿变成了人类。数万年前，为了应对人口激增的压力，我们的祖先定居下来，从狩猎采集的生活方式转向农耕生活。为了更好地管理日益庞大的族群，他们发明了文字，在此基础上建立了意识形态和组织体系，以及"社会"本身——到了那时，人类这个概念才算定型了。伟大的历史学家阿诺德 · 汤因比 (Arnold Toynbee) 在《历史研究》中提出过一个非常精彩的观点：人类的文明史是一系列"浮士德"式的上帝与魔鬼打赌的过程，魔鬼诱惑人类一次又一次脱离平衡状态、冒险探索新生事物，赌人类不能克服困难，必定会在探索过程中消灭。可是人类通过艰苦卓绝的努力，每次都获胜了，魔鬼在气急败坏之余，只能一次又一次地提出新的挑战。

生成式 AI 会是魔鬼向人类发出的最后一次挑战吗？取决于我们能不能妥善应对。如果不能，那就是最后一次；如果能，那么今后还会有很多次。我希望这种挑战永无休止地持续下去。在应对挑战的过程中，我们会失败、会受伤、会流血、会失去很多东西，而我们能够获得的东西又那么不确定。然而我们别无选择，因为若不接受挑战，魔鬼就会哈哈大笑地说："人类也不过如此，自称有灵魂，却连一个小小的游戏都玩不起！"

> 曾经有那么一千多年的时间，从战争中归来的罗马征服者能享受到凯旋式的荣誉：那是一场喧嚣的庆典。在庆典上，号手、乐师和来自被征服领土的珍禽异兽都会出现，与他们并肩而行的是满载着珠宝和缴获武器的马车。征服者本人站在凯旋的战车里，前方是摇摇欲坠的战俘们组成的队列。有时候，征服者的孩子会穿着白袍，与他站在一起，或者骑在拉车的马上。在征服者的身后，总是站着一个奴隶，对着他的耳边发出低声的警告："记住，一切荣誉转瞬即逝。"
>
> ——电影《巴顿将军》的结束语，作者为弗朗西斯·科波拉(Francis Coppola)

是的，一切荣誉转瞬即逝。怎么办呢？在它消逝之前，就开始争取新的荣誉吧！

附录 A 主要参考及学习资料

生成式 AI 是一个非常热门的话题，要基于这个话题写一本书，最大的苦恼不是资料太少，而是资料太多，而且各种资料每天还在以惊人的速度涌现出来。绝大部分资料其实只是对事实的简单描述，或者干脆就是捕风捉影或夸大其词。从浩如烟海的资料中找出有用的信息是一件困难的任务，所以我十分尊敬那些奋战在生成式 AI 研发第一线的人，因为他们不但要寻找和学习有用的信息，还要基于这些信息做创新，其难度可想而知。

幸运的是，我在互联网和科技行业拥有许多值得信任的朋友。我一直认为，学习一件新鲜事物最好的方法，就是先向信得过的朋友咨询，以他们的意见为立足点，遇到疑难及时向他们请教。如果一个朋友既值得信任，又是这个领域的专家，还有时间跟你讨论，那就再好不过了！在此我想感谢这些为本书的创作做出了巨大贡献的朋友们：

马宇峰　阅文集团 AIGC 技术负责人

赵宇泽　蚂蚁集团算法技术专家

凌天辰　云计算行业资深从业者

陈　炜　某互联网平台 AIGC 专家

李思寒　休闲游戏制作人

董成琦　精通算力产业的前投行从业者

崔植源　花房集团投资总监

朱晓康　AI 数据资深从业者

上面有一些是我的老朋友，还有一些是在研究 AIGC 行业的过程中认识并熟悉起来的新朋友。学习新鲜事物确实是一件充满乐趣的事情，不但可以增长知识，还可以交到志同道合的朋友。世界上最激动人心的事情就是许许多多有志之士为了一个远大的目标一起努力，哪怕他们身处不同的组织、不同的地点。因此，像 AIGC 这种生机勃勃的行业，是值得加入、值得研究、值得为其奉献青春和汗水的。

在文字资料方面，最值得参考的是 AI 产业链相关上市公司的财报、公告和电话会议纪要。因为上市公司公布任何信息都需要向股东负责，虽然很多是官样文章，但是明目张胆的假话还是很少的。美股上市公司每个季度要召开财报电话会议，哪怕是家财万贯的 CEO，也要公开接受分析师的提问。对于特别尖锐的问题，CEO 可以避免回答或打官腔，不过总归会提供一些有用的信息。例如大家最关心的算力问题、AIGC 商业化前景问题、开源大模型的技术演进问题，均可以在相关上市公司的信息披露中找到一些答案。下列公司的信息披露对本书的撰写帮助尤其巨大（括号中是股票代码）：

英伟达 (NVDA)、微软 (MSFT)、台积电 (TSMC)、Meta(META)、谷歌 (GOOG)、亚马逊 (AMZN)、苹果 (AAPL)、AMD(AMD)、阿里巴巴 (BABA)、腾讯 (0700)、百度 (BIDU)、商汤 (0020)。

很遗憾，OpenAI 没有上市，与它技术水平比较接近的 Anthropic、Mistral 也尚未上市。从它们的官网上，我们能获得的信息相当有限。不过，OpenAI 官网还是值得一看的，其中有许多技术白皮书和观点论述。自从

ChatGPT 爆红以后，OpenAI 对外公布的信息越来越少、越来越含混了。但是若想深入了解 GPT、DALL · E、Sora、Voice Engine 等世界上最先进的大模型，最好的出发点还是去阅读 OpenAI 自己的描述，而不是听其他人转述。

英伟达的官网也是一个内容丰富的宝库，不仅包括英伟达所有数据中心芯片的技术白皮书、CUDA 和 NVlink 的技术细节，还包括历年 GTC 的重要演讲视频，有些还提供了文字纪要。2023 年以后的 GTC 对生成式 AI 的讨论尤其广泛而深入，值得反复观看借鉴。

在英文财经及科技媒体当中，CNBC、The Verge、VentureBeat、TechCrunch 颇具参考价值，为本书提供了不少事实和观点参考。由于 AIGC 的发源地在硅谷，当前最先进的研发和应用公司大部分也在硅谷，上述媒体与硅谷走得比较近。国内媒体的许多事实性报道，其实是对英文科技媒体提供的信息的转载或编译。在有条件的情况下，还是直接阅读原版信息比较好。

Hugging Face 是一个非常活跃的 AI 大模型社区，包括对多种热门开源大模型的评测、讨论和开发工具包。它本质上是为开发人员设立的，但即便我们不从事开发工作，也可以从中获取不少知识。当然，对于熟悉大模型开发的人来说，Hugging Face、PyTorch、TensorFlow、GitHub 应该都是非常熟悉的平台了，在此不必赘述。

AIGC 基础研发的最新进展往往会以学术论文的方式发布，其作者既有可能来自学术机构，也有可能来自微软、谷歌乃至阿里巴巴这样的互联网大厂。arXiv 是全球最流行的开放式学术论文发布和储存平台，其中既包括已经发表在学术期刊上的论文，也包括尚处于“预印”状态的最新论文。AI 技术发展日新月异，大部分震撼业界的研究成果都可以在 arXiv 上面找到全文。对于非 AI 专业人士来说，论文当中的技术细节尤其是数理部分可以不看，但是其主题思想还是可以看一看的，尤其是那些文献综述类的论文。本书主要参考了以下论文的观点：

Multimodal Foundation Models: From Specialists to General-Purpose Assistants，作者来自微软，2023 年 9 月 18 日，arXiv:2309.10020[1]

Generating Images with Multimodal Language Models，作者来自卡内基·梅隆大学，2023 年 10 月 13 日，arXiv:2305.17216

The Rise and Potential of Large Language Model Based Agents: A Survey，作者来自复旦大学，2023 年 9 月 19 日，arXiv:2309.07864

Attention Is All You Need，作者来自谷歌，2017 年 6 月 12 日，arXiv:1706.03762

需要强调的是，生成式 AI 的一切技术均基于复杂的数学和统计学原理，例如神经网络的构成、深度学习的过程、Transformer 及 Diffusion 架构的原理等，它们均可以通过严谨的数理方法推导出来。本书没有使用任何数理公式，没有在科学层面上精确描述生成式 AI 的技术路线，而是采取了定性的、粗略的、通俗易懂的方式予以描述。在专业技术人员看来，这些描述肯定是比较肤浅的。有志于深入了解 AI 技术的读者，应该去寻找更深奥的专业书籍，本书只是一个入门。

截至本书截稿之日，AGI 尚未实现，“智能体”的时代尚未到来。在今后漫长的岁月里，AI 将如何与人类共存？这个问题无法从现实中找到答案，所幸历代科幻小说家和电影导演已经对此话题进行了比较深入的探索。下面是一些值得欣赏并思考的科幻作品：

1　论文日期是指其第一次在 arXiv 网站发布的日期，其后的数字是指其在 arXiv 上的编号，在 arXiv 上输入这串数字就可以定位到论文。

- 艾萨克·阿西莫夫(Isaac Asimov)的"机器人"系列小说，尤其是《我，机器人》(I, Robot)、《钢窟》(The Caves of Steel)、《裸阳》(The Naked Sun)、《曙光中的机器人》(The Robots of Dawn)。"机器人三定律"是对人类与 AI 关系的一个影响深远的设定，尽管目前流行的 AI 并不遵循三定律。
- 1982 年上映的经典科幻电影《银翼杀手》(Blade Runner)，及其于 2017 年上映的续作《银翼杀手 2049》(Blade Runner 2049)。它们的主题是人类与"仿生人"的关系，后者是一种与人类类似的 AI 驱动的智能体。这一系列的灵感来源——菲利普·迪克(Philip Dick)的小说《机器人会梦见电子羊吗？》(Do Androids Dream of Electric Sheep?) 亦值得一读。
- 从 1984 年延续至今的《终结者》(Terminator)系列电影，尤其是《终结者》《终结者 2》，不仅探讨了人类与 AI 的关系，还探讨了时间旅行及随之产生的时间悖论。与大部分同类作品一样,《终结者》系列对未来是悲观的,认为 AI 可能给人类带来"反乌托邦"。
- 伊恩·班克斯(Iain Banks)的"文明"(Culture)系列小说，将背景设置在星际旅行和超级人工智能普及之后。所有社会生产工作均实现了自动化，"碳基生物"不再需要从事任何实质性工作，社会管理的复杂度也大幅降低。这一系列的 10 部小说探讨了在这种高度富足的社会里会发生什么，其中最知名的是《游戏玩家》(The Player of Games)。
- 在电子游戏中，《底特律·变人》(Detroit: Become Human)对 AI 普及之后的人类社会的描写颇为充分，其剧情基于"AI 产生了自我意识"这一假说。《赛博朋克 2077》的主题与 AI 关系不大，但是讨论了对人类意识进行"复制"并将其"植入"他人大脑的可能性，这在本质上也是 AI 的一种特殊形式。
- 贵志祐介的小说《来自新世界》看似与 AI 完全无关，讲述的是在遥远的未来，掌握了超自然的心灵力量的人类社会及其与其他物种的关系。然而，超级 AI 不就是一种"超自然力量"吗？能够熟练掌握"咒语"的一小撮儿人类，会不会像书中描述的一样，成为所谓“天神圣主”，凌驾于其他人类之上？这个问题是值得深思的。

在本书的末尾，我要特别对我的家猫（一年多以前还是小区里的流浪猫）朵朵致谢。朵朵是一只漂亮的三花猫，好奇心旺盛，害怕陌生人，但是特别亲近自己的主人。它对本书的帮助体现在两个方面：第一，每当我感到疲劳或者不知道该写什么的时候，它都会主动找我玩，这对我经常会产生奇效。第二，它让我意识到了，人类总是喜欢跟那些“通人性”的生物打交道，可以是人类本身，也可以是熟悉人类的宠物。虽然我可以随时调用 ChatGPT、Character.AI、文心一言或通义千问陪自己聊天，但与朵朵这样有血有肉、会呼吸、会反馈人类情感的碳基生命相比，冰冷的 AI 还是差了一点儿（我知道它已经在努力学习了）——这是本书后半部分的一个重要论点。

朵朵的理解能力远远不及任何主流 AI 大模型，却比它们更能满足人类的情感需求

谨以此书献给所有的碳基生命，因为 AI 是它们进化历程中的一座丰碑！